# 功能碳及贵金属纳米材料的制备及应用

冉鑫　杨龙　屈庆　著

化学工业出版社

·北京·

## 内 容 简 介

随着学科间的交叉渗透以及纳米技术的不断发展，纳米材料已在基础研究领域及应用研究领域中得到广泛应用，尤其是功能化纳米材料，为材料、化学、物理、生物以及医学等领域带来了新的活力。其中，碳及贵金属纳米材料展现出巨大的潜在应用价值。同时，大环超分子也始终是超分子化学的研究基础以及重要组成部分。本书主要以贵金属/碳纳米材料为中心，并将它与大环超分子进行结合构筑出一系列具有多种组分和多重优势的杂化纳米材料。充分地将贵金属/碳纳米材料的光、电、热及催化方面的性质与大环超分子的主客体识别特性结合起来。同时着眼于新型碳量子点纳米材料的制备，并探索它在电化学/荧光传感领域的潜在应用价值。

本书适宜材料及相关专业人士参考。

**图书在版编目（CIP）数据**

功能碳及贵金属纳米材料的制备及应用/冉鑫，杨龙，屈庆著．—北京：化学工业出版社，2023.11

ISBN 978-7-122-44326-7

Ⅰ．①功…　Ⅱ．①冉…②杨…③屈…　Ⅲ．①碳-纳米材料-材料制备-研究②贵金属-纳米材料-材料制备-研究　Ⅳ．①TB383

中国国家版本馆 CIP 数据核字（2023）第 197579 号

---

责任编辑：邢　涛　　　　文字编辑：杨凤轩　师明远
责任校对：宋　玮　　　　装帧设计：韩　飞

---

出版发行：化学工业出版社（北京市东城区青年湖南街 13 号　邮政编码 100011）
印　　装：北京天宇星印刷厂
710mm×1000mm　1/16　印张 10½　字数 205 千字　2023 年 10 月北京第 1 版第 1 次印刷

---

购书咨询：010-64518888　　　　售后服务：010-64518899
网　　址：http：//www.cip.com.cn
凡购买本书，如有缺损质量问题，本社销售中心负责调换。

---

**定　　价：99.00 元**

# 前　言

纳米材料因其不同于宏观材料的独特性质，如光、电、热及催化等性质，已在基础研究领域及应用研究领域中得到广泛应用。其中碳及贵金属纳米材料展现出巨大的潜在应用价值。碳纳米材料在水溶液中易团聚而不利于电极的修饰，这一点严重限制了其应用。尽管研究者已利用修饰分子（DNA、芳烃类分子及聚合物等）对其进行功能化和修饰，但此类方法对材料本身的性能会产生不利影响。大环超分子具有内缘疏水外缘亲水的特性，能够选择性识别多种客体分子。将其修饰到材料表面，在保持碳纳米材料完美结构的同时，可以改善碳纳米材料在水相中的分散性，而且赋予其新的功能特性。本书的研究背景正是基于此，以贵金属/碳纳米材料为中心，并将贵金属/碳纳米材料与大环超分子进行结合构筑出具有多种组分共同优势的杂化纳米材料。充分地将贵金属/碳纳米材料的光、电、热及催化方面的性质与大环超分子的主客体识别特性有机结合起来，主要通过共价键（Au-S）或非共价作用力（氢键作用、π-π相互作用、静电相互作用、疏水作用）将水溶性大环超分子主体修饰于碳纳米材料表面，增强并延伸了其在电催化以及电化学传感等领域的应用。同时着眼于新型碳量子点纳米材料的制备，并探索它在电化学/荧光传感领域的潜在应用价值。主要通过 Zeta-Potential、TGA、元素 mapping 等进行了表征，通过分子模拟计算、荧光光谱、吸收光谱等技术手段对主客体分子的识别作用进行了研究。

谨向给予我指导、关心、帮助的老师、同学、朋友、亲人表示衷心的感谢。书中不足之处，请读者批评指正。

冉鑫

# 目 录

# 第1章

# 概　述

## 1.1　纳米材料概述

自纳米技术诞生之后人类便迈入了崭新的微观世界，它深刻影响着社会经济发展，是21世纪最重要的研究领域之一。纳米技术历经了半个多世纪的不断发展，为材料、物理、化学、生物与医学等不同学科带来了新的活力。纳米材料从广义角度讲是三维结构空间中至少有一维空间是介于1～100nm尺度范围内的超细纳米材料的总称[1]。纳米材料具有独特的性质，当某类物质的尺度减小到一定程度时，便不能用传统力学的理论来描述其行为，必须改用量子力学来对其进行描述。而当粉末颗粒的粒径尺寸由10μm降至10nm时，虽大小差距仅有1000倍，但体积差距则有$10^9$倍之大。1959年，诺贝尔（Nobel）奖获得者、著名的物理学家理查德·费曼预言，人类将实现根据意愿逐个地排列原子，从而制造产品，这也是纳米科学技术最早的梦想。人类对材料的开发达到了一个新的高度。总体来说，纳米材料主要有三个阶段性的发展：①在1990年以前最初发展主要是通过探索不同的实验方法来制备各种块体和纳米粉体材料，利用表征方法，探究纳米材料的独特性能。其主要研究对象局限于单相材料或单一材料，国际上称为纳米相或纳米晶材料。②1990～1994年人们对纳米材料研究的主导方向是通过已发现的化学和物理特性，设计合成纳米复合材料并对物性进行探究。③1994年至今，纳米材料研究的新热点是纳米结构材料的人工组装合成以及一些纳米组装体系，国际上称为纳米尺度图案材料和纳米组装体系材料。它是在一维、二维及三维空间内排列组装成纳米结构体系，并且以纳米粒子以及组成的纳米管、丝为基本单元的。

近年来，随着纳米技术领域的不断拓宽，人们对“纳米大厦”的建造产生了极大的兴趣。在 2006 年，*Nature* 期刊评出了五大热门研究领域，包括富勒烯、纳米线、碳纳米管、巨磁阻和量子点，以及明星材料石墨烯等，均和纳米材料相关。纳米材料的主要研究体系有纳米阵列、介孔组装以及薄膜嵌镶体系等。纳米材料根据化学组成材质的不同可分为金属、非金属、复合及高分子纳米材料。非金属纳米材料又分为氧化物纳米、陶瓷纳米及其他非金属纳米材料。固态物质按照原子排布的有序性及对称性，可分为非晶态物质-短程有序排列、晶态物质-长程有序排列以及准晶态物质-取向对称性三种类型。按照纳米晶体结构则可分为非晶体纳米材料、晶体纳米材料以及准晶体纳米材料。

纳米材料具有独特的理化性能，是介于宏观与微观之间的物质层次。主要存在以下几种特殊效应：①小尺寸效应（即体积效应）。当纳米颗粒的尺寸小于等于德布罗意波长、光波波长、透射深度以及超导态相干长度时，周期性边界条件将会被破坏，内压、热阻、光吸收、催化性、熔点、磁性及化学活性等会发生很大变化。纳米粒子的很多应用均基于它的小尺寸效应，如，熔点远低于块状本体的特性，给冶金工业领域提供了新工艺；随着粒子尺寸的变化离子共振频移将发生变化，便可通过对吸收位移的控制，获得频宽微波吸收材料，并用于隐形飞机、电磁屏蔽等。②形貌效应。形貌对材料的性能有重要的影响，如 Au 纳米颗粒在可见光区出现了等离子体吸收峰，而其棒状结构除了在可见光区出现等离子体吸收峰外，在近红外区（更长波长）还有更强的等离子体吸收峰，并且随棒状长度的增长而发生了红移[2]。③表面效应。即纳米粒径变小，表面能增加，位于表面的原子数和总原子数之比急剧增大，这会引起纳米材料性质上的变化。如表 1-1 所示，即表面原子数和纳米粒径的关系，随着表面原子比例增多，其不饱和度增加，出现许多悬空键，表面能会增加，便易于与其它原子进行结合形成稳定的聚合体，具有很大的催化活性。④量子尺寸效应。当粒径尺寸降到一定值时，与金属费米能级相接近的电子能级，将由准连续变为离散能级。Kubo 通过电子模型，求解得到了超微粒子能级间距，即 $4E_f/3N$，式中 $N$ 是微粒中原子数，$E_f$ 是费米势能。当 $N$ 趋向于无限大，能级间距便趋向于零。超微粒子的原子数有限，$N$ 值较小，具有一定的值即能级发生分裂。⑤量子隧道效应。微观纳米粒子能够贯穿势垒，可用于定性解析低温条件下，超细镍微纳米颗粒具有保持超顺磁性的能力等。⑥介电限域效应。此效应较少被注意到，是一种介电增强的现象，对非线性光学特性及光物理性半导体微纳米粒子有很强的影响。这一系列效应使得微观纳米材料在蒸气压、超导、光学性质、塑性形变、熔点、磁性、化学反应性等许多方面都显示出独特的性能。

纳米新材料的开发和基础理论研究获得了快速发展，尤其在电化学纳米材料领域应用广泛，如电催化、电化学/生物传感、新型能源（锂离子电池、燃料电池、太阳能电池及超级电容器等）、电化学产氢等方面获得了广泛应用。

**表 1-1 表面原子数和纳米粒径的关系**

| 纳米粒径/nm | 包含的原子数/个 | 表面原子所占比例/% |
| --- | --- | --- |
| 1 | 30 | 99 |
| 2 | $2.5\times10^2$ | 80 |
| 5 | $4.0\times10^3$ | 40 |
| 10 | $3.0\times10^4$ | 20 |
| 20 | $2.5\times10^5$ | 10 |

## 1.2 功能化微纳米材料的合成

科研工作者们不断尝试采用各种方法对微观纳米材料进行可控合成，这是进行纳米科技研究的先决条件。其形状、尺寸、成分、杂化与自组装类型是决定材料性能/应用的关键参数。目前，微纳米材料的常用制备方法主要有：①Top-down（自上而下）法[3]，主要包括电子束刻蚀、光刻、纳米压片以及STM（扫描隧道显微镜）刻蚀技术等，是通过物理方法对大块材料和基底进行研磨、粉碎等，从而使材料达到微纳米尺度。此方法存在缺点，即很难得到分散均匀的纳米颗粒。刻蚀法虽然能在基底与界面上精确地控制颗粒形貌、尺寸，但很难再得到更小尺寸、精密的纳米级材料。②Bottom-up（自下而上）法主要以高温热解法、电化学法、模板法、生物矿化法、湿化学法和物理/化学气相沉积法等为代表，首先通过原子/分子来构建基元再经化学反应可控合成纳米尺寸的颗粒。其中，湿化学法为最常用的Bottom-up法，通过此方法可控制合成不同形状、尺寸、杂化、成分和组装的微纳米材料。合成中有几点重要的因素：①结构导向剂如聚合物、无机离子、小分子以及表面活性剂等会吸附在晶体表面，从而抑制晶面生长得到此晶面主导的纳米颗粒，不同的结构导向剂调控生成不同的纳米结构[4]，如图 1-1 所示。②纳米粒子由于布朗运动等因素在热力学上是不稳定的，需要在溶液体系中加入稳定剂，以提供足够的空间位阻和静电作用力，从而得到均匀分散的溶液相。③刻蚀剂与反刻蚀剂也会影响纳米晶面的生长。合成 Pd 纳米颗粒的过程中，孪晶由于比单晶具有更多的晶体缺陷，所以 $O_2/Cl^-$ 对 Pd 孪晶的刻蚀速度要远大于 Pd 单晶。根据这一原理，Xia 课题组通过反应调控合成了具有八面体结构的 Pd 纳米晶[5]。④生长和成核两个阶段也是微纳米材料合成中的重要阶段[6,7]，如生长比较慢的动力学控制过程易得到纳米盘、纳米线与纳米片等，热力学控制过程则易获得多面体或球形纳米颗粒[5]。⑤制备过程中重要的机理需要注意，如取向聚集[8]、Ostwald 效应[9]、电偶置换[10] 及 Kirkendall 效应等[11]。

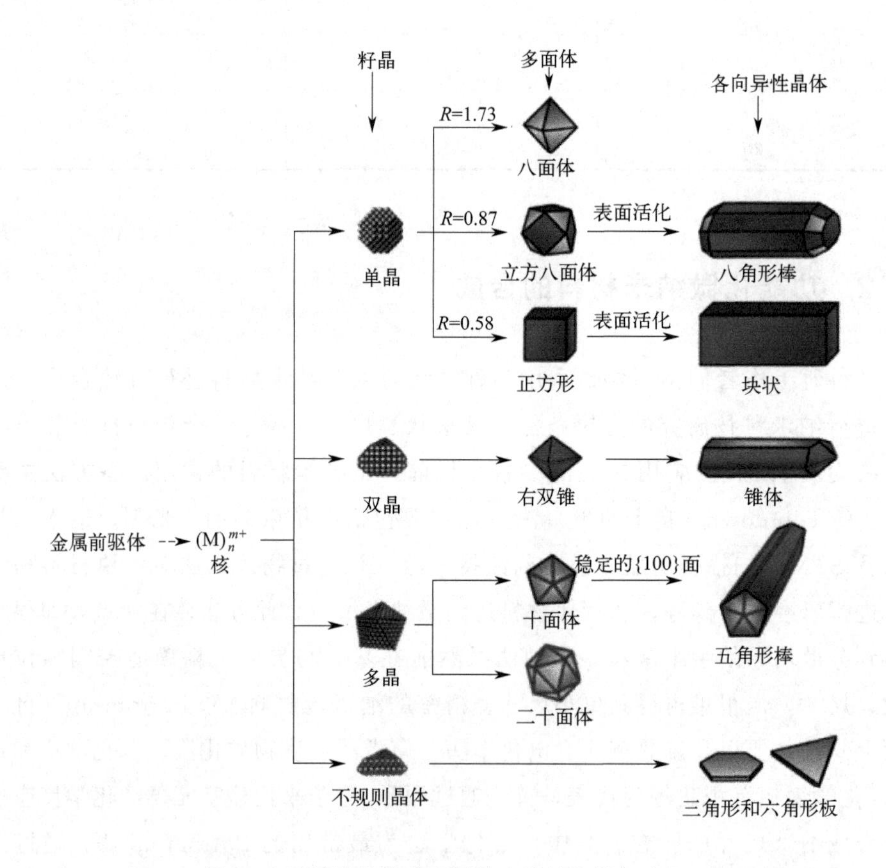


图 1-1　不同结构的贵金属纳米材料的制备过程

基于微观纳米材料的重大影响与作用，本章将对与本书内容相关的功能性微纳米材料（碳/贵金属等）进行概述。

### 1.2.1 碳纳米材料

在众多的纳米材料中，碳纳米材料具有特殊的结构和优异的物理和化学等性质，得到了研究者们更多的关注。碳元素主要以 sp、$sp^2$ 和 $sp^3$ 三种独特的杂化方式成键，从而形成了多种多样的碳质材料。1985 年富勒烯[12] 的发现和 1991 年碳纳米管[13] 的发现均引起了巨大的反响。石墨烯的概念尽管早已有研究者提出，但多数学者们认为这只是假设性的结构。直至 2004 年，英国曼彻斯特大学的 Geim 课题组[14] 首次采用机械剥离法获得了单层的石墨烯，并在 2010 年获得了 Nobel 奖，这一发现引起了更大的反响，科学界开始了新一轮“碳”材料的研究热潮。石墨烯的发现也充实了碳纳米材料家族，形成了零维（富勒烯）、一维（碳纳米管）、二维（石墨烯）和三维（石墨）的碳纳米材料完整体系，结构如图 1-2 所示。

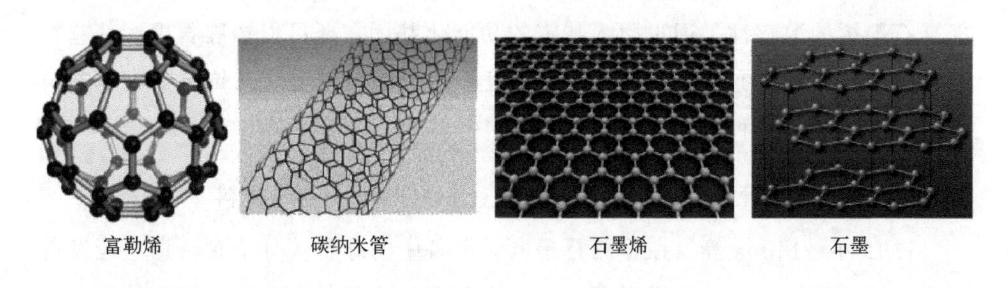


图 1-2 零维、一维、二维和三维纳米材料的结构

#### 1.2.1.1 石墨烯纳米材料

石墨烯是碳质材料中的新型碳纳米材料，由碳六元环组成，呈二维（2D）周期蜂窝状的点阵结构，且仅有一个碳原子的厚度。它可以翘曲成零维（0D）的富勒烯、一维（1D）的碳纳米管或者堆垛成三维（3D）的石墨，因此石墨烯可以作为基本单元构成其它石墨类材料。平面六边形点阵结构是最理想的石墨烯结构，可看作是一层被剥离的石墨分子。石墨烯的每个碳原子均以 $sp^2$ 进行杂化与相邻碳原子形成 C—C $\sigma$ 键，并贡献剩余一个 p 轨道上的电子从而形成离域大 $\pi$ 键，由于 $\pi$ 电子可以自由移动，因此赋予了石墨烯良好的导电性。此外，它还具有良好的力学性能，其强度可达 130GPa，是钢铁的 100 倍[15]。

其理论比表面积高达 2630$m^2 \cdot g^{-1}$，热导率可达 5000$W \cdot m^{-1} \cdot K^{-1}$，是金刚石的 3 倍。电子传导速率可以达到 $8\times10^5 m \cdot s^{-1}$。石墨烯在性能方面具有特殊的优势，使其在传感、储氢、电子、激光器、生物医学、催化剂载体和太阳能电池等诸多领域具有潜在应用[16-19]。

目前已经报道的制备石墨烯的方法主要可归类为两种：即自上而下法和自下而上法。而自下而上法中的化学还原法是目前制备石墨烯最常用的方法，国内外的学者们对制备方法已做了深入的研究[18-21]。另外，经研究发现深度氧化产生的氧化石墨（GO）与原料石墨相比，具有更多的环氧基、羧基、羟基等官能团，这些亲水性含氧基团的存在，增强了 GO 在水溶液或有机溶剂中的分散性，从而形成了均匀分散的 GO 溶液。用来还原 GO 的常见还原剂有 $NaBH_4$[22]、对苯二酚[23]、水合肼及其衍生物[24,25] 等。而反应过程中，当 GO 被还原成石墨烯后，石墨烯会由于其内部较强的范德瓦尔斯力而产生聚集现象，很难溶于水及一些常见的有机溶剂，这制约了石墨烯的进一步应用。如果在石墨烯的制备过程中引入功能性分子，对其表面进行同步修饰，便可有效提高石墨烯的溶解性。通过引入特定的功能化基团，还可以拓展石墨烯其它新的性能，从而拓宽其应用范围。目前为止，石墨烯的功能化修饰主要有非共价修饰和共价修饰两种方式。

#### 1.2.1.2 碳纳米管（CNTs）/碳纳米角（SWCNHs）纳米材料

1991 年，Iijima 等人在检测石墨电弧设备中的球状碳分子时，意外地发现了更奇特的碳结构——碳纳米管，又名巴基管，主要是由六边形排列的碳原子构成的数层至数十层的同轴圆管。层与层之间的距离约为 0.34nm，直径范围在 2～20nm。中空管上的碳原子以 $sp^2$ 杂化，以 C—C σ 键结合呈六边形排列形成网格结构，每个碳原子上都有一个未成对电子，并垂直于石墨片层 π 轨道上形成了封闭式的 π 电子云体系，而它的末端被富勒烯的半球覆盖。紧接着，1999 年，Iijima 小组在 CNTs 的制备过程中又发现了碳纳米角[26]。Iijima 采用激光束照射蒸发石墨棒的方法，在室温下宏量制备得到了粉末状石墨粒子，并将其正式命名为碳纳米角。$sp^2$ 杂化的 SWCNHs，是由很多单根 SWCNH（一边末端为封闭锥形结构）聚集成的球形粒子，直径为 80～100nm。由于其具有很多纳米级孔隙，比表面积大。相比于 SWCNTs，其具有更多的结构缺陷，这些缺陷的存在使其更易被氧化且孔洞易被打开，产生丰富的含氧官能团[27]。随着孔洞的打开内部空间易进入，活性比表面积也从 300$m^2 \cdot g^{-1}$ 增

大到 $1400m^2 \cdot g^{-1}$[28]。此外，SWCNHs的制备过程中未添加任何催化剂，这使其具有很高的纯度。

#### 1.2.1.3 碳量子点纳米材料

量子点一般为球形或类球形，多数是由半导体材料制成的、稳定直径在2～20nm的纳米粒子。量子点是在纳米尺度上的原子和分子的集合体，常见的半导体量子点有CdS、CdSe、CdTe、ZnSe等。然而，过渡金属通常具有毒性，碳量子点（CQDs，图1-3）作为一种新型量子点，可以替代具有毒性的过渡金属量子点，具有良好的水溶性、绿色易合成、易被功能化、高电化学活性、良好的生物相容性以及光致发光等独特的性质[29-32]。CQDs在电化学/生物传感、荧光传感、生物成像以及药物传递中有潜在的应用。氮掺杂碳量子点[33]、氮掺杂石墨烯量子点[34]、氮掺杂的还原氧化石墨烯量子点[35] 等，能够显著提高碳纳米材料的电催化活性，因此，N-CQDs已广泛应用于现阶段的研究。碳量子点的合成方法主要有物理方法和化学方法，但主要以化学法为主。水相直接合成法即在水相中直接合成量子点，具有操作简便、重复性高、成本低、表面电荷和表面性质可控、容易引入功能性基团、生物相容性好等优点，已经成为当前研究的热点，其优良的性能有望成为一种有发展潜力的荧光探针。

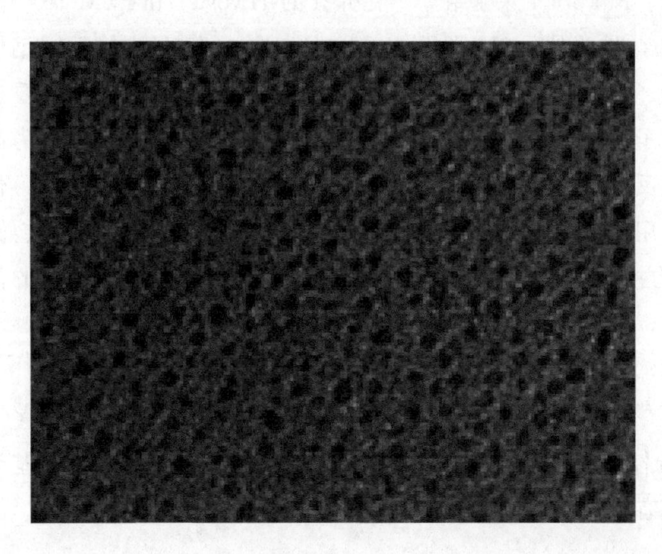

图1-3 碳量子点的典型TEM图片

### 1.2.2 贵金属纳米材料

作为一类具有独特结构和性能的新型催化剂材料，贵金属纳米材料具有较大的比表面积、较小的粒径和较高的表面活性，贵金属（Au、Ag与铂族金属Ru、Rh、Pd、Pt、Ir、Pt）纳米颗粒粒径均匀、构型丰富使其具有优良的选择性和催化多样性。它是沟通多相催化与均相催化的“桥梁”，为多相催化机理的预测提供了新路径，在理论研究方面也同样具有重要价值。目前，已被广泛应用于电子、传感、催化、生物医学及光学等领域。

#### 1.2.2.1 Pd纳米结构材料

金属Pd及其合金具有非常广泛的用途。在制备氢气的检测设备时，Pd被作为首选材料，它能够吸收900倍自身体积的$H_2$量，对$H_2$具有特异选择性。块状的金属Pd膜在吸附$H_2$后，电阻会显著增大。而将金属Pd制备成具有纳米线不连续的结构后，发现它在未吸附时具有比较高的电阻，这是由于Pd结构中存在纳米孔隙。Pd纳米颗粒吸附$H_2$后则由α相转变为β相，使得相邻粒子间相互结合得更加紧密，电阻随之降低，导电性能增强。这种基于Pd纳米线的$H_2$传感器在室温下依然具有很好的信号响应，比传统的Pd基$H_2$传感器更加稳定。Fukuoka课题组[36]在介孔的HMM-1和FSM-16中成功合成了Pd纳米颗粒与纳米线；Shi课题组[37]在0.2μm级多孔的不锈钢模板片上合成了纳米膜、纳米线和纳米阵列3种不同结构的Pd，反应中主要通过自催化反应，对分子进行自组装。Pd在工业上也起着重要作用，它作为高效催化剂被用于有机反应当中，如Stille、Heck以及Suzuki偶联反应等，作为先进的催化剂也被用于汽车尾气的低温还原反应[38]。除以上在储氢和传感中的应用，Pd纳米结构材料在催化反应中具有更强的优势，特别是它优异的活性和选择性。近年来，合成特定形貌尺寸的Pd纳米材料已成为研究热点[38,39]，如Pd纳米多面体[40-42]、纳米立方块[38,43]、纳米棒[44]、孔状纳米管[45]、三角/六方纳米片[46-48]等已通过不同方法制备得到。如Huang课题组[46]通过PVP与CTAB调控合成了独立的Pd六方纳米片，如图1-4所示，在基元反应与催化反应中具有优异的性能。

#### 1.2.2.2 Pt纳米结构材料

Pt具有高效的催化活性，是最常用的催化剂之一，被广泛用于汽车工业、

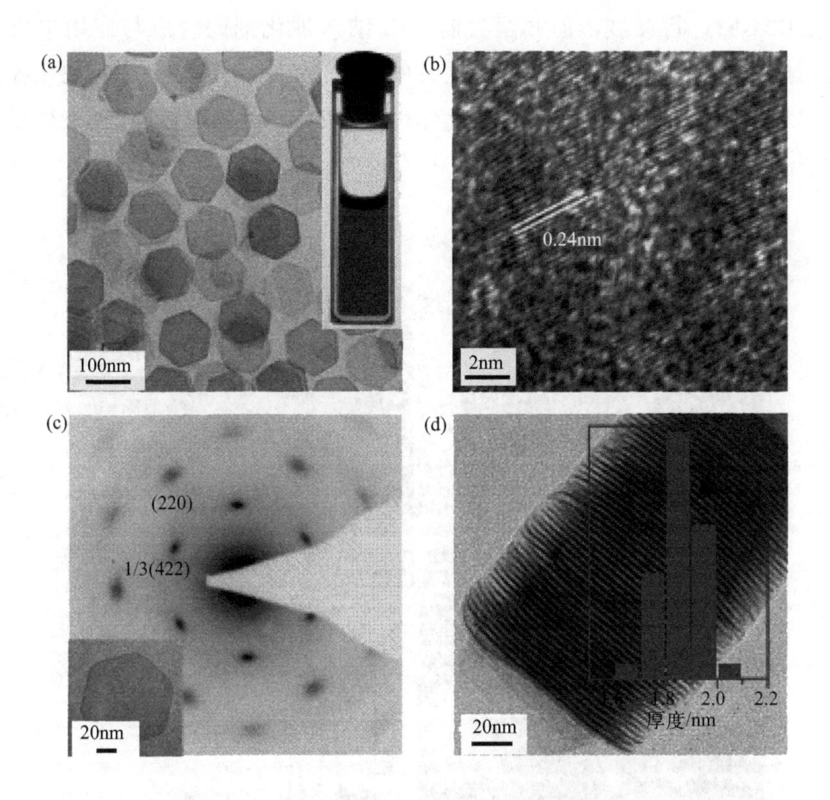


图 1-4 Pd 六方纳米片的 TEM（a）、HRTEM（b）、SEAD 模式（c）及厚度测量（d）图

制药、电子学、化学以及石油化工等领域。Pt 及其合金在小分子催化氧化、偶联反应、去氢以及加氢反应中具有较高的催化活性[49,50]。设计合成高效的、耐久性的纳米级电催化剂可有效提高反应活性。Pt 作为电催化小分子以及催化反应中高效的催化剂，对其进行纳米结构的可控合成对于不同的应用领域都具有十分重要的意义。目前为止，采用不同方法合成不同结构形貌的 Pt 微纳米材料已取得较大的进展。典型的纳米材料主要有：Pt 纳米立方体[51]、纳米线[52-54]、孔状纳米立方块[55]、纳米管[56,57]、Y 形结[58]、纳米多面体[59,60]以及孔状纳米笼[61] 等。Sun 等[51] 通过一锅法，自组装合成了高分散的 Pt 纳米立方体，如图 1-5 所示，并在甲醇电催化氧化中具有良好的催化活性；Yan 课题组以银纳米线作为模板合成得到了超薄的 Pt 纳米管[56]；Yamauchi 课题组以抗坏血酸（AA）作为还原剂，嵌段共聚物 Pluronic F127 作为软模板采用超声法制备得到了 Pt 的枝状纳米结构[61]；Xia 等利用动力学控制过程于多醇体系中制备得到了 Pt 纳米线[52,53]。尽管很多科研工作者们在 Pt 的催化

剂合成中不断进行突破，但截至目前，Pt 纳米催化剂的合成与应用中仍尚存问题，如原料成本高、催化剂不稳定易中毒失活等。制备方法中也往往存在缺陷，如有机物和有毒物质的引入、操作过程较复杂等。这些问题都有待于进一步的解决。

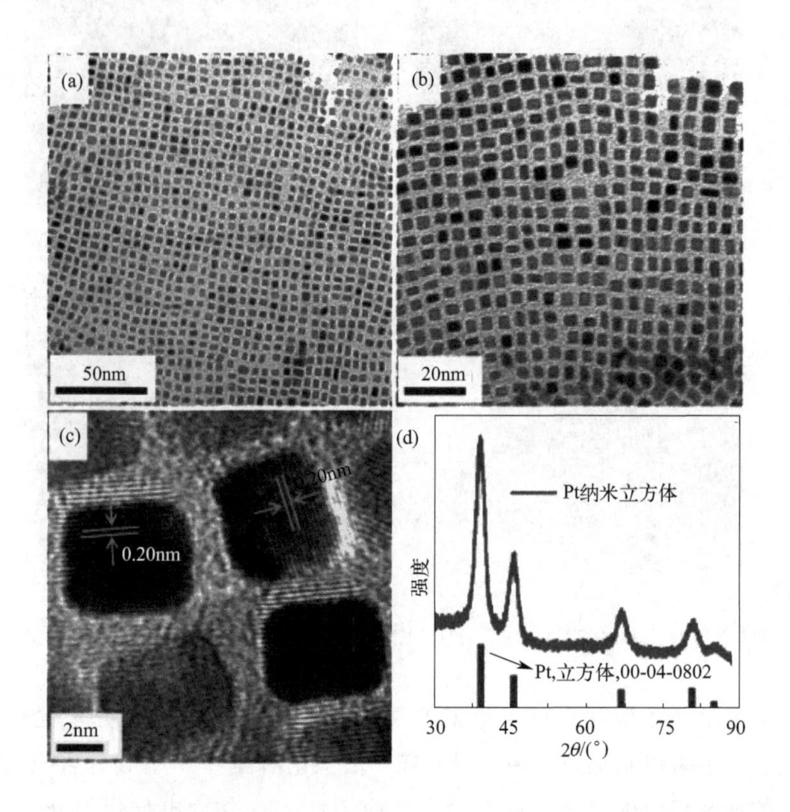


图 1-5 Pt 纳米立方体的 TEM（a）和（b）、HRTEM（c）及 XRD（d）测试图

#### 1.2.2.3 Au 纳米结构材料

Au 纳米材料在基础研究应用中具有重要意义。它具有独特的电学、光学性质以及良好的生物兼容性，在催化及生物医学等领域具有广泛的应用[62]。Au 纳米材料的制备方法主要有电化学法、模板法、晶种诱导法和辐射还原法等。Walter 课题组[63] 采用阶梯边装饰电化学法通过沉积得到了长度＞500μm 的 Au 纳米线，线的直径与其沉积时间平方根成正比例关系。辐射还原法是用高能电子束、高能射线、激光、紫外光等，将辐射溶液中的 Au 离子还原为 Au 原子。Clemens 课题组[64] 将铂片作为阴极，金片为阳极，以十六烷

基三甲基溴化铵表面活性剂作为电解质，加入适量丙酮溶液组成电解池。当通入电流时，阳极板上的 Au 发生溶解并形成 Au 纳米棒。而 Murphy 课题组[65,66] 在反应物溶液中加入一定量的金属晶种，在表面活性剂的作用下晶种可定向生长为具有一定长径比的 Au 纳米棒。通过改变溶液的 pH 值、晶种的量以及反应物浓度，可以对纳米棒长径比进行调控。目前，采用柠檬酸盐对 Au 纳米粒子进行保护是最为常用的一种方法，“柠檬酸钠还原法”成本低且简便易行，制备得到的 Au 纳米颗粒粒径易调控、尺寸均匀且溶液也较为稳定，柠檬酸钠作为弱保护剂易被其它配体取代，这促进了 Au 纳米颗粒的分子工程化。He 课题组利用温和氮化处理法原位合成了 1.6nm Au 纳米簇，并在甲醇的催化氧化反应中表现出了良好的电催化活性[67]。

#### 1.2.2.4 双金属纳米材料

双金属纳米材料具有优良的光、电、磁的属性。其结构直接决定了性能，为提高双金属催化剂的活性和稳定性，可对其组成、尺寸、元素空间分布、形貌等参数进行合理调控，从而设计出具有优异性能的催化剂[68]。常见的合金空间结构有异质结构、核壳结构和合金结构等，如图 1-6 所示。合成特定结构材料的主要方法有应用帽试剂（或称添加剂）或表面活性剂等[69]。在液相中，金属表面的不同晶面与表面活性剂之间存在不同的相互作用，可通过改变金属纳米粒子不同晶面的自由能来改变其晶面的生长速率，最终得到不同结构的金属纳米粒子[5]。控制纳米晶的形貌，要考虑施加于粒子表面的物理限域作用、热力学作用以及其成长动力学和成核作用等。Xia 等在这方面进行了深入研究[70]。金属纳米晶体在液相中的生长可归为两个阶段[71]，即成核和生长阶段。成核阶段是指在溶液中金属的前驱体通过热分解或还原法形成了固相晶核，生长阶段是指溶液中的固相晶核不断地长大最终形成金属纳米晶。对于纳米晶的均一性起到决定性作用的是成核过程的快慢。Yang 课题组[72] 研究表明，通过降低金属前驱体反应活性可有效促进反应物种在溶液中的积累，当达到临界值时，反应溶液中积累的反应物种就会爆发式地瞬间成核。

依据金属 d 带中心的理论，发现向下偏移的 d 带表示金属具有更弱的氧结合能，而提高 Pt 金属氧化还原活性的关键因素就是找到其适合的氧结合能[73]。Adzic 的研究直观地证明了上述观点，他们将 Pt 单层沉积到各种金属上面，最终发现 Pt 修饰的 Pd {111} 具有最优的 d 带中心，具有最高的活性，这是因为 O—O 的断裂和中间体的还原加氢都具有最高速率[74-76]。这一结果，

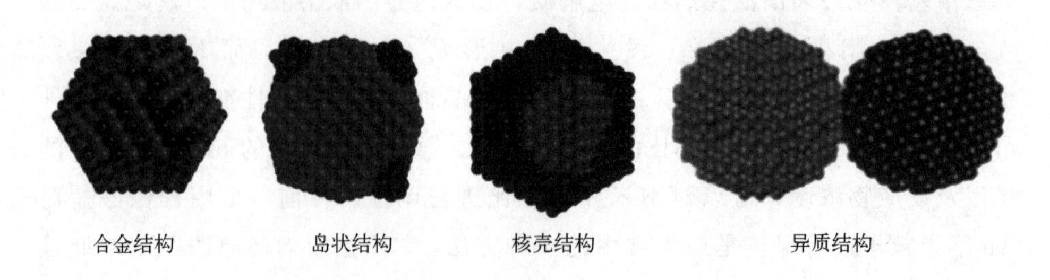


图 1-6 双金属纳米材料的常见元素空间分布示意图

在纳米催化剂上也得到证实，如微波法和无电沉积法制备的 Pd、Pt 催化剂都显示很强的氧化还原动力学性能。而且 Pt 催化剂原料价格昂贵，采用双金属合金技术，可以有效地控制其成本。可控合成具有特定结构的双金属纳米材料是目前的一个研究热点。晶格匹配的贵金属在高温下易形成合金纳米颗粒，但是实现纳米级的精确调控仍是一个挑战。人们可以期待，贵金属纳米催化剂的研究将在催化多样性、高选择性、高活性等方面取得突破性进展。

### 1.2.3 纳米复合型材料

纳米复合型材料是由两种或者两种以上物理/化学性质均不同的组分（其组分中至少有一维处于纳米级），按照一定的方式排列组合而成的多相固态材料。复合型材料中各个组分保持相对独立，而其性能却不是每个组分间性能的简单累加，而是在保持其特有性能的基础上，多组分间发挥良好的协同效应，整体产生更好的综合性能。复合型纳米材料填补了单一纳米材料性能上的不足，其很多性能均优于单一的材料，或产生单组分材料所不具备的新性能。基于多样化的有机或无机成分，杂化纳米材料的种类千变万化。目前，最热门领域包括金属/碳杂化微纳米材料和光/电多功能纳米复合材料等。

## 1.3 大环超分子化学概述

超分子化学主要是研究多个分子间通过非共价键相互作用而形成的具有特定功能体系的一门科学。其研究的内容和方向非常广泛，还没有较统一、明确的定义。Donald J. Cram、Jean-Marie Lehn 和 Charles J. Pedersen 这三位科学家于 1987 年获得了 Nobel 化学奖，他们主要的研究成果是制备出了模拟生物系统中锁钥关系的主体大分子，这些主体大分子可以特异性识别客体小分子[6]，是超分子化学方向的一次里程碑式进展。在大量的前期工作基础上由Jean-Marie Lehn定义出了“超越分子层次的化学”，即超分子化学的概念[7]。其研究的对象是两个或者两个以上的分子作用而不是指单一的分子作用。分子间的相互作用主要由非共价键方式产生，主要包括疏水作用、静电作用、配位键、π-π作用以及氢键作用等[77]。主客体识别部分是超分子化学最为核心的一项内容。

大环超分子包括一代的冠醚（crown ether）、二代的环糊精（cyclodextrin）、三代的杯芳烃（calixarene）以及四代的葫芦脲（cucurbituril），分子结构如图1-7所示。冠醚是在制备阳离子络合剂时偶然被发现的，称为一代超分子主体[78]。冠醚家族中常见的化合物有15-冠-5、18-冠-6和苯并21-冠-7等，其独特的空腔结构可选择性地与阳离子进行结合[79]。Villiers发现了二代超分子环糊精，它是以*D*-吡喃葡萄糖为基本单元，通过*α*-1,4糖苷键首尾连接而成的，常见的有α-、β-、γ-环糊精，其葡萄糖单元数分别为6、7与8。环糊精具有许多裸露在外的羟基（—OH），其空腔外部亲水而内部疏水，这种独特结构决定了它们可以与客体分子进行相互作用[80]。Zinke和Ziegler最先确定了三代超分子杯芳烃，其结构是由亚甲基桥于苯环间位连接而成的，它的结构形状类似于杯子，因此命名为杯芳烃[81]，最常见的杯芳烃有杯［4］、杯［6］以及杯［8］芳烃。通过不同的化学修饰可获得不同功能类别的衍生物，进而在水相或有机相中对不同的客体小分子进行识别作用[82]。Behrend最先报道了四代超分子葫芦脲[83]，它是由甲醛、尿素和乙二醛在酸诱导下缩合而成的大分子，其较差的水溶解性和自身缺陷，导致合成产率不高，发展较迟缓。

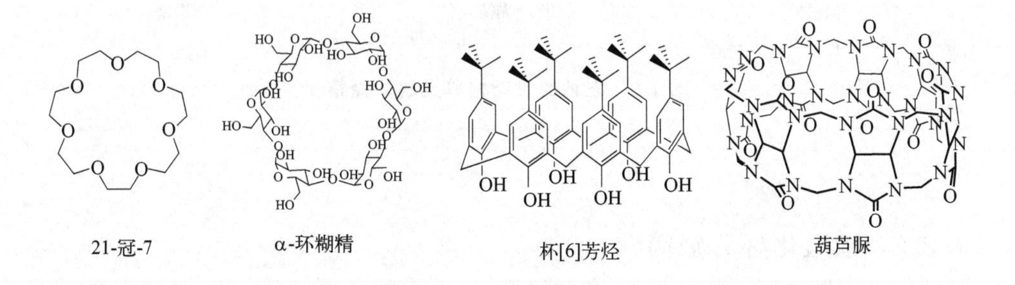


图1-7 四种大环超分子结构示意图

### 1.3.1 环糊精简介

环糊精（CD）是直链淀粉在环糊精葡萄糖基转移酶催化降解作用下产生的一类环状低聚糖。α-CD的空腔较小，只可对小的客体分子进行包合，γ-CD的空腔较大，但其生产成本较高，因此β-CD是应用最广泛的CD。几种常见的CD结构以及空腔大小如图1-8所示。β-环糊精的葡萄糖结构单元数为7，整个分子具有两个端口，上窄下宽，中心部分呈现中空的圆筒状。其结构中，所有的仲羟基（C-2位以及C-3位）与伯羟基（C-6位）分别排在小口端与大口端，中间部分的电子密度较大，整个结构特征使环糊精分子展现出外亲水、内疏水的性质[84,85]。根据此特殊性质，以其作为主体大环分子，以小分子为客体分子，通过疏水作用进行分子识别方面的应用[86]。客体与天然β-CD的结合常数比较小，因此此应用通常得不到较好的分子识别效果[87]。近些年，国内外的研究组通过引入功能性官能团等方法，对天然CD产物进行表面改性，如已得到的羧基-CD、氨基-CD、巯基-CD等，再进一步合成桥连CD，从而有效提高其分子识别能力。

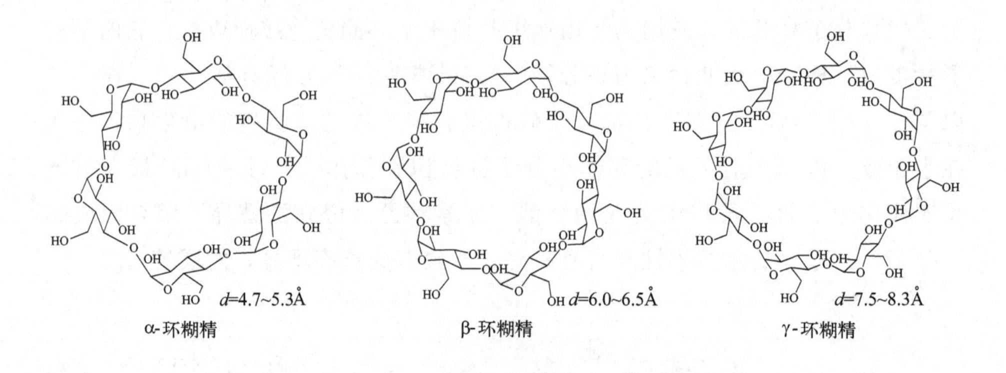


图1-8 三种数目结构单元的环糊精

1Å=0.1nm

### 1.3.2 磺酸化杯芳烃简介

杯芳烃是三代大环超分子，其上缘烷基部分为疏水性，与苯环一起构成了疏水性的空腔，下缘酚羟基部分为亲水性。它具有特殊的空腔结构，灵活性较高，空腔的大小可调，能与很多中性客体小分子以及离子进行结合，形成主客体复合物。虽然杯芳烃的化学稳定性和热稳定性较好，但其溶解性较差，这也限制了杯芳烃在溶液相中的应用。Arduini[88] 等于1984年首次报道合成了磺酸化的杯芳烃，这种方法极大地改善了其水溶性。得到的磺酸化的杯芳烃，具备了良好的溶解性与生物相容性。其独特的空腔结构能对很多客体小分子进行识别，成为了制备复合材料的一类理想对象。磺酸化的杯芳烃通过非共价键的方式与碳纳米材料进行结合，主要包括静电作用、π-π堆积作用、疏水作用以及氢键相互作用等，在医学、生物、化学等领域具有潜在应用[89,90]。

Nehra[91] 课题组合成了 $Mg^{2+}$、苯二亚胺与磺化杯［4］芳烃复合物，利用 $Mg^{2+}$ 对有机、无机磷酸盐的高亲和性，对 $HPO_4^{2-}$、$P_2O_7^{4-}$、$H_2PO_4^-$、$AMP^{2-}$、$ATP^{2-}$、$ADP^{2-}$ 等进行了选择性识别区分。Castillo课题组[92] 基于主客体识别原理，将磺化杯［8］芳烃和Cu(Ⅰ)-邻二氮菲经过疏水作用等得到了纳米级反应器，并催化了C—S键偶联反应。Mummidivarapu课题组[93] 合成得到了1,3,5-三酰胺基喹啉-磺化杯［6］芳烃的衍生物，并根据与金属离子不同的配位能力，对 $Zn^{2+}$ 和 $Cu^{2+}$ 进行了选择性识别。

### 1.3.3 柱芳烃简介

研究者们在超分子领域一直探索。直至2008年，日本金泽大学Ogoshi课题组用多聚甲醛和对苯二甲醚在Lewis催化作用下进行反应偶然得到了一种白色晶体[94]，进一步对该晶体进行了单晶结构测试，发现它是一种对称性良好的环状低聚物（图1-9），在对苯二甲醚苯环上的对位处通过亚甲基桥连而成，分子结构类似柱状，故将其命名为柱芳烃（pillararene）。至此，新一代超分子柱芳烃被发现，这一里程碑式的研究成果，促进了大环超分子化学的快速发展。柱芳烃刚性很强，具有对称的空间结构，它与客体小分子的配位更加紧固，这一特殊性质与葫芦脲类似。柱芳烃的合成条件温和，且产率高，分离纯化等后处理操作简单。柱芳烃上酚羟基的位置具有反应活性，可以进行多种功能化的化学修饰，而这一特性又与杯芳烃相似。柱［5］芳烃空腔大小与CB［6］和α-CD相近，柱［6］芳烃的空腔大小则与CB［7］和β-CD较接近。柱芳烃的独特性质使得它在材料科学、环境科学、生物学等领域都有着重要的应用。

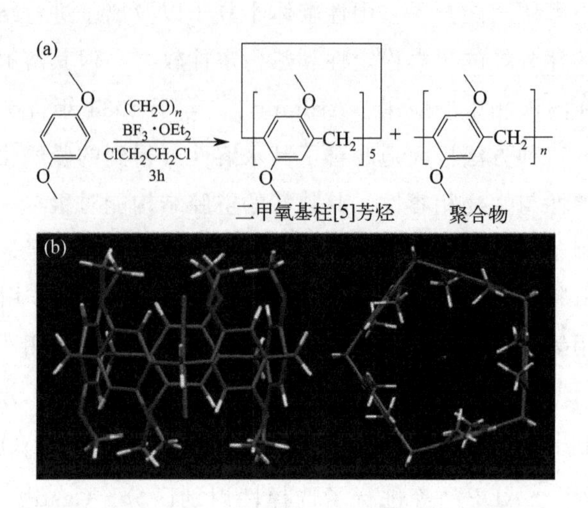


图 1-9 二甲氧基柱［5］芳烃的合成路线（a）及二甲氧基柱［5］芳烃的晶体结构图（b）

## 1.4 功能碳及贵金属纳米材料在电催化/传感领域的应用

近年来，多种功能纳米复合材料（包括大环超分子复合材料）在催化、传感、分子识别等领域展现出优异的性能且具有潜在的应用价值。前面几个小节分别对几种纳米材料以及杂化纳米材料进行了介绍。接下来，我们将对多种功能化的杂化纳米材料的应用作进一步介绍。从单一组分的纳米材料扩展到二元以及多元杂化纳米材料的合成已成为今后纳米材料的重要研究方向之一。在纳米尺度上不同组分组合形成的杂化纳米材料，赋予了其新的功能特性。而其中，双金属纳米材料、金属-碳纳米杂化材料、大环超分子-碳纳米杂化材料以及新型的碳量子点纳米材料因具备独特的结构和性能，在电催化/电化学传感领域以及生物医学等领域有着广泛的应用。

### 1.4.1 功能贵金属纳米材料在电催化中的应用

燃料电池是将化学能转化为电能的转换器，由电解质以及正负两个电极组成。燃料电池的正、负极本身不包含活性物质，只是催化转换元件。目前，人们致力于制备低操作温度、高能量密度以及环境友好型的燃料电池。寻找新型高性能的催化剂用以提高燃料电池的性能一直以来是一项挑战。

#### 1.4.1.1 贵金属-碳纳米复合材料在电催化中的应用

金属Pt、Pd被认为是所有单金属中最有效的电催化剂，不仅可以提供阴极材料作为氧还原催化剂，还可以作为阳极材料催化一些有机物小分子以及$H_2$等燃料。然而从提高催化剂的稳定性和催化活性这一方面来讲，合成具有高稳定性高活性的Pt/Pd纳米催化剂，仍然是燃料电池领域的难点和热点。杂化是一种非常有效的策略，即以碳纳米材料作为载体，将贵金属纳米颗粒进行固定，这既能发挥出贵金属纳米颗粒的催化性和高选择性，又能够通过碳材料使其稳定。如Tang课题组[95]将贵金属Au以及Pt/Pd等精细纳米颗粒成功负载于还原氧化石墨烯纳米片表面，不需要其它还原剂以及保护性分子。在氧还原反应（ORR）中，相比于商业化Pt/C、单组分的还原氧化石墨烯以及巯基化的Au纳米簇，Au纳米簇/还原氧化石墨烯展现出优异的催化性能，如图1-10所示。Mao课题组[96]报道了以sp与$sp^2$杂化的氧化石墨炔为载体，既能作为还原剂也可作为稳定剂用于负载尺寸均匀的Pd纳米簇，研究发现其对4-硝基苯酚的还原具有高的催化活性。

在众多的载体材料中，氧化石墨烯表面含有大量的环氧基、羧基和羟基等活性官能团，可利用这些官能团对其进行化学共价修饰，如通过酯化和酰胺化等共价结合有机小分子，经还原后便可得稳定分散的还原氧化石墨烯，且呈现较好的溶解性。SWCNHs具有很多纳米级孔隙，比表面积大，具有更多的结构缺陷，这些缺陷的存在使其更易被氧化且孔洞易被打开，产生丰富的含氧官能团[27]。另外，1～50nm的小尺寸贵金属纳米颗粒具有优异的催化性能，可将其负载于石墨烯或碳纳米角等载体上用于燃料电池的高效催化。此方法通过降低尺寸可有效提高贵金属的利用率，从而提高催化活性，也可使燃料电池成本降低。目前，一些先进的碳纳米杂化材料已有报道。如有机相路线合成的例子：El-Shall课题组利用微波辅助的还原方法，在油酸和油胺的混合物中制备了Pd/Cu/PdCu分散于石墨烯表面的杂化纳米材料[97]。水相合成是目前合成石墨烯杂化体的最为有效的策略，经典的例子如：以十二烷基磺酸钠作为还原剂及表面活性剂合成Pd纳米粒子/石墨烯杂化体[98]；Chen等将3.5nm的Pd负载于氧化石墨烯（图1-11）表面得到杂化纳米材料[99]；在$N_2$保护下通过一步法制备得到Pd/单壁碳纳米角杂化体[100]；通过种子调节生长法得到石墨烯/金纳米棒杂化材料[101]；通过还原法将Pd负载于石墨烯氧化物表面，得到Pd/石墨烯纳米杂化体[102]等。

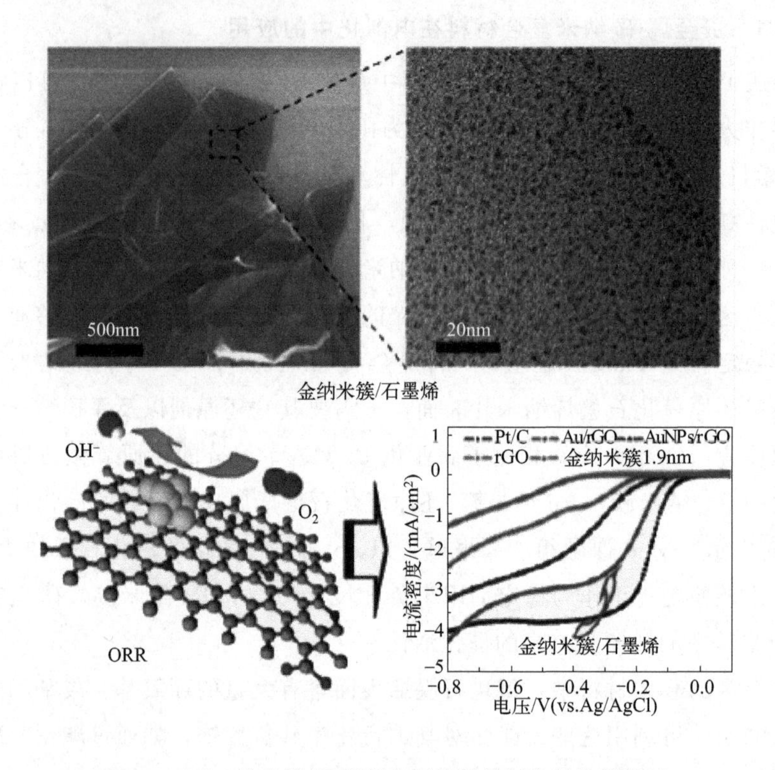


图 1-10 Au 纳米簇/还原氧化石墨烯的制备及性能测试

然而，杂原子的引入会破坏石墨烯的共轭结构，这会导致其导电性能降低。为解决这一问题，非共价键修饰应运而生。通过非共价相互作用将一些功能性分子修饰到碳材料表面，此方法可有效避免颗粒聚集。如将表面活性剂和两亲性功能的聚合物包括生物分子 DNA[103]、卟啉类化合物[104,105]、芘及其衍生物[106,107]、磺化聚苯胺[108] 及聚苯乙烯磺酸钠等通过 π-π 作用修饰于石墨烯表面。通过氢键作用或静电作用将小分子葡萄糖或聚电解质修饰在石墨烯表面的研究也有报道。而近几年有少数报道将水溶性大环超分子主体（包括环糊精、磺化杯芳烃以及水溶性柱芳烃等）通过非共价作用力（包括氢键作用、静电相互作用、疏水作用以及 π-π 相互作用等）修饰于碳纳米材料（石墨烯、碳纳米角、碳纳米管等）表面，得到具备特殊功能的水溶性碳纳米复合材料。这一研究在催化剂载体、分子识别、光/电化学传感、药物传递以及生物成像等领域有着潜在的应用价值。环糊精的分子识别包合作用已被广泛研究，而桥连环糊精的应用还未深入，具有很大的潜在应用价值。如，Zhang 课题组基于

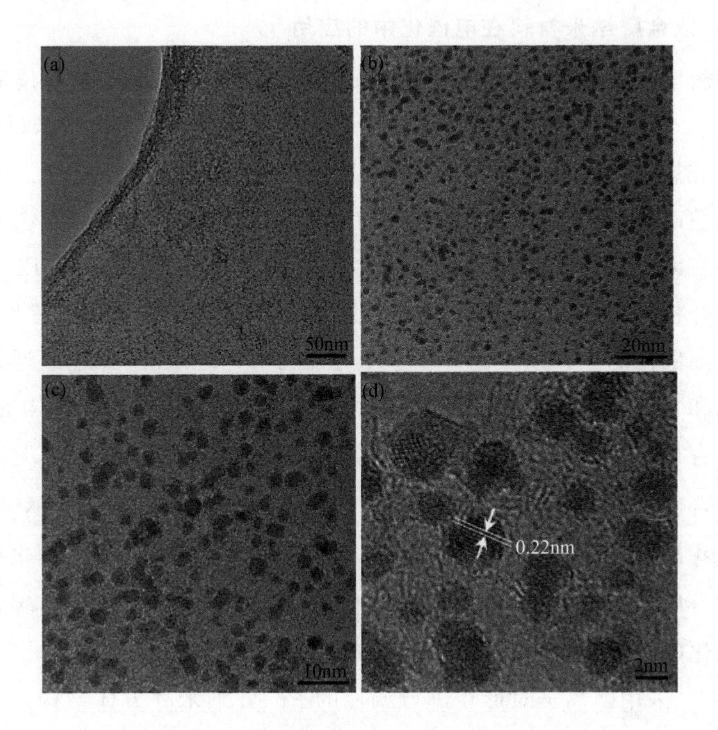


图 1-11　Pd/氧化石墨烯的 TEM (a)～(c)、HRTEM (d) 图

β-CD 功能化石墨烯建立了检测新烟碱杀虫剂的电化学传感平台，其检出限为 0.11μmol/L，线性范围为 10.0～55μmol/L[109]。Jiang 课题组通过电聚合的方法将 β-CD 负载于石墨烯表面，从而建立了微量检测加替沙星的电化学方法，其检出限是 0.02μmol/L，线性范围是 0.05～150.00μmol/L[110]。Yi 课题组合成了聚精氨酸 β-CD 功能化的 SWCNHs/石墨烯纳米带的复合材料，从而建立了 2-氨基酚与 4-氨基酚进行同时检测的电化学传感平台，检出限分别是 6.2nmol/L 和 3.5nmol/L，线性范围是 25.0～1300.0nmol/L[111]。而环糊精-石墨烯[112,113]、柱芳烃-石墨烯[114,115]、磺化杯芳烃-石墨烯[90,116,117]、磺化杯芳烃-碳纳米角[118]、环糊精-碳纳米管[119-121] 等水溶性大环超分子碳纳米杂化材料已被成功制备。通过水溶性大环超分子非共价修饰，碳纳米材料在保持其完美结构的同时，也可有效改善其在水溶液中的分散性，并且赋予其新的物理化学特性。此类非共价修饰在催化剂载体方面的研究非常少，有待进一步开发。

#### 1.4.1.2 双金属纳米材料在电催化中的应用

在燃料电池领域中，Pt 催化原料价格昂贵，采用双金属合金技术或非 Pt 催化都可以有效地控制成本。可控合成具有特定结构的双金属纳米材料是目前的一个研究热点。晶格匹配的贵金属在高温下易形成合金纳米颗粒，但是实现纳米级的精确调控仍是一个挑战。目前，典型的例子如：Chen 等人通过水相合成法，在无表面活性剂存在下控制合成了具有 3D 结构的 Pd@Pt 中空纳米花状结构并将其负载于石墨烯表面（如图 1-12 所示），在乙醇的催化氧化反应中展现出高催化活性，以及耐 CO 中毒等能力[122]；Wang 课题组通过聚乙烯吡咯烷酮和 KBr 的简单调控制备了一种 Pd-Pt 空间网状纳米线结构的催化剂，材料颗粒直径仅有 5nm 左右，在乙二醇以及丙三醇的催化氧化中 $Pd_{55}Pt_{30}$ 组分比例的合金展现出最优的催化性能[123]；Zhang 等人合成了 $Pt_3Ni$ 纳米粒方块[124]；Pt 与 Pd 形成了异质纳米结构[125]；Jiang 等人一步法制备了形貌可控的 Pd@Pt 纳米孔状材料（图 1-13），此结构具有大的活性比表面积，在甲醇电催化氧化中其活性分别是同等量 Pt 的商业化 Pt 黑、商业化 Pt/C 的 7 倍、2.1 倍[126]；采用碘离子对形貌进行调控的 Pt-Pd 纳米立方体结构，通过改变前驱体的用量来进行空心与实心结构的转化[127]；Wu 等人合成了 Pd/Au 合金纳米八面体[128]；Xiang 等人合成了 Pd/Au 纳米棒[129]；Yusuke 课题组[130] 在室温下一步法合成了 Pt@Pd 纳米树突结构材料；Zhang 等人[131] 通过甘氨酸改变还原反应动力学制备合成了三种不同形貌的 Pt-Cu 纳米合金，如图 1-14 所示。

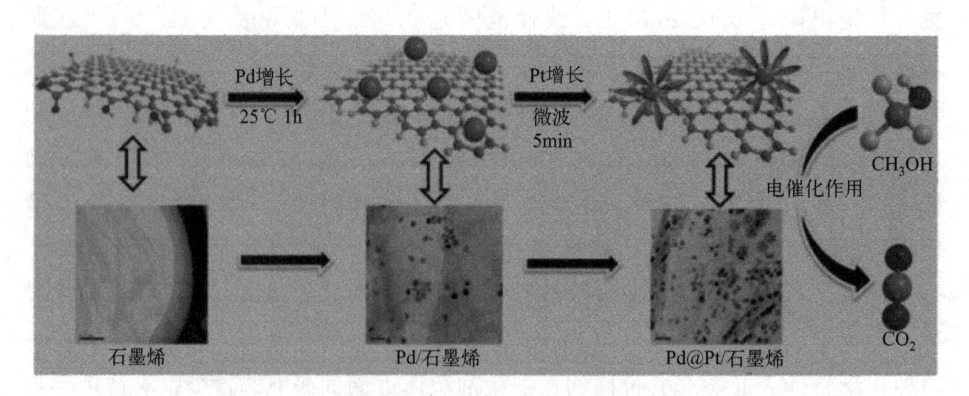


图 1-12 Pd@Pt 中空纳米花状结构负载于石墨烯表面的催化剂制备过程

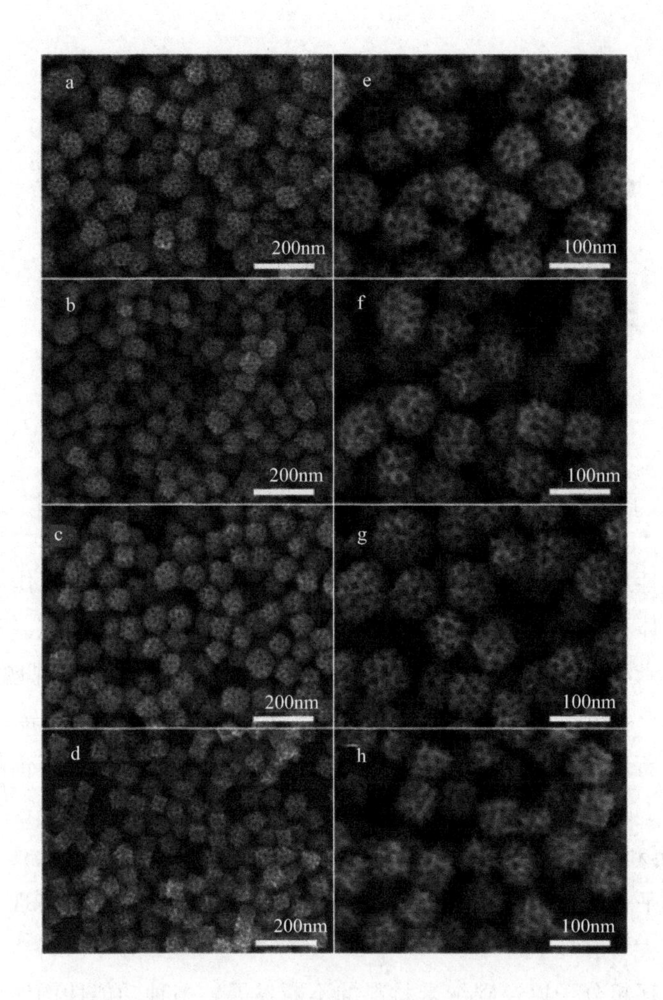


图 1-13 Pt@Pd 的 SEM 图

## 1.4.2 功能碳纳米材料在传感中的应用

随着纳米材料的不断开发，科学家们已成功地将其应用于药物检测、电化学/生物传感和生物标识等技术领域[132]。

### 1.4.2.1 贵金属-超分子功能碳纳米复合材料在电化学传感中的应用

电化学传感是一门高度交叉的新兴学科，集合了化学、生物、电子、物理等多种学科。电化学传感通过仪器将检测到的信号转化为电化学信号，基于待

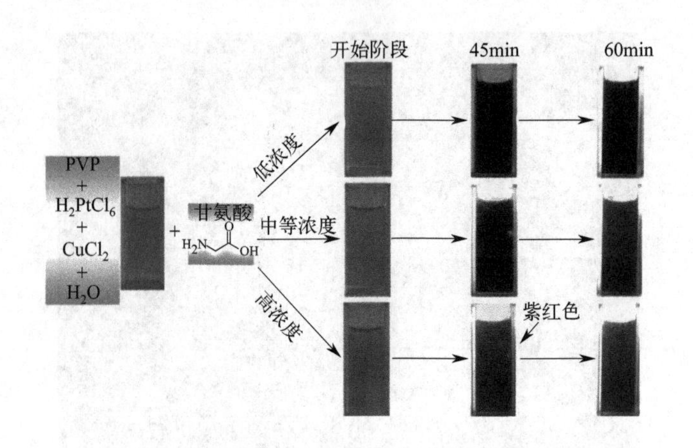


图 1-14 制备三种 Pt-Cu 纳米合金反应前后的溶液颜色变化

测物电化学性质，来实现待测物的定量和定性检测[25]，具有操作简单、携带方便、仪器体积较小、可用于现场监测、对环境要求不高等优点。近年来，多种贵金属纳米材料在传感器上的应用发展非常快。如 Mirkin 课题组采用 Au 溶胶基于完全错配与互补、碱基缺失和插入的 DNA 双链相中转变温度的不同，通过不断地调节温度，从而观察到 Au 溶胶中的杂交体系颜色变化，此方法实现了对 DNA 错配的简单分析[133]。通过半胱胺组装，在 Au 电极表面获得-$NH_2$，再利用纳米 Au 与-$NH_2$ 的强静电相互作用，在电极上形成 Au 纳米层，此传感平台可有效地将多巴胺与抗坏血酸的氧化峰分开，实现对多巴胺的选择性测定[134]。

随着大环超分子以及碳纳米材料的不断发展，多种功能性的纳米材料已被制备且在电化学传感领域得到广泛应用。碳纳米材料具有独特的结构和优异的性能，而大环超分子主体化合物具有优越的主-客体分子识别能力，二者结合会得到双功能化的纳米复合材料。而以大环超分子作为稳定配体对金属纳米材料进行功能化修饰得到的材料也已应用于传感、催化以及生物医药等领域。Kaifer 课题组[135] 于 1999 年首次提出用大环超分子修饰金纳米粒子的方案，主要是通过配体交换的方式将巯基化 β-CD 修饰于金纳米粒子的表面。在 β-CD 修饰的金纳米粒子中加入二茂铁二聚体，二茂铁与 β-CD 的主客体识别作用会使金纳米粒子聚集。若加入二茂铁单体则不会引起金纳米粒子的聚集，证明该金纳米粒子表面含大环超分子并具有分子识别能力。后来，Guo 课题组[112] 合成了环糊精（CD）与石墨烯的复合物，检测中发现相比于纯石墨烯，其具有显著的超分子识别能力以及超强的电化学响应。Zhu 课题组[136] 报道了 β-CD-CNTs 纳米复合物对比于纯净的 CNTs 具有高的电化学响应以及优异的传感效应，如图 1-15 所示。Yao 等人利用 β-CD-CNTs（图 1-16）对农药甲基对硫磷实现了高灵敏电化学检测[137]。Chen 等人利用 β-CD 聚合物修饰还原氧化石墨烯（图 1-17）对农药吡虫啉实现了高灵敏电化学检测[138]。Yang 等人基于环糊精功能化 AuNPs（纳米颗粒）修饰石墨烯（图 1-18）构建了能够同时检测两种酚类化合物的电化学传感平台[139]。Zhao 等人[140] 通过一步绿色回流的方法分别制备了 SCX6@RGO 与 β-CD@RGO 的复合材料，选择他达拉非作为识别对象，实验结果显示 SCX6@RGO 比 β-CD@RGO 具有更高的电响应信号，这也证明了 SCX6 对他达拉非的识别能力强于 β-CD。

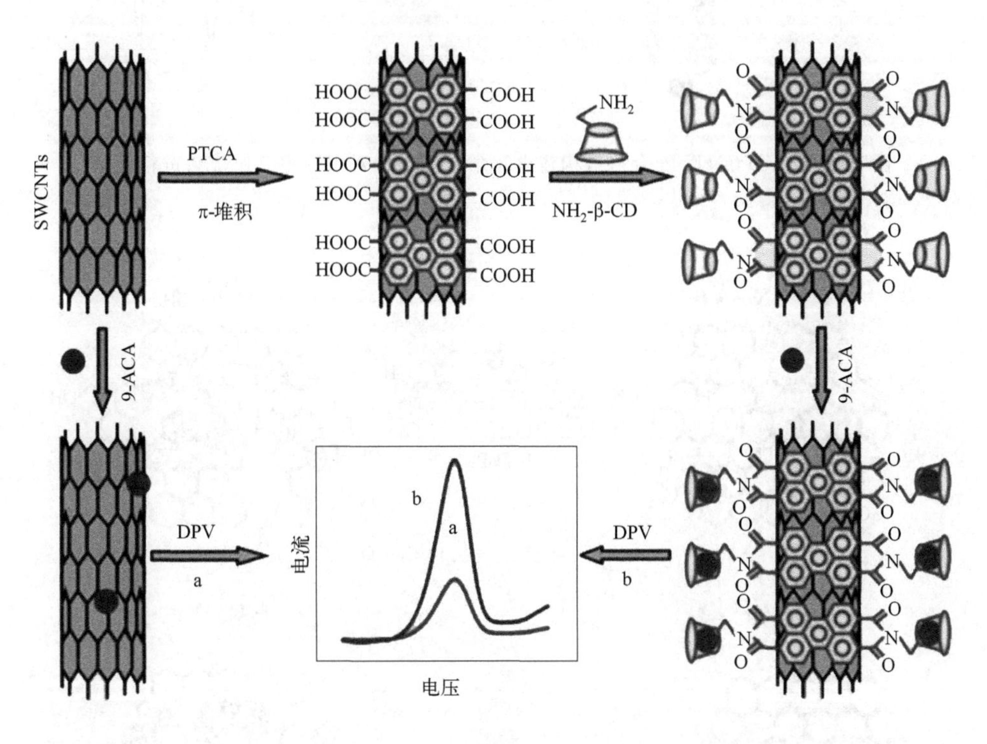


图 1-15 β-CD-CNTs 纳米复合物用于构建电化学传感平台

近几年，Huang 课题组制备了一种以带有咪唑盐的水溶性柱［5］芳烃为稳定配体的金纳米粒子[141]，实验中通过改变稳定剂的浓度来调控金纳米粒子的大小，其尺寸可达 2nm 以下。在硝基苯酚还原过程中金纳米粒子的催化活性得到良好的体现，使硝基还原为氨基的时间大大缩短，在催化和传感方面都

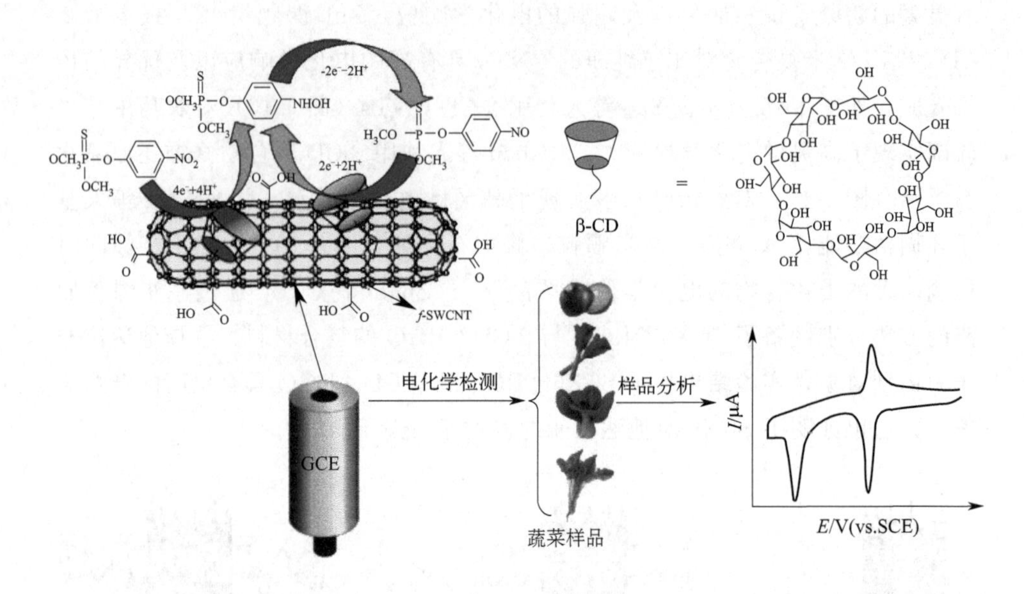


图 1-16 β-CD-CNTs 复合材料构建电化学传感平台对农药甲基对硫磷进行检测

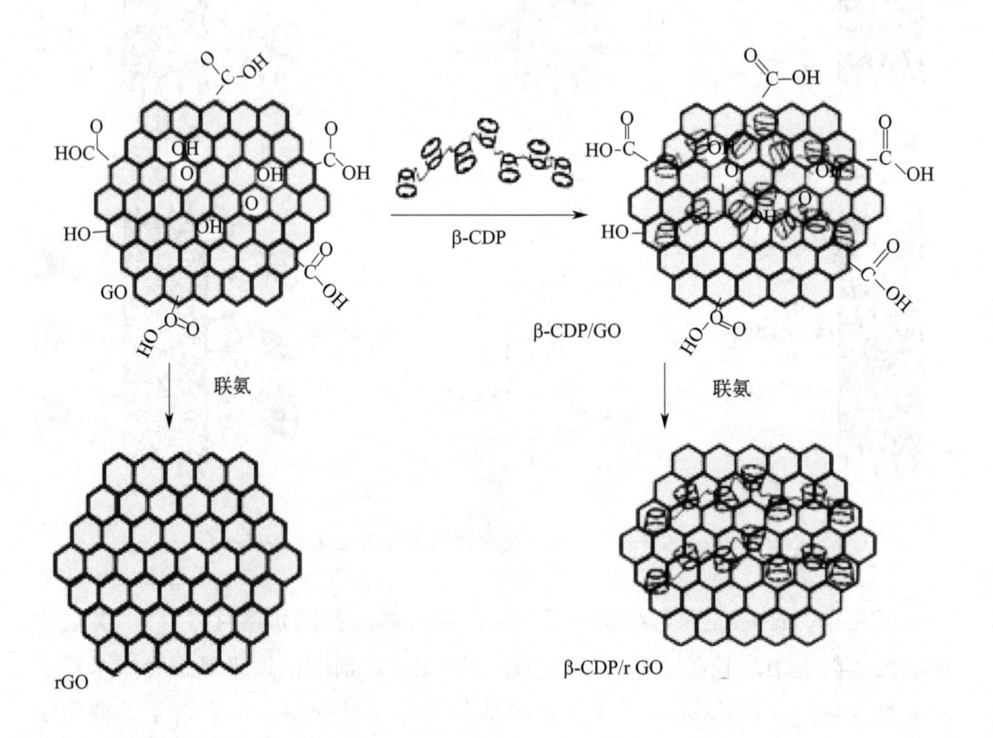

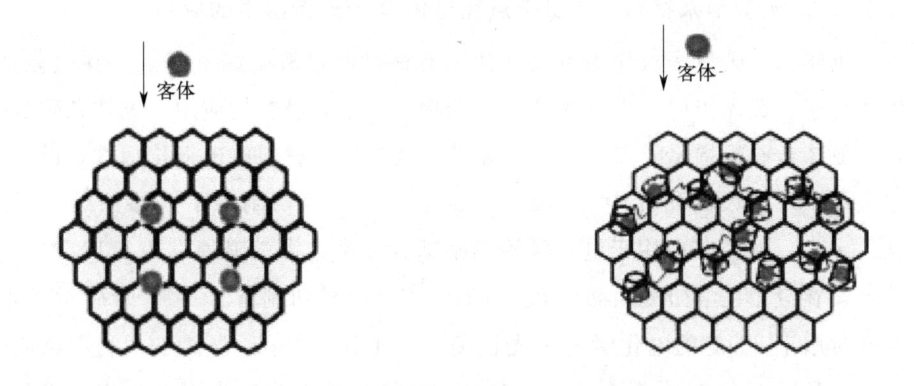


图 1-17 β-CD 聚合物修饰还原氧化石墨烯用于电化学检测农药吡虫啉

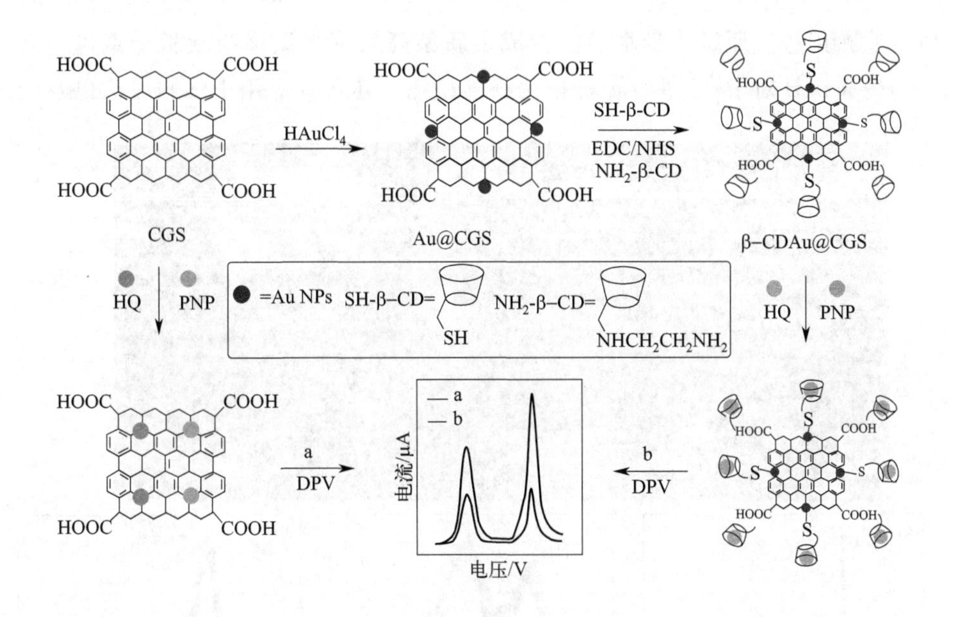


图 1-18 β-CD-Au@CGS（羧基石墨烯纳米片）用于同时电化学检测两种酚类物质

具有潜在应用价值。该组又报道了以两亲性的柱［5］芳烃调控金纳米粒子的方案[142]，实验中两亲性柱［5］芳烃在水中通过自组装形成了纳米管并将金纳米粒子负载于上面，对自组装过程进行调控可得到两亲性金纳米粒子，这种金纳米粒子不仅活性好还可循环回收利用，这也与钯碳类似，此方法开创了一种合成两亲性纳米粒子的方法，并在绿色传感/催化领域有着应用价值。

#### 1.4.2.2 新型纳米材料—碳量子点在电化学/荧光传感中的应用

近年来，碳量子点作为可以替代具有毒性的过渡金属量子点，在电化学/生物传感、荧光传感、生物成像以及药物传递中有潜在的应用。氮掺杂碳量子点、氮掺杂石墨烯量子点等，能够显著提高碳纳米材料的电催化活性，已被广泛应用于现阶段的研究中。例如，Cai 等[143] 人成功制备了氮掺杂碳量子点（图 1-19），并将其应用于电化学检测硝基芳香爆炸物三硝基甲苯（TNT）。此外，长春应用化学研究所董绍俊课题组[144] 也成功制备了 N 掺杂碳量子点，并同时用于 TNT 的电化学和荧光检测（图 1-20）。Sun 等[145] 人利用微波辅助法制备了 N 掺杂碳量子点（图 1-21）并将其用于荧光检测爆炸物三硝基苯酚（TNP）。Lu 等人基于介孔分子印迹构建了一种碳量子点的荧光传感平台，并应用于 TNT 的检测上[146]，此方法为环境中危险物的检测提供了新思路。Lee 课题组[147] 通过一步水热法合成了新型高效荧光氮掺杂碳量子点，将其作为荧光探针对 $Fe^{3+}$ 进行免标记选择性检测，还将其应用于细胞成像以及荧

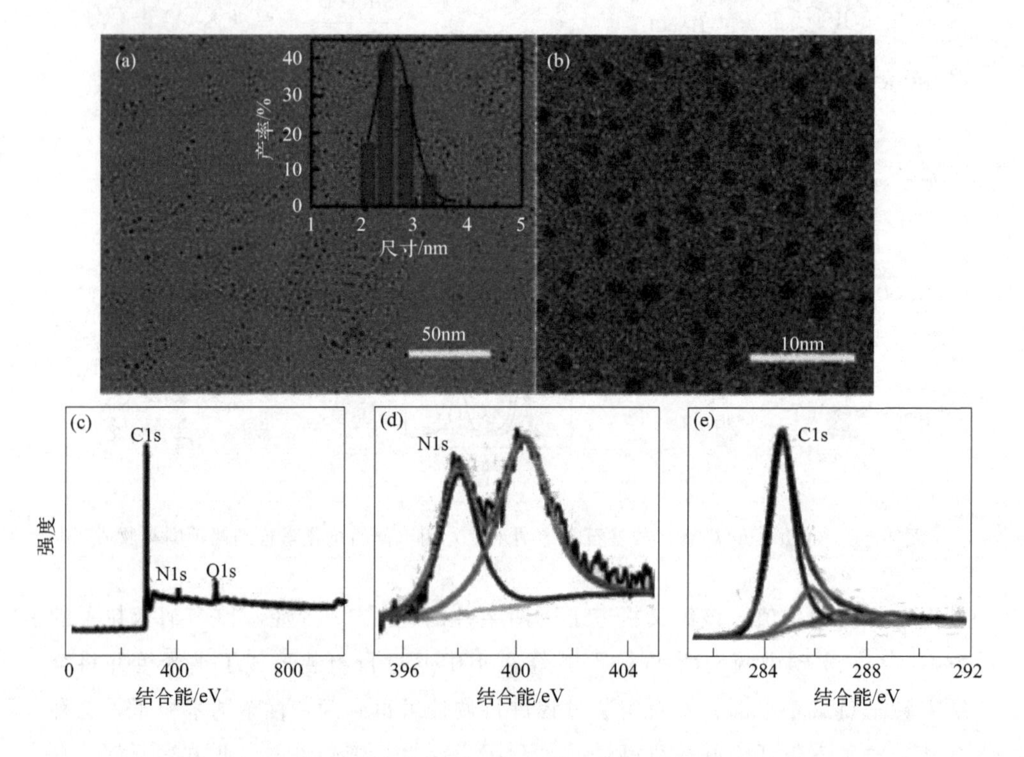


图 1-19 N-CQDs 的 TEM [(a)、(b)] 及 XPS [(c)～(e)] 谱图

光墨水等，其量子产率（QY）达到14%，如图1-22所示。基于分子荧光构建的荧光化学传感器用于检测硝基芳香爆炸物，识别与检测原理主要是硝基芳香爆炸物对荧光量子点具有强烈的猝灭作用。导致荧光猝灭的可能的机理主要有：光诱导电子转移（PET）、分子内电荷转移（ICT）、指示剂取代（IDA）和荧光共振能量的转移（FRET）。

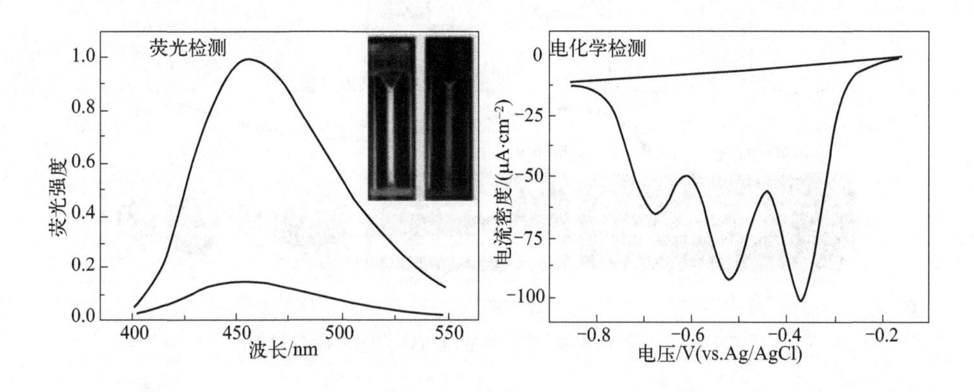


图1-20 N-CQDs同时用于TNT的电化学和荧光检测

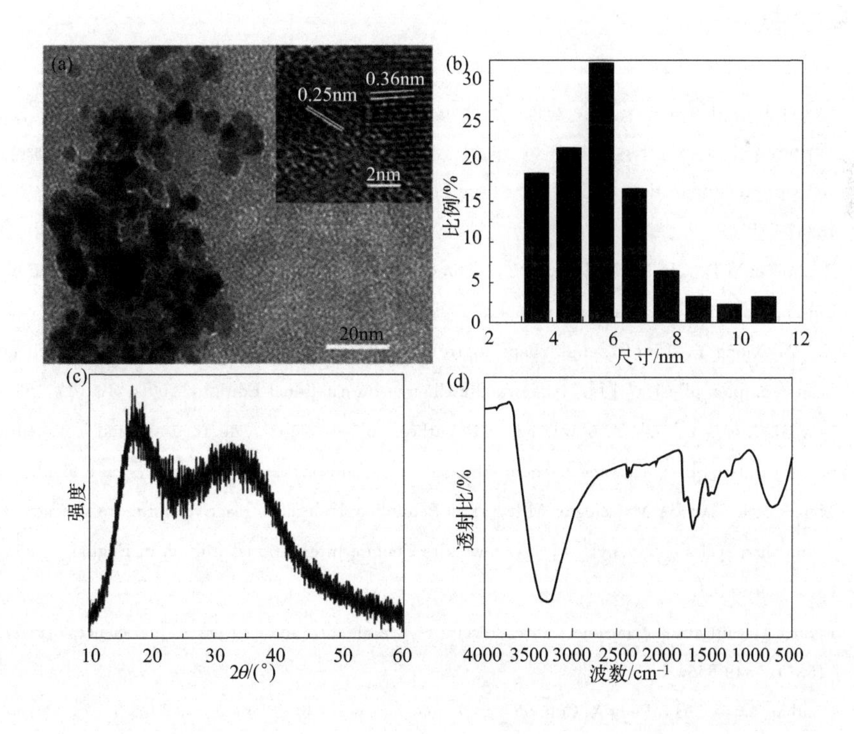


图1-21 N-CQDs的TEM（a）、尺寸分布（b）、拉曼光谱（c）及红外光谱（d）测试

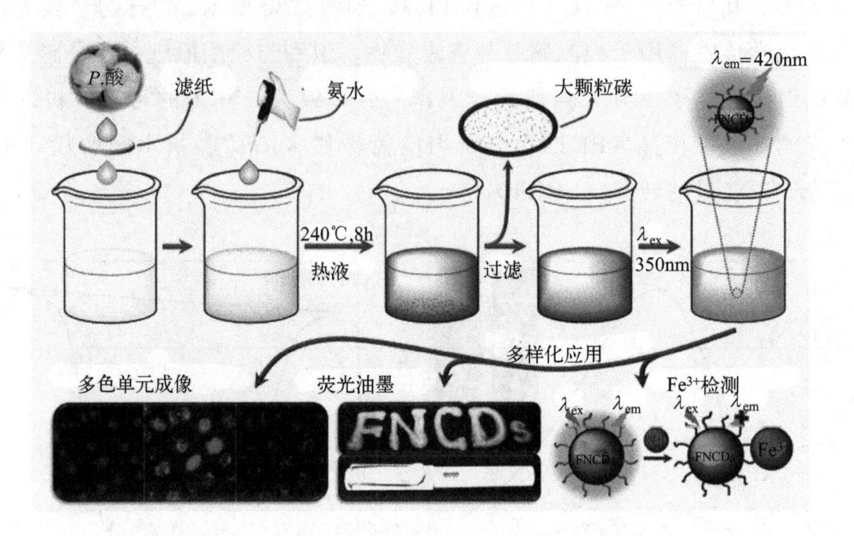


图 1-22 氮掺杂碳量子点的制备以及多样化应用

## 参考文献


[1] Stix G. Little big science [J]. Scientific American，2001，285 (3)：32-37.

[2] Murphy C J，Sau T K，Gole A M，et al. Anisotropic metal nanoparticles：synthesis，assembly，and optical applications [J]. The Journal of Physical Chemistry B，2005，109 (29)：13857-13870.

[3] Banholzer M J，Qin L，Millstone J E，et al. On-wire lithography：synthesis，encoding and biological applications [J]. Nature Protocols，2009，4 (6)：838-848.

[4] Xia Y，Xiong Y，Lim B，et al. Shape-controlled synthesis of metal nanocrystals：simple chemistry meets complex physics? [J]. Angewandte Chemie International Edition，2009，48 (1)：60-103.

[5] Lim B，Xiong Y，Xia Y. A water-based synthesis of octahedral，decahedral，and icosahedral Pd nanocrystals [J]. Angewandte Chemie International Edition，2007，46 (48)：9279-9282.

[6] Meléndez E，Arif A M，Ziegler M L，et al. Pentadienyl，a more reactive and more strongly bound ligand than cyclopentadienyl [J]. Angewandte Chemie International Edition in English，1988，27 (8)：1099-1101.

[7] Lehn J M. Supramolecular chemistry：receptors，catalysts，and carriers [J]. Science，1985，227 (4689)：849-856.

[8] Pradhan N，Xu H，Peng X. Colloidal CdSe quantum wires by oriented attachment [J]. Nano Letters，2006，6 (4)：720-724.

［9］ Peng Z A，Peng X. Nearly monodisperse and shape-controlled CdSe nanocrystals via alternative routes：nucleation and growth［J］. Journal of the American Chemical Society，2002，124（13）：3343-3353.

［10］ Lu Y，Zhao Y，Yu L，et al. Hydrophilic Co@ Au yolk/shell nanospheres：synthesis，assembly，and application to gene delivery［J］. Advanced Materials，2010，22（12）：1407-1411.

［11］ Yin Y，Rioux R M，Erdonmez C K，et al. Formation of hollow nanocrystals through the nanoscale Kirkendall effect［J］. Science，2004，304（5671）：711-714.

［12］ Kroto H W，Heath J R，O' Brien S C，et al. C60：Buckminsterfullerene［J］. Nature，1985，318（6042）：162-163.

［13］ Iijima S. Helical microtubules of graphitic carbon［J］. Nature，1991，354（6348）：56-58.

［14］ Novoselov K S，Geim A K，Morozov S V，et al. Electric field effect in atomically thin carbon films［J］. Science，2004，306（5696）：666-669.

［15］ Lee C，Wei X，Kysar J W，et al. Measurement of the elastic properties and intrinsic strength of monolayer graphene［J］. Science，2008，321（5887）：385-388.

［16］ Allen M J，Tung V C，Kaner R B. Honeycomb carbon：a review of graphene［J］. Chemical Reviews，2010，110（1）：132-145.

［17］ Geim A K. Graphene：status and prospects［J］. Science，2009，324（5934）：1530-1534.

［18］ Guo S，Dong S. Graphene nanosheet：synthesis，molecular engineering，thin film，hybrids，and energy and analytical applications［J］. Chemical Society Reviews，2011，40（5）：2644-2672.

［19］ Huang X，Yin Z，Wu S，et al. Graphene-based materials：synthesis，characterization，properties，and applications［J］. Small，2011，7（14）：1876-1902.

［20］ Paredes J I，Villar-Rodil S，Fernández-Merino M J，et al. Environmentally friendly approaches toward the mass production of processable graphene from graphite oxide［J］. Journal of Materials Chemistry，2011，21（2）：298-306.

［21］ Liu J，Tang J，Gooding J J. Strategies for chemical modification of graphene and applications of chemically modified graphene［J］. Journal of Materials Chemistry，2012，22（25）：12435-12452.

［22］ Shin H J，Kim K K，Benayad A，et al. Efficient reduction of graphite oxide by sodium borohydride and its effect on electrical conductance［J］. Advanced Functional Materials，2009，19（12）：1987-1992.

［23］ Wang G，Yang J，Park J，et al. Facile synthesis and characterization of graphene nanosheets［J］. The Journal of Physical Chemistry C，2008，112（22）：8192-8195.

［24］ Li D，Müller M B，Gilje S，et al. Processable aqueous dispersions of graphene Nanosheets［J］. Nature Nanotechnology，2008，3（2）：101-105.

［25］ Stankovich S，Dikin D A，Dommett G H B，et al. Graphene-based composite materials［J］. Nature，2006，442（7100）：282-286.

［26］ Iijima S，Yudasaka M，Yamada R，et al. Nano-aggregates of single-walled graphitic carbon nanohorns [J]. Chemical Physics Letters, 1999, 309 (3-4): 165-170.

[27] Utsumi S, Miyawaki J, Tanaka H, et al. Opening mechanism of internal nanoporosity of single-wall carbon nanohorn [J]. The Journal of Physical Chemistry B, 2005, 109 (30): 14319-14324.

[28] Zhang M, Yudasaka M, Ajima K, et al. Light-assisted oxidation of single-wall carbon nanohorns for abundant creation of oxygenated groups that enable chemical modifications with proteins to enhance biocompatibility [J]. ACS Nano, 2007, 1 (4): 265-272.

[29] Dong Y, Shao J, Chen C, et al. Blue luminescent graphene quantum dots and graphene oxide prepared by tuning the carbonization degree of citric acid [J]. Carbon, 2012, 50 (12): 4738-4743.

[30] Dong Y, Li G, Zhou N, et al. Graphene quantum dot as a green and facile sensor for free chlorine in drinking water [J]. Analytical Chemistry, 2012, 84 (19): 8378-8382.

[31] Dong Y, Pang H, Yang H B, et al. Carbon-based dots co-doped with nitrogen and sulfur for high quantum yield and excitation-independent emission [J]. Angewandte Chemie, 2013, 125 (30): 7954-7958.

[32] Qu S, Wang X, Lu Q, et al. A biocompatible fluorescent ink based on water-soluble luminescent carbon nanodots [J]. Angewandte Chemie International Edition, 2012, 51 (49): 12215-12218.

[33] Yuan H, Li D, Liu Y, et al. Nitrogen-doped carbon dots from plant cytoplasm as selective and sensitive fluorescent probes for detecting p-nitroaniline in both aqueous and soil systems [J]. Analyst, 2015, 140 (5): 1428-1431.

[34] Lan M, Zhang J, Chui Y S, et al. A recyclable carbon nanoparticle-based fluorescent probe for highly selective and sensitive detection of mercapto biomolecules [J]. Journal of Materials Chemistry B, 2015, 3 (1): 127-134.

[35] Ruan Y, Wu L, Jiang X. Self-assembly of nitrogen-doped carbon nanoparticles: a new ratiometric UV-vis optical sensor for the highly sensitive and selective detection of $Hg^{2+}$ in aqueous solution [J]. Analyst, 2016, 141 (11): 3313-3318.

[36] Fukuoka A, Araki H, Sakamoto Y, et al. Palladium nanowires and nanoparticles in mesoporous silica templates [J]. Inorganica Chimica Acta, 2003, 350: 371-378.

[37] Shi Z, Wu S, Szpunar J A. Synthesis of palladium nanostructures by spontaneous electroless deposition [J]. Chemical Physics Letters, 2006, 422 (1-3): 147-151.

[38] Lim B, Jiang M, Tao J, et al. Shape-controlled synthesis of Pd nanocrystals in aqueous solutions [J]. Advanced Functional Materials, 2009, 19 (2): 189-200.

[39] Xiong Y, Xia Y. Shape-controlled synthesis of metal nanostructures: the case of palladium [J]. Advanced Materials, 2007, 19 (20): 3385-3391.

[40] Lim B, Xiong Y, Xia Y. A water-based synthesis of octahedral, decahedral, and icosahedral Pd nanocrystals [J]. Angewandte Chemie International Edition, 2007, 46 (48): 9279-9282.

[41] Li C, Sato R, Kanehara M, et al. Controllable polyol synthesis of uniform palladium icosahedra: effect of twinned structure on deformation of crystalline lattices [J]. Angewandte Chemie, 2009,

121 (37): 7015-7019.

[42] Niu W, Zhang L, Xu G. Shape-controlled synthesis of single-crystalline palladium nanocrystals [J]. Acs Nano, 2010, 4 (4): 1987-1996.

[43] Yuan Q, Zhuang J, Wang X. Single-phase aqueous approach toward Pd sub-10 nm nanocubes and Pd-Pt heterostructured ultrathin nanowires [J]. Chemical Communications, 2009 (43): 6613-6615.

[44] Huang X, Zheng N. One-pot, high-yield synthesis of 5-fold twinned Pd nanowires and nanorods [J]. Journal of the American Chemical Society, 2009, 131 (13): 4602-4603.

[45] Bai H, Han M, Du Y, et al. Facile synthesis of porous tubular palladium nanostructures and their application in a nonenzymatic glucose sensor [J]. Chemical Communications, 2010, 46 (10): 1739-1741.

[46] Huang X, Tang S, Mu X, et al. Freestanding palladium nanosheets with plasmonic and catalytic properties [J]. Nature Nanotechnology, 2011, 6 (1): 28-32.

[47] Xiong Y, Chen J, Wiley B, et al. Understanding the role of oxidative etching in the polyol synthesis of Pd nanoparticles with uniform shape and size [J]. Journal of the American Chemical Society, 2005, 127 (20): 7332-7333.

[48] Xiong Y, Washio I, Chen J, et al. Poly (vinyl pyrrolidone): a dual functional reductant and stabilizer for the facile synthesis of noble metal nanoplates in aqueous solutions [J]. Langmuir, 2006, 22 (20): 8563-8570.

[49] Chen A, Holt-Hindle P. Platinum-based nanostructured materials: synthesis, properties, and applications [J]. Chemical Reviews, 2010, 110 (6): 3767-3804.

[50] Peng Z, Yang H. Designer platinum nanoparticles: Control of shape, composition in alloy, nanostructure and electrocatalytic property [J]. Nano Today, 2009, 4 (2): 143-164.

[51] Sun X, Zhu X, Zhang N, et al. Controlling and self assembling of monodisperse platinum nanocubes as efficient methanol oxidation electrocatalysts [J]. Chemical Communications, 2015, 51 (17): 3529-3532.

[52] Chen J, Herricks T, Geissler M, et al. Single-crystal nanowires of platinum can be synthesized by controlling the reaction rate of a polyol process [J]. Journal of the American Chemical Society, 2004, 126 (35): 10854-10855.

[53] Lee E P, Chen J, Yin Y, et al. Pd-catalyzed growth of Pt nanoparticles or nanowires as dense coatings on polymeric and ceramic particulate supports [J]. Advanced Materials, 2006, 18 (24): 3271-3274.

[54] Lee E P, Peng Z, Cate D M, et al. Growing Pt nanowires as a densely packed array on metal gauze [J]. Journal of the American chemical Society, 2007, 129 (35): 10634-10635.

[55] Nogami M, Koike R, Jalem R, et al. Synthesis of porous single-crystalline platinum nanocubes composed of nanoparticles [J]. The Journal of Physical Chemistry Letters, 2010, 1 (2): 568-571.

[56] Chen Z, Waje M, Li W, et al. Supportless Pt and PtPd nanotubes as electrocatalysts for oxygen-reduction reactions [J]. Angewandte Chemie, 2007, 119 (22): 4138-4141.

[57] Liang H W, Liu S, Gong J Y, et al. Ultrathin Te nanowires: an excellent platform for controlled synthesis of ultrathin platinum and palladium nanowires/nanotubes with very high aspect ratio [J]. Advanced Materials, 2009, 21 (18): 1850-1854.

[58] Mahima S, Kannan R, Komath I, et al. Synthesis of platinum Y-junction nanostructures using hierarchically designed alumina templates and their enhanced electrocatalytic activity for fuelcell applications [J]. Chemistry of Materials, 2008, 20 (3): 601-603.

[59] Lim B, Lu X, Jiang M, et al. Facile synthesis of highly faceted multioctahedral Pt nanocrystals through controlled overgrowth [J]. Nano Letters, 2008, 8 (11): 4043-4047.

[60] Lim S I, Ojea-Jiménez I, Varon M, et al. Synthesis of platinum cubes, polypods, cuboctahedrons, and raspberries assisted by cobalt nanocrystals [J]. Nano Letters, 2010, 10 (3): 964-973.

[61] Yamauchi Y, Sugiyama A, Morimoto R, et al. Mesoporous platinum with giant mesocages templated from lyotropic liquid crystals consisting of diblock copolymers [J]. Angewandte Chemie International Edition, 2008, 47 (29): 5371-5373.

[62] Zhao Y, Huang Y, Zhu H, et al. Three-in-one: sensing, self-assembly, and cascade catalysis of cyclodextrin modified gold nanoparticles [J]. Journal of the American Chemical Society, 2016, 138 (51): 16645-16654.

[63] Walter E C, Murray B J, Favier F, et al. Noble and coinage metal nanowires by electrochemical step edge decoration [J]. The Journal of Physical Chemistry B, 2002, 106 (44): 11407-11411.

[64] Burda C, Chen X, Narayanan R, et al. Chemistry and properties of nanocrystals of different shapes [J]. Chemical Reviews, 2005, 105 (4): 1025-1102.

[65] Murphy C J, Jana N R. Controlling the aspect ratio of inorganic nanorods and nanowires [J]. Advanced Materials, 2002, 14 (1): 80-82.

[66] Gole A, Murphy C J. Seed-mediated synthesis of gold nanorods: role of the size and nature of the seed [J]. Chemistry of Materials, 2004, 16 (19): 3633-3640.

[67] Liu B, Yao H, Song W, et al. Ligand-free noble metal nanocluster catalysts on carbon supports via "soft" nitriding [J]. Journal of the American Chemical Society, 2016, 138 (14): 4718-4721.

[68] Tian N, Zhou Z Y, Sun S G, et al. Synthesis of tetrahexahedral platinum nanocrystals with high-index facets and high electro-oxidation activity [J]. Science, 2007, 316 (5825): 732-735.

[69] Xiong Y, Cai H, Wiley B J, et al. Synthesis and mechanistic study of palladium nanobars and nanorods [J]. Journal of the American Chemical Society, 2007, 129 (12): 3665-3675.

[70] Xiong Y, McLellan J M, Yin Y, et al. Synthesis of palladium icosahedra with twinned structure by blocking oxidative etching with citric acid or citrate ions [J]. Angewandte Chemie International Edition, 2007, 46 (5): 790-794.

[71] Zhang J, Sasaki K, Sutter E, et al. Stabilization of platinum oxygen-reduction electrocatalysts using gold clusters [J]. Science, 2007, 315 (5809): 220-222.

[72] Tao A R, Habas S, Yang P. Shape control of colloidal metal nanocrystals [J]. Small, 2008, 4 (3): 310-325.

[73] Nørskov J K, Rossmeisl J, Logadottir A, et al. Origin of the overpotential for oxygen reduction at a fuel-cell cathode [J]. The Journal of Physical Chemistry B, 2004, 108 (46): 17886-17892.

[74] Zhang J, Vukmirovic M B, Sasaki K, et al. Mixed-metal Pt monolayer electrocatalysts for enhanced oxygen reduction kinetics [J]. Journal of the American Chemical Society, 2005, 127 (36): 12480-12481.

[75] Ghosh T, Vukmirovic M B, DiSalvo F J, et al. Intermetallics as novel supports for Pt monolayer $O_2$ reduction electrocatalysts: potential for significantly improving properties [J]. Journal of the American Chemical Society, 2010, 132 (3): 906-907.

[76] Zhou W P, Yang X, Vukmirovic M B, et al. Improving electrocatalysts for $O_2$ reduction by fine-tuning the Pt-support interaction: Pt monolayer on the surfaces of a $Pd_3Fe$ (111) single-crystal alloy [J]. Journal of the American Chemical Society, 2009, 131 (35): 12755-12762.

[77] Lehn J M. Perspectives in supramolecular chemistry—from molecular recognition towards molecular information processing and self-organization [J]. Angewandte Chemie International Edition in English, 1990, 29 (11): 1304-1319.

[78] Krakowiak K E, Bradshaw J S, Zamecka-Krakowiak D J. Synthesis of aza-crown ethers [J]. Chemical Reviews, 1989, 89 (4): 929-972.

[79] Gokel G W, Leevy W M, Weber M E. Crown ethers: sensors for ions and molecular scaffolds for materials and biological models [J]. Chemical Reviews, 2004, 104 (5): 2723-2750.

[80] Douhal A. Ultrafast guest dynamics in cyclodextrin nanocavities [J]. Chemical Reviews, 2004, 104 (4): 1955-1976.

[81] Gutsche C D, Muthukrishnan R. Calixarenes. 1. Analysis of the product mixtures produced by the base-catalyzed condensation of formaldehyde with para-substituted phenols [J]. The Journal of Organic Chemistry, 1978, 43 (25): 4905-4906.

[82] Gutsche C D. Calixarenes, an introduction. [M]. 2nd ed. Cambridge: The Royal Society of Chemistry, 2008.

[83] Behrend R, Meyer E, Rusche F I. Ueber condensationsproducte aus glycoluril und formaldehyd [J]. Justus Liebigs Annalen der Chemie, 1905, 339 (1): 1-37.

[84] 李有琴. 偶氮染料与环糊精、DNA和蛋白质相互作用的研究及其分析应用 [D]. 太原: 山西大学, 2006, 2.

[85] 朱刚兵. 基于β-CD和纳米碳材料的POPs电化学传感研究 [D]. 长沙: 湖南大学, 2013, 7.

[86] Rekharsky M V, Inoue Y. Complexation thermodynamics of cyclodextrins [J]. Chemical Reviews, 1998, 98 (5): 1875-1918.

[87] Inoue Y, Liu Y, Tong L H, et al. Calorimetric titration of inclusion complexation with

modified. beta. -cyclodextrins. Enthalpy-entropy compensation in host-guest complexation: from ionophore to cyclodextrin and cyclophane [J]. Journal of the American Chemical Society, 1993, 115 (23): 10637-10644.

[88] Arduini A, Pochini A, Raverberi S, et al. p-t-Butyl-calix [4] arene tetracarboxylic acid. A water soluble calixarene in a cone structure [J]. Journal of the Chemical Society, Chemical Communications, 1984 (15): 981-982.

[89] Mutihac L, Lee J H, Kim J S, et al. Recognition of amino acids by functionalized calixarenes [J]. Chemical Society Reviews, 2011, 40 (5): 2777-2796.

[90] Zhou J, Chen M, Diao G. Calix [4, 6, 8] arenesulfonates functionalized reduced graphene oxide with high supramolecular recognition capability: fabrication and application for enhanced host-guest electrochemical recognition [J]. ACS Applied Materials & Interfaces, 2013, 5 (3): 828-836.

[91] Nehra A, Yarramala D S, Hinge V K, et al. Differentiating phosphates by an $Mg^{2+}$ complex of the conjugate of calix [4] arene via the formation of ternary species and causing changes in the aggregation: spectroscopy, microscopy, and computational modeling [J]. Analytical Chemistry, 2015, 87 (18): 9344-9351.

[92] Guzman-Percastegui E, Hernandez D J, Castillo I. Calix [8] arene nanoreactor for Cu( Ⅰ )-catalysed C-S coupling [J]. Chemical Communications, 2016, 52 (15): 3111-3114.

[93] Mummidivarapu V V S, Bandaru S, Yarramala D S, et al. Binding and ratiometric dual ion recognition of $Zn^{2+}$ and $Cu^{2+}$ by 1,3,5-tris-amidoquinoline conjugate of calix [6] arene by spectroscopy and its supramolecular features by microscopy [J]. Analytical Chemistry, 2015, 87 (9): 4988-4995.

[94] Ogoshi T, Kanai S, Fujinami S, et al. para-Bridged symmetrical pillar [5] arenes: their Lewis acid catalyzed synthesis and host-guest property [J]. Journal of the American Chemical Society, 2008, 130 (15): 5022-5023.

[95] Yin H, Tang H, Wang D, et al. Facile synthesis of surfactant-free Au cluster/graphene hybrids for high-performance oxygen reduction reaction [J]. Acs Nano, 2012, 6 (9): 8288-8297.

[96] Qi H, Yu P, Wang Y, et al. Graphdiyne oxides as excellent substrate for electroless deposition of Pd clusters with high catalytic activity [J]. Journal of the American Chemical Society, 2015, 137 (16): 5260-5263.

[97] Hassan H M A, Abdelsayed V, Abd El Rahman S K, et al. Microwave synthesis of graphene sheets supporting metal nanocrystals in aqueous and organic media [J]. Journal of Materials Chemistry, 2009, 19 (23): 3832-3837.

[98] Li Y, Fan X, Qi J, et al. Palladium nanoparticle-graphene hybrids as active catalysts for the Suzuki reaction [J]. Nano Research, 2010, 3: 429-437.

[99] Chen X, Wu G, Chen J, et al. Synthesis of "clean" and well-dispersive Pd nanoparticles with excellent electrocatalytic property on graphene oxide [J]. Journal of the American Chemical Socie-

ty, 2011, 133 (11): 3693-3695.

[100] Poonjarernsilp C, Sano N, Charinpanitkul T, et al. Single-step synthesis and characterization of single-walled carbon nanohorns hybridized with Pd nanoparticles using $N_2$ gas-injected arc-in-water method [J]. Carbon, 2011, 49 (14): 4920-4927.

[101] WookáLee Y, WooáHan S. The direct growth of gold rods on graphene thin films [J]. Chemical Communications, 2010, 46 (18): 3185-3187.

[102] Scheuermann G M, Rumi L, Steurer P, et al. Palladium nanoparticles on graphite oxide and its functionalized graphene derivatives as highly active catalysts for the Suzuki-Miyaura coupling reaction [J]. Journal of the American Chemical Society, 2009, 131 (23): 8262-8270.

[103] Patil A J, Vickery J L, Scott T B, et al. Aqueous stabilization and self-assembly of graphene sheets into layered bio-nanocomposites using DNA [J]. Advanced Materials, 2009, 21 (31): 3159-3164.

[104] Geng J, Jung H T. Porphyrin functionalized graphene sheets in aqueous suspensions: from the preparation of graphene sheets to highly conductive graphene films [J]. The Journal of Physical Chemistry C, 2010, 114 (18): 8227-8234.

[105] Guo Y, Deng L, Li J, et al. Hemin-graphene hybrid nanosheets with intrinsic peroxidase-like activity for label-free colorimetric detection of single-nucleotide polymorphism [J]. ACS Nano, 2011, 5 (2): 1282-1290.

[106] Dong X, Su C Y, Zhang W, et al. Ultra-large single-layer graphene obtained from solution chemical reduction and its electrical properties [J]. Physical Chemistry Chemical Physics, 2010, 12 (9): 2164-2169.

[107] Su Q, Pang S, Alijani V, et al. Composites of graphene with large aromatic molecules [J]. Advanced Materials, 2009, 21 (31): 3191-3195.

[108] Xu Y, Bai H, Lu G, et al. Flexible graphene films via the filtration of water-soluble noncovalent functionalized graphene sheets [J]. Journal of the American Chemical Society, 2008, 130 (18): 5856-5857.

[109] Zhang M, Zhao H T, Yang X, et al. A simple and sensitive electrochemical sensor for new neonicotinoid insecticide Paichongding in grain samples based on β-cyclodextrin-graphene modified glassy carbon electrode [J]. Sensors and Actuators B: Chemical, 2016, 229: 190-199.

[110] Jiang Z, Li G, Zhang M. Electrochemical sensor based on electro-polymerization of β-cyclodextrin and reduced-graphene oxide on glassy carbon electrode for determination of gatifloxacin [J]. Sensors and Actuators B: Chemical, 2016, 228: 59-65.

[111] Yi Y, Zhu G, Wu X, et al. Highly sensitive and simultaneous electrochemical determination of 2-aminophenol and 4-aminophenol based on poly (l-arginine) -β-cyclodextrin/carbon nanotubes@graphene nanoribbons modified electrode [J]. Biosensors and Bioelectronics, 2016, 77: 353-358.

[112] Guo Y, Guo S, Ren J, et al. Cyclodextrin functionalized graphene nanosheets with high supra-

molecular recognition capability: synthesis and host-guest inclusion for enhanced electrochemical performance [J]. ACS Nano, 2010, 4 (7): 4001-4010.

[113] Yang L, Zhao H, Li Y, et al. Insights into the recognition of dimethomorph by disulfide bridged β-cyclodextrin and its high selective fluorescence sensing based on indicator displacement assay [J]. Biosensors and Bioelectronics, 2017, 87: 737-744.

[114] Zhou J, Chen M, Xie J, et al. Synergistically enhanced electrochemical response of host-guest recognition based on ternary nanocomposites: reduced graphene oxide-amphiphilic pillar [5] arene-gold nanoparticles [J]. ACS Applied Materials & Interfaces, 2013, 5 (21): 11218-11224.

[115] Mao X, Liu T, Bi J, et al. The synthesis of pillar [5] arene functionalized graphene as a fluorescent probe for paraquat in living cells and mice [J]. Chemical Communications, 2016, 52 (23): 4385-4388.

[116] Mao X, Tian D, Li H. p-Sulfonated calix [6] arene modified graphene as a 'turn on' fluorescent probe for L-carnitine in living cells [J]. Chemical Communications, 2012, 48 (40): 4851-4853.

[117] Yang L, Zhao H, Li Y, et al. Indicator displacement assay for cholesterol electrochemical sensing using a calix [6] arene functionalized graphene-modified electrode [J]. Analyst, 2016, 141 (1): 270-278.

[118] Yang L, Ran X, Cai L, et al. Calix [8] arene functionalized single-walled carbon nanohorns for dual-signalling electrochemical sensing of aconitine based on competitive host-guest recognition [J]. Biosensors and Bioelectronics, 2016, 83: 347-352.

[119] Zhu G, Zhang X, Gai P, et al. β-Cyclodextrin non-covalently functionalized single-walled carbon nanotubes bridged by 3, 4, 9, 10-perylene tetracarboxylic acid for ultrasensitive electrochemical sensing of 9-anthracenecarboxylic acid [J]. Nanoscale, 2012, 4 (18): 5703-5709.

[120] Yang L, Fan S, Deng G, et al. Bridged β-cyclodextrin-functionalized MWCNT with higher supramolecular recognition capability: The simultaneous electrochemical determination of three phenols [J]. Biosensors and Bioelectronics, 2015, 68: 617-625.

[121] Mondal A, Jana N R. Fluorescent detection of cholesterol using β-cyclodextrin functionalized graphene [J]. Chemical Communications, 2012, 48 (58): 7316-7318.

[122] Chen Y, Yang J, Yang Y, et al. A facile strategy to synthesize three-dimensional Pd@ Pt core-shell nanoflowers supported on graphene nanosheets as enhanced nanoelectrocatalysts for methanol oxidation [J]. Chemical Communications, 2015, 51 (52): 10490-10493.

[123] Hong W, Shang C, Wang J, et al. Bimetallic PdPt nanowire networks with enhanced electrocatalytic activity for ethylene glycol and glycerol oxidation [J]. Energy & Environmental Science, 2015, 8 (10): 2910-2915.

[124] Zhang J, Yang H, Fang J, et al. Synthesis and oxygen reduction activity of shape-controlled $Pt_3Ni$ nanopolyhedra [J]. Nano Letters, 2010, 10 (2): 638-644.

[125] Peng Z, Yang H. Synthesis and oxygen reduction electrocatalytic property of Pt-on-Pd bimetallic

heteronanostructures [J]. Journal of the American Chemical Society, 2009, 131 (22): 7542-7543.

[126] Jiang B, Li C, Henzie J, et al. Morphosynthesis of nanoporous pseudo Pd@ Pt bimetallic particles with controlled electrocatalytic activity [J]. Journal of Materials Chemistry A, 2016, 4 (17): 6465-6471.

[127] Huang X, Zhang H, Guo C, et al. Simplifying the creation of hollow metallic nanostructures: one-pot synthesis of hollow palladium/platinum single-crystalline nanocubes [J]. Angewandte Chemie International Edition, 2009, 48 (26): 4808-4812.

[128] Wu J, Zhang J, Peng Z, et al. Truncated octahedral $Pt_3Ni$ oxygen reduction reaction electrocatalysts [J]. Journal of the American Chemical Society, 2010, 132 (14): 4984-4985.

[129] Xiang Y, Wu X, Liu D, et al. Formation of rectangularly shaped Pd/Au bimetallic nanorods: evidence for competing growth of the Pd shell between the {110} and {100} side facets of Au nanorods [J]. Nano Letters, 2006, 6 (10): 2290-2294.

[130] Wang L, Nemoto Y, Yamauchi Y. Direct synthesis of spatially-controlled Pt-on-Pd bimetallic nanodendrites with superior electrocatalytic activity [J]. Journal of the American Chemical Society, 2011, 133 (25): 9674-9677.

[131] Zhang Z, Yang Y, Nosheen F, et al. Fine tuning of the structure of Pt-Cu alloy nanocrystals by glycine-mediated sequential reduction kinetics [J]. Small (Weinheim an der Bergstrasse, Germany), 2013, 9 (18): 3063-3069.

[132] Kuo C W, Lai J J, Wei K H, et al. Studies of surface-modified gold nanowires inside living cells [J]. Advanced Functional Materials, 2007, 17 (18): 3707-3714.

[133] Mirkin C A, Letsinger R L, Mucic R C, et al. A DNA-based method for rationally assembling nanoparticles into macroscopic materials [J]. Nature, 1996, 382 (6592): 607-609.

[134] Raj C R, Okajima T, Ohsaka T. Gold nanoparticle arrays for the voltammetric sensing of dopamine [J]. Journal of Electroanalytical Chemistry, 2003, 543 (2): 127-133.

[135] Liu J, Mendoza S, Román E, et al. Cyclodextrin-modified gold nanospheres. Host-guest interactions at work to control colloidal properties [J]. Journal of the American Chemical Society, 1999, 121 (17): 4304-4305.

[136] Zhu G, Yi Y, Chen J. Recent advances for cyclodextrin-based materials in electrochemical sensing [J]. TrAC Trends in Analytical Chemistry, 2016, 80: 232-241.

[137] Yao Y, Zhang L, Xu J, et al. Rapid and sensitive stripping voltammetric analysis of methyl parathion in vegetable samples at carboxylic acid-functionalized SWCNTs-β-cyclodextrin modified electrode [J]. Journal of Electroanalytical Chemistry, 2014, 713: 1-8.

[138] Chen M, Meng Y, Zhang W, et al. β-Cyclodextrin polymer functionalized reduced-graphene oxide: Application for electrochemical determination imidacloprid [J]. Electrochimica Acta, 2013, 108: 1-9.

[139] Yang L, Zhao H, Li Y, et al. Electrochemical simultaneous determination of hydroquinone and

p-nitrophenol based on host-guest molecular recognition capability of dual β-cyclodextrin functionalized Au@ graphene nanohybrids [J]. Sensors and Actuators B: Chemical, 2015, 207: 1-8.

[140] Zhao H, Yang L, Li Y, et al. A comparison study of macrocyclic hosts functionalized reduced graphene oxide for electrochemical recognition of tadalafil [J]. Biosensors and Bioelectronics, 2017, 89: 361-369.

[141] Yao Y, Xue M, Chi X, et al. A new water-soluble pillar [5] arene: synthesis and application in the preparation of gold nanoparticles [J]. Chemical Communications, 2012, 48 (52): 6505-6507.

[142] Yao Y, Xue M, Zhang Z, et al. Gold nanoparticles stabilized by an amphiphilic pillar [5] arene: preparation, self-assembly into composite microtubes in water and application in green catalysis [J]. Chemical Science, 2013, 4 (9): 3667-3672.

[143] Cai Z, Li F, Wu P, et al. Synthesis of nitrogen-doped graphene quantum dots at low temperature for electrochemical sensing trinitrotoluene [J]. Analytical Chemistry, 2015, 87 (23): 11803-11811.

[144] Zhang L, Han Y, Zhu J, et al. Simple and sensitive fluorescent and electrochemical trinitrotoluene sensors based on aqueous carbon dots [J]. Analytical Chemistry, 2015, 87 (4): 2033-2036.

[145] Sun X, He J, Meng Y, et al. Microwave-assisted ultrafast and facile synthesis of fluorescent carbon nanoparticles from a single precursor: preparation, characterization and their application for the highly selective detection of explosive picric acid [J]. Journal of Materials Chemistry A, 2016, 4 (11): 4161-4171.

[146] Xu S, Lu H. Mesoporous structured MIPs@ CDs fluorescence sensor for highly sensitive detection of TNT [J]. Biosensors and Bioelectronics, 2016, 85: 950-956.

[147] Atchudan R, Edison T N J I, Aseer K R, et al. Highly fluorescent nitrogen-doped carbon dots derived from Phyllanthus acidus utilized as a fluorescent probe for label-free selective detection of $Fe^{3+}$ ions, live cell imaging and fluorescent ink [J]. Biosensors and Bioelectronics, 2018, 99: 303-311.

# 第2章

# 钯、钯铂纳米催化剂的制备及其电催化性能探究

## 2.1 超小尺寸钯铂纳米簇负载于环糊精功能化的石墨烯表面及其在碱性条件下对醇类催化氧化的探究

### 2.1.1 引言

精确调控贵金属纳米颗粒（NPs）的尺寸、形貌及组分可有效调节它们的催化性能。催化剂的催化活性与其表面效应有关，纳米级超细尺寸的贵金属颗粒，因为其尺寸的不断减小，活性比表面积大幅度增加，从而催化性能得到很大的提高[1]。如图 2-1 所示，满壳层六方密堆积的金属团簇，壳层数减少其比表面积迅速增大，表面原子所占的比例从 45%（壳层数为 5）明显增加到 92%（壳层数为 1)。尤其是均一化尺寸≤2.0nm 的金属纳米簇，小粒径原子大大增强了其催化活性。当然，不是粒径尺寸越小越好，例如，Lu 课题组通过反应制备了不同粒径尺寸 Pt/C 纳米电催化剂，探讨了对乙醇的电催化氧化，发现 3.2nm 的 Pt/C 呈现出最好的电催化性能[2]。随着表面原子比例增多，其不饱和度增加，表面自由能增加，金属小颗粒会出现大面积聚集现象，根据 Ostwald 原理，比表面积的严重损失，直接导致催化性能大大降低[3-5]，这已成为催化反应的一个难题。另外，直接甲醇、乙醇燃料电池被认为是良好的清洁能源，可应用于手机与可携带能源器件中。然而，挑战性的问题是醇类的转换率及其电催化氧化动力学缓慢等技术障碍直接制约其商品化。

| 满壳层电子密堆积 | | | | | |
|---|---|---|---|---|---|
| 壳层数 | 1 | 2 | 3 | 4 | 5 |
| 原子数 | $M_{13}$ | $M_{55}$ | $M_{147}$ | $M_{309}$ | $M_{561}$ |
| 表面原子分数 | 92% | 76% | 63% | 52% | 45% |

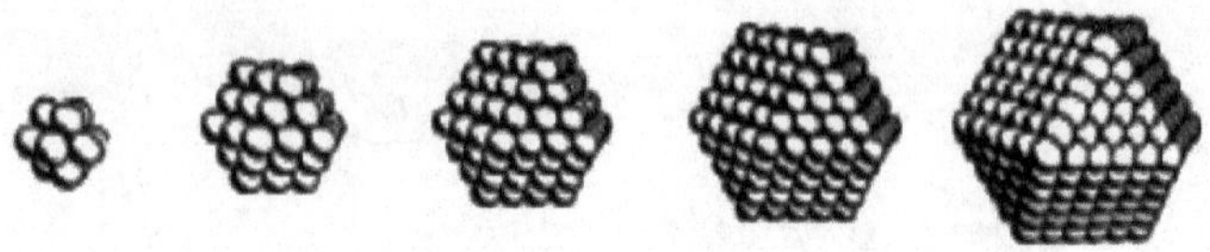

图 2-1 满壳层的六方密堆积金属纳米团簇表面原子分数随壳层数的变化

杂化是一种非常有效的策略，负载型催化剂由载体、分散于载体表面的高催化活性组分构成。载体可以是催化性的也可以是非催化性的。采用表面积大、成本低与导电性高的纳米载体，可以有效提高活性组分的分散性和抗烧结能力[6]，使电催化剂的比表面积最大化且使反应物快速传递到催化剂，从而提高其转换率。$sp^2$杂化的石墨烯碳纳米材料，由于其独特的基面结构、高达 $2630m^2 \cdot g^{-1}$ 的比表面积、$10^3 \sim 10^4 S/m$ 的高导电性成为了最理想的载体材料[7-8]。第一性原理计算表明，金属原子与 $sp^2$ 杂化的石墨烯之间有很好的相互作用和结合能力。石墨烯与贵金属纳米粒子（如 Pd 等）的新杂化体已经有少部分报道将其应用于催化反应以及一些电化学装置[4,9-11]。如 Xie 课题组将 3.5nm 的 Pd 负载于氧化石墨烯表面展现出良好的电催化活性[3]。另外，双金属纳米材料具有优良的光、电、磁等性能。依据金属 d 带中心的理论，发现向下偏移的 d 带表示金属具有更弱的氧结合能，而提高 Pt 金属氧化还原活性的关键因素就是找到其适合的氧结合能[12]。Adzic 的研究直观地证明了上述观点，他们将 Pt 单层沉积到各种金属上面，最终发现 Pt 修饰的 Pd {111} 具有最优的 d 带中心，具有最高的活性，这是因为 O—O 键的断裂和中间体的还原加氢都具有最高速率[13-15]。这一结果，在纳米催化剂上也得到证实，如微波法和无电沉积法制备的 Pd、Pt 催化剂都显示很强的氧化还原动力学性能。此外，Pt 催化剂价格昂贵，采用双金属合金技术，可以有效地控制其成本。当金属颗粒尺寸小到一定的尺寸时，复合催化剂依然存在结构不稳定的风险。对于长时间的催化反应来说，结构不稳定便易失活，因此，合成结构稳定的耐失活的催化剂是非常重要的，能够设计合成一种结构稳定、催化效率高、成本低的电催化剂对于直接醇类燃料电池来说是一项挑战。

在本节中，我们报道了一种在水相中制备 β-环糊精（β-CD）功能化还原氧化石墨烯负载超小尺寸（2.0nm）Pd-Pt 双合金纳米簇电催化剂的方法。由于 β-CD 中含有大量的亲水基团（羟基），通过 β-CD 功能化还原氧化石墨烯可以显著增加贵金属前驱体（$PtCl_6^{2-}$、$Pd^{2+}$）与载体之间的相互作用。通过该方法可以实现 Pt、Pd 纳米粒子的原位合成（图 2-2），β-CD 是由 7 个 *D*-吡喃葡萄糖残基以 *β*-1,4-糖苷键首尾连接而成的环状物，有很多羟基裸露在外。通过 β-CD 功能化石墨烯形成复合纳米材料，会明显增强载体与金属之间的相互作用。采用此方法得到了分散性、稳定性较好的电催化剂，Pt-Pd 纳米簇的尺寸达到了 2.0nm 左右。其中涉及的反应均在室温下进行，不需要任何有机溶剂和高温条件。实验结果表明这种 Pd-Pt@β-CD-RGO 复合纳米材料在碱性条件下对甲醇、乙醇具有非常好的催化性能和稳定性，对比于商业化 Pd/C，也呈现出了明显的优势。

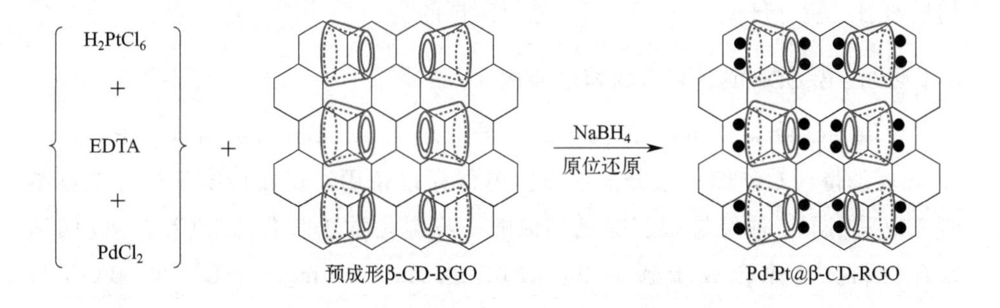


图 2-2　Pd-Pt@β-CD-RGO 杂化材料制备过程

## 2.1.2　实验部分

### 2.1.2.1　试剂材料

$PdCl_2$（99.99%）、$H_2PtCl_6$（99.99%）、Nafion（5.0%）与商业化 Pd/C（10%）均买自 Sigma 试剂有限公司（St. Louis，MO，USA）。氧化石墨烯来自于南京先锋试剂有限公司。β-CD 与 $Na_2H_2Y$（乙二胺四乙酸二钠，纯度为 99%，分子量为 338.22）均买自上海 Aladdin 试剂有限公司。甲醇、乙醇（分析纯）均从上海泰坦试剂公司获得。其它所有试剂均为分析纯，不经过进一步纯化。实验用的超纯水是经 Milli-Q（电阻率≥18.25MΩ·cm）超纯水处理系统纯化的。

#### 2.1.2.2 实验仪器

CHI660E电化学工作站（上海辰华），pHS-3C数字式酸度计（上海虹益），Hitachi Himac CR21G高速离心机，手动移液枪（苏州培科），CJJ78-1磁力加速搅拌器（江苏金坛大地自动化），混匀器（北京大龙兴），TAQ 50热重分析仪（美国），紫外-可见分光光度计（上海尤尼柯），Scientific Nicolet IS10傅里叶变换红外光谱仪（美国），200kV电压下进行样品表征的JEM 2100透射电镜（transmission electron microscope，TEM），用能量色散对样品的成分元素进行分析的X射线能谱仪（EDX），以Cu-$K_α$射线源为光源在D8 ANCE衍射仪上进行样品测量的X射线衍射仪（XRD，电压为30kV，电流为15mA，波长为0.154059nm）。在ESCALAB-MKⅡ光谱仪上，以Al-$K_α$为辐射源的高分辨X射线光电子能谱（XPS），其结合能是通过C 1s峰的能量值284.6eV进行校准的。元素mapping与扫描透射电镜是通过高角环形暗场扫描透射电镜（HAADF-STEM）进行测试的。

#### 2.1.2.3 β-CD-RGO复合材料的合成

称取GO粉末40mg，室温下超声分散于40mL DW（蒸馏水）中，待到1.0h后，得到GO棕黄色分散液，室温保存以备用。相比传统处理方法，本研究中采用了一种经济型、绿色环保的一步湿化学法来合成β-CD-RGO纳米复合材料。具体合成步骤如下：移取20.0mL 1.0mg·$mL^{-1}$的β-CD与20.0mL 0.5mg·$mL^{-1}$的GO分散液进行混合，于室温下搅拌30min后得到均匀的溶液，然后调节pH值至12.0（用1.0mol/L NaOH），再将溶液转移至250mL圆底烧瓶，90℃加热回流4h，待反应完毕冷却至室温，得到均匀的黑色溶液，最后将反应物用DW清洗离心三次，离心转速为18000r/min，冷冻干燥后，得到β-CD-RGO复合材料。

#### 2.1.2.4 Pd-Pt@β-CD-RGO复合材料的合成

将10mg β-CD-RGO溶于10mL DW中，得到浓度为1.0mg·$mL^{-1}$的黑色分散液。取25mL烧杯，同时加入3.0mL 10.0mmol/L $PdCl_2$、3.0mL 10.0mmol/L $H_2PtCl_6$与2.0mL 0.1mol/L EDTA，60℃搅拌40min得到均匀的溶液，然后，调节pH值到9.0，将其与10mL的1.0mg·$mL^{-1}$ β-CD-RGO溶液混匀，搅拌5min，最后，加入3.0mL 200mmol/L $NaBH_4$，常温搅拌30min，将反应物用DW离心清洗三次，再冷冻干燥得到Pd-Pt@β-CD-RGO

复合材料，其制备流程如图2-3所示。另外，Pd-Pt@RGO，Pd@β-CD-RGO，Pt@β-CD-RGO的制备方法均与上述相同。

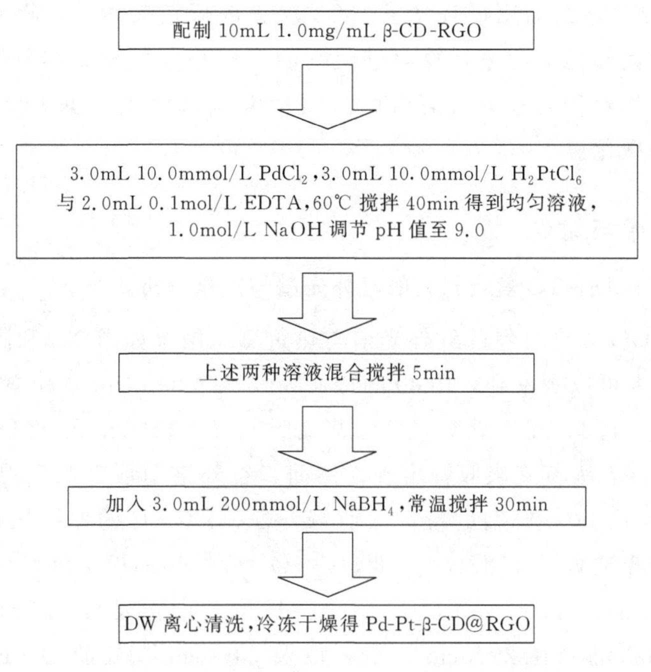


图2-3 Pd-Pt@β-CD-RGO复合材料的制备过程

#### 2.1.2.5 工作电极的修饰及构建

将玻碳电极（GCE，$d=3$mm）用电极抛光布、氧化铝粉末（0.05μm和0.3μm）进行抛光处理，然后用DW和乙醇清洗多次，常温下晾干备用。称取5mg Pd-Pt@β-CD-RGO溶解于10mL DW中，配制浓度为0.5mg·mL$^{-1}$的均匀分散液，移取5μL上述分散液滴到玻碳电极上，经室温干燥，随后，再将5.0μL Nafion（0.1%）修饰到已干燥的电极表面，同样室温干燥待测，过程中注意不可有气泡。为得到更直观的数据，Pd/C、Pd@β-CD-RGO、Pt@β-CD-RGO、Pd-Pt@RGO均按上述操作过程来制备，以供电化学测试时使用。

#### 2.1.2.6 电催化测试

本研究中采用三电极体系，对电极为固定在电解池中的铂电极，参比电极为甘汞电极，工作电极为玻碳电极。所涉及溶液甲醇（1.0mol/L）、乙醇（1.0mol/L）均用1.0mol/L KOH溶液配制，测试前向溶液中通入

$N_2$ 30min进行除氧。在0.5mol/L $H_2SO_4$ 溶液中同样进行除氧，电化学活性积分面积（ECSA）是在0.5mol/L $H_2SO_4$ 溶液中测得的，扫描速率是50mV·$s^{-1}$，然后用循环伏安（CV）法进行扫描测试，得到氢的吸脱附峰，通过其几何面积来计算电催化剂的活性积分面积。本研究中所有电极电位均是相对于甘汞电极而言的。质量电流密度也根据Pt+Pd的负载量进行了标准化。

## 2.1.3 结果与讨论

### 2.1.3.1 β-CD-RGO复合材料的红外光谱与热重分析

β-CD-RGO复合材料的红外光谱与热重测试结果如图2-4和图2-5所示，从红外谱图上可以观察到，RGO的特征吸收峰除3400$cm^{-1}$位置处—OH的伸缩振动峰、1630$cm^{-1}$处C═C的共轭吸收峰、1190$cm^{-1}$处C—C峰几个明显吸收峰外，无其它吸收峰出现。然而，红外谱图可以明显观测到β-CD-RGO表现出了β-CD典型的特征吸收峰，C—O/C—C的伸缩振动峰/O—H的弯曲振动峰位置在1032$cm^{-1}$处，C—O—C的伸缩振动峰/O—H的弯曲振动耦合峰在1152$cm^{-1}$处，C—H/O—H的弯曲振动峰在1410$cm^{-1}$处，$CH_2$的伸缩振动峰在2925$cm^{-1}$处，以及3400$cm^{-1}$处的O—H伸缩振动峰。这些特征吸收峰的存在，表明复合材料β-CD-RGO已制备成功。进一步

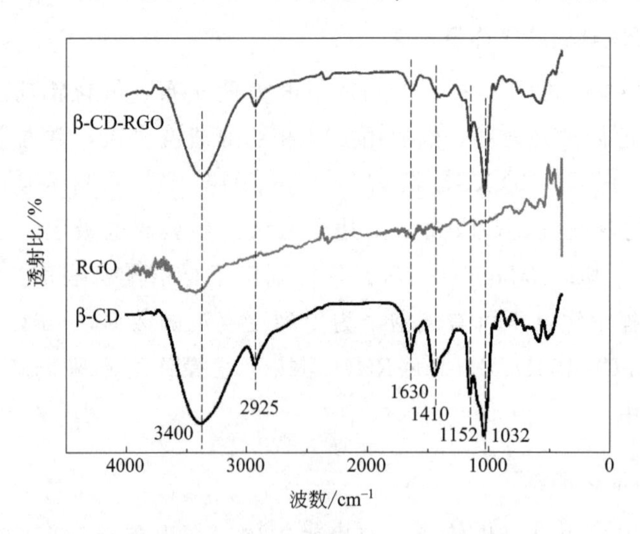


图2-4 β-CD、RGO与β-CD-RGO的红外光谱测试结果

地，我们对其进行了热重分析，如图 2-5 所示，在温度接近 260℃时，β-CD 表现出明显的重量损失。由于原料石墨烯剩余含氧官能团的热解，在温度达到 600℃左右时其重量损失为 17.0%。β-CD-RGO 复合物在温度接近 260℃时也出现了明显的重量损失，这是由于 β-CD 的分解，600℃时，重量损失达到了 45.0%。根据不同材料在同一温度下的重量损失，可以得出 β-CD 负载在 RGO 表面上的量约为 28.0%。这也表明已成功获得 β-CD-RGO 复合材料。

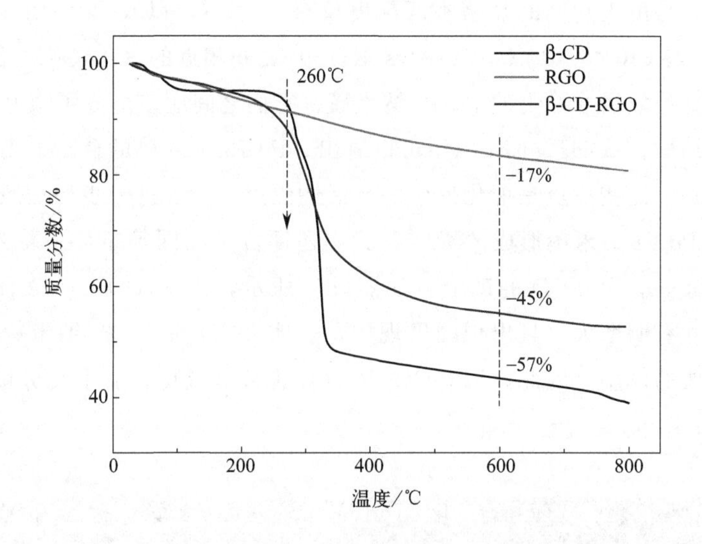


图 2-5　β-CD、RGO 与 β-CD-RGO 的热重分析

#### 2.1.3.2　Pd-Pt@β-CD-RGO 复合材料的表征

图 2-6 是纳米粒子在铜网上进行的不同放大倍率的 TEM 测试结果，从图(a) 中可以观察到 Pd 纳米颗粒呈单个分散，颗粒均匀负载于 β-CD-RGO 表面。图(e) 是高分辨率透射电镜（HRTEM）测试结果。从图(g) 的尺寸分布图可知 Pd 纳米簇的尺寸分布在（2.1±0.3）nm，属于较窄分布粒径范围。得到高分散的 Pd 纳米簇，是由于 $Pd^{2+}$ 前驱体与表面含有很多—OH 的 β-环糊精间存在良好相互作用，从而 β-环糊精功能化的石墨烯纳米材料通过静电相互作用来实现 Pd 纳米粒子在 RGO 表面的原位生长。Zhang 课题组报道了将羟丙基-β-环糊精修饰的 $C_{60}$ 与 Pd 纳米粒子进行复合的一项研究[16]。Pt@β-CD-RGO 复合材料如图(b) 所示，可以观察到以 $PtCl_6^{2-}$ 作为前驱体，

Pt 纳米簇的尺寸增大，且出现了严重的颗粒聚集现象，因此，纳米催化剂在 β-CD-RGO 表面的成核生长是依赖于静电相互作用的。Liu 课题组利用氮化碳作为载体很好地固定了金属纳米簇[5]，显正电性的氮化碳与负电性的 $AuCl_4^-$ 之间存在很强的相互作用力。图(c) 是 Pd-Pt@β-CD-RGO 复合材料的 TEM 图像，Pd-Pt 合金纳米簇均匀地分布于 β-CD-RGO 表面上。从图(f)(HRTEM) 和(h)（尺寸分布）可知，Pd-Pt 纳米簇的尺寸为 (2.0±0.2)nm，属较窄范围。Pd 、Pt 颗粒在溶液相中很容易通过 Pd、Pt 离子共还原而得到复合结构，是由于它们的晶格不匹配度仅有 0.77%，以及 $Pd^{2+}$/Pd (0.62 V vs. RHE) 与 $PtCl_6^{2-}$/Pt (0.74 V vs. RHE) 之间相近的氧化还原电位。因此，能够得到高分散尺寸均匀的 Pd-Pt 纳米簇，它们之间应该形成了很好的合金结构或异质结构。从 HRTEM 图中可以看出，Pd-Pt 纳米簇的台阶、角、边缘存在一些缺陷，这些位点是催化反应中高活性位点。为了进一步评估载体的表面性质对于 Pd-Pt 纳米簇形成的影响，我们还评价了在同等条件下依然以 RGO 为载体，除去表面 β-CD 的影响，如图(d) 所示，Pd-Pt@RGO 表面的 Pd-Pt 纳米簇尺寸有所增大，且出现团聚现象，表明 β-CD 对 Pd-Pt 纳米簇的分散性起到很重要的作用。因此，以 β-CD-RGO 作为载体成功合成了高分散的 Pd-Pt 纳米簇。

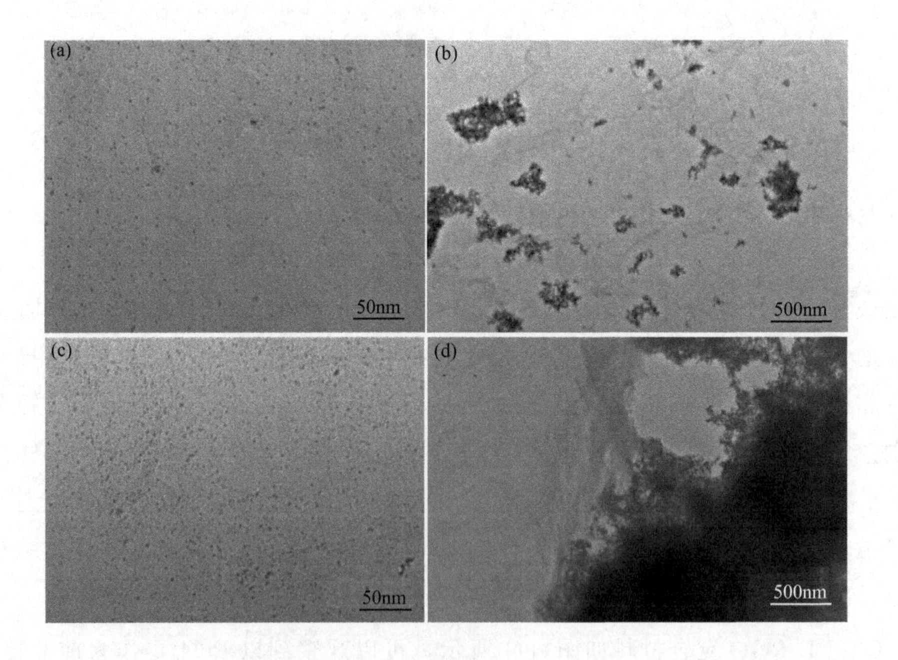

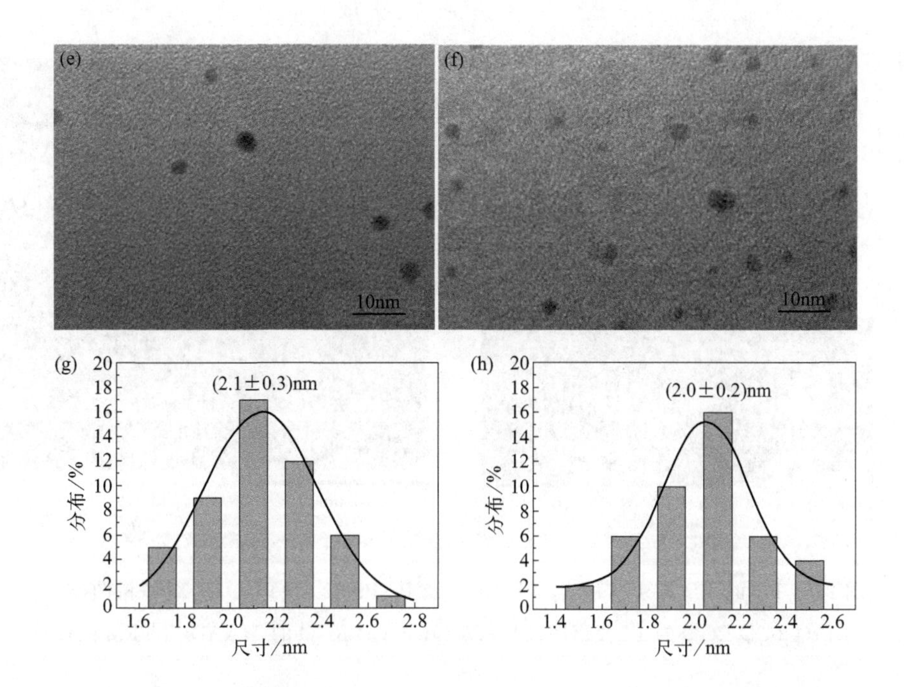


图 2-6　TEM：Pd@β-CD-RGO（a），Pt@β-CD-RGO（b），Pd-Pt@β-CD-RGO（c），与 Pd-Pt@RGO（d），HRTEM：Pd@β-CD-RGO（e）及 Pd-Pt@β-CD-RGO（f），尺寸分布图 Pd@β-CD-RGO（g）及 Pd-Pt@β-CD-RGO（h）

通过 X 射线衍射（XRD）表征，进一步探究了 Pd@β-CD-RGO、Pt@β-CD-RGO 与 Pd-Pt@β-CD-RGO 几种材料的晶体结构，数据结果如图 2-7(a) 所示，出现四处衍射峰相应于｛111｝、｛200｝、｛220｝与｛311｝晶面，即面心立方晶体结构（fcc）Pd/Pt 衍射峰，｛111｝与｛200｝比值达到 3.3，高于一些常规样品报告的比值 2.2 [16-18]，表明 Pd-Pt 纳米簇的主要晶面是｛111｝。此外，在 $2\theta=23.9°$ 处出现较宽的晶面｛002｝的衍射峰，即还原氧化石墨烯衍射峰。为确定复合材料的元素成分，首先用能量色散 X 射线探测器（EDX）对样品进行了测试，如图 2-7(b) 所示，测得 C、O、Pd 和 Pt 元素峰，即复合物中的元素。进一步地，对复合物进行了高角度环形暗场扫描透射电子显微镜（HAADF-STEM）测试，从图 2-7(c) 中观察到 Pd-Pt 纳米簇不是很明显，这是由于 Pd-Pt 的尺寸太小。图 2-8 中元素 mapping 测试显示出 Pd-Pt@β-CD-RGO 化合物中含 Pd、Pt、C 与 O 等几种元素。在研究中发现，Pd-Pt 纳米颗粒通常形成合金结构或异质结构，但由于尺寸过小，测试分辨率无法达到[19,20]。

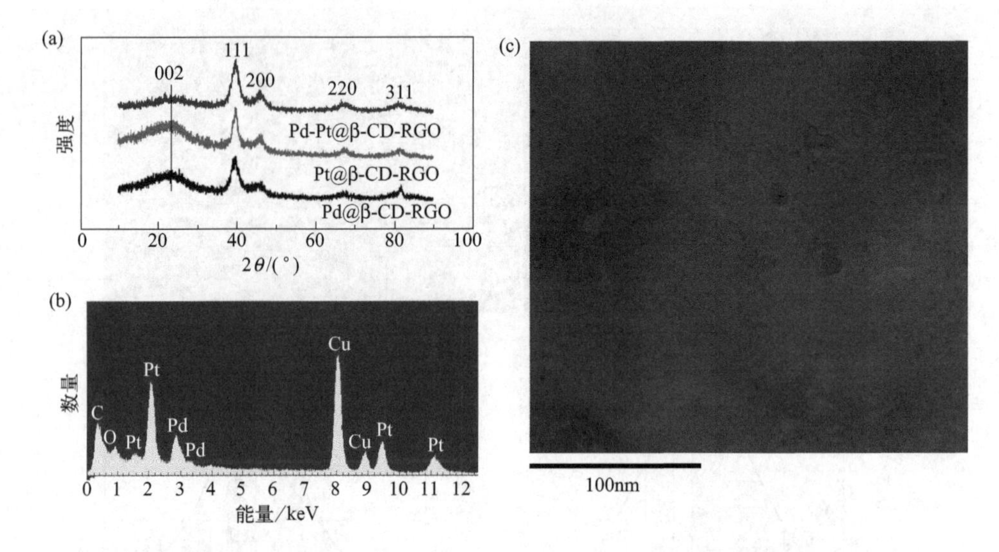


图 2-7 Pd@β-CD-RGO、Pt@β-CD-RGO 及 Pd-Pt@β-CD-RGO 的 XRD 谱图(a)；Pd-Pt@β-CD-RGO 的 EDX 谱图(b)；Pd-Pt@β-CD-RGO 的 HAADF-STEM 图(c)

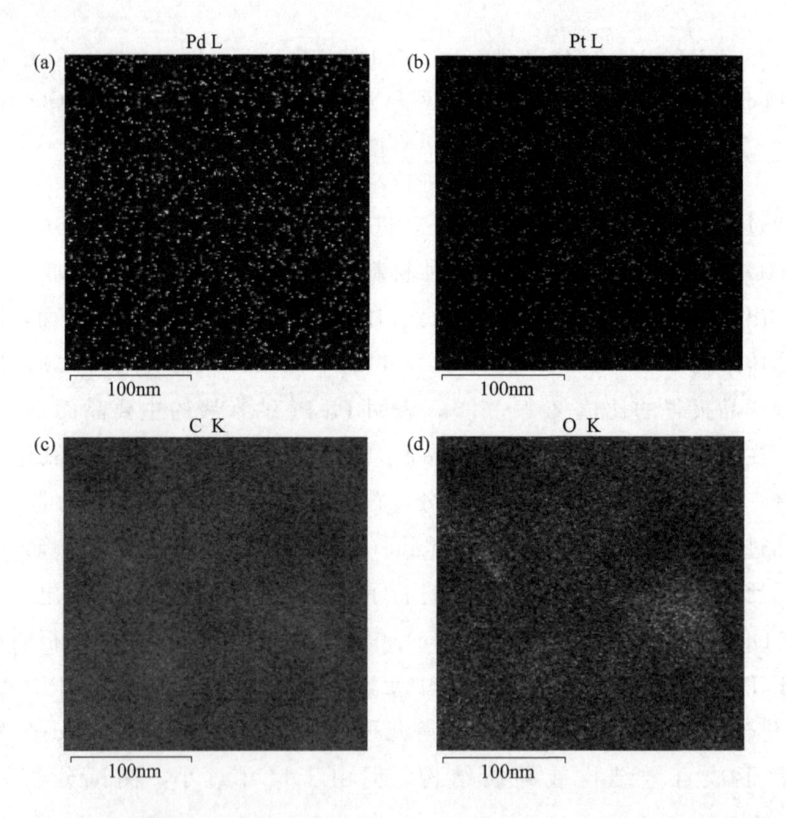


图 2-8 Pd-Pt@β-CD-RGO 中 Pd (a)、Pt (b)、C (c) 及 O (d) 的 mapping 元素谱图

为明确复合物的电子结构与表面组成，我们又对其做了XPS样品分析，检测深度为2～10nm，测试结果如图2-9所示，从图(a)中可以看到有Pd、Pt、C与O几种主要元素存在，少量Na元素来自于残余的NaOH。图(b)是C 1s谱图，出现三种结合方式，$sp^2$ C(C ═C，284.6eV)、$sp^3$ C(C—C，285.3eV)与C—O(286.8eV)，即复合物中C的主要成键方式。从Pd 3d的高分辨谱图中观察到，在335.2eV与340.5eV位置出现两处谱峰，其为Pd $3d_{5/2}$与Pd $3d_{3/2}$峰。另外，Pt 4f的谱峰见图(d)，在71.2eV与74.5eV位置处分别出现了Pt $4f_{7/2}$与Pt $4f_{5/2}$峰。

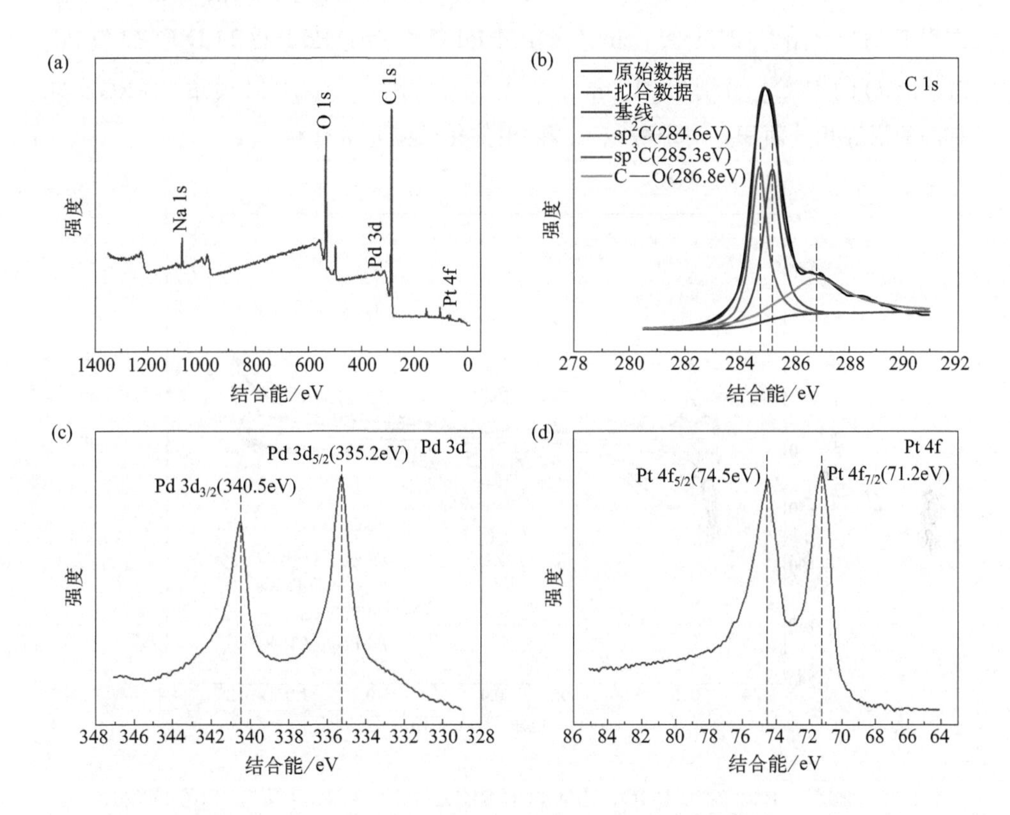


图2-9 Pd-Pt@β-CD-RGO的XPS谱图(a)，C 1s(b)，Pd 3d(c)及Pt 4f(d)的高分辨XPS谱图

### 2.1.3.3 电催化性能测试

Pd-Pt@β-CD-RGO、Pd-Pt@RGO、Pd@β-CD-RGO，Pt@β-CD-RGO与Pd/C的ECSA是在0.5mol/L $H_2SO_4$溶液中测得的，扫描速率为50mV·$s^{-1}$，

再进行循环伏安（CV）扫描测试，得到氢的吸脱附峰，通过其积分面积来计算 ECSA。如图 2-10 所示，CV 测试曲线在－0.3V 到 0V 范围内出现多组检测峰，包含 H 的吸脱附峰，以及 Pt/Pd 的氧化还原峰。在高电位 0.6V 左右的氧化峰以及 0.33～0.45V 范围内的还原峰是由 Pt/Pd 氧化物的形成及还原产生的。形成 $Pd(OH)_2$ 单层全覆盖时，电流密度为 $430\mu A \cdot cm^{-2}$，那么根据方程 $ECSA=Q_H/(430mA \cdot cm^{-2} \times Pd负载量)$计算得到，Pd/C 与 Pd@β-CD-RGO 的 ECSA 分别为 $27.9m^2 \cdot g^{-1}$ 与 $38.0m^2 \cdot g^{-1}$。根据方程 $ECSA=Q_H/(210mA \cdot cm^{-2} \times Pt负载量)$，Pt@β-CD-RGO 的 ECSA 为 $21.4m^2 \cdot g^{-1}$。根据方程 $ECSA=Q_H/$（$210mA \cdot cm^{-2} \times Pt+Pd负载量$），Pd-Pt@β-CD-RGO 与 Pd-Pt@RGO 的 ECSA 分别为 $51.0m^2 \cdot g^{-1}$、$41.3m^2 \cdot g^{-1}$。Pd-Pt@β-CD-RGO 具有高的活性积分面积，对甲醇或乙醇的电催化反应非常有利。

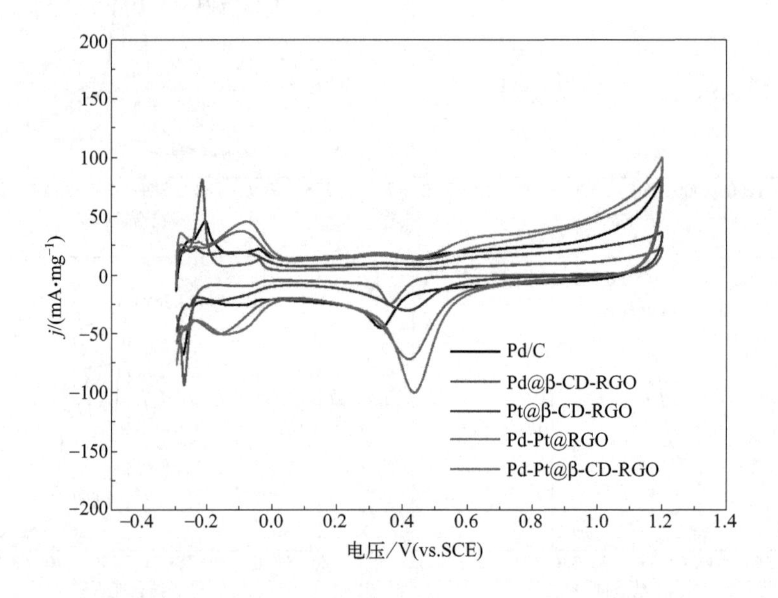


图 2-10　Pd/C、Pd@β-CD-RGO、Pt@β-CD-RGO、Pd-Pt@RGO 及 Pd-Pt@β-CD-RGO 的 CV 曲线，扫描速率为 $50mV \cdot s^{-1}$，电解质为 0.5mol/L $H_2SO_4$ 溶液（通入 $N_2$ 除氧）

Pd-Pt@β-CD-RGO 的甲醇氧化（MOR）催化性能测试采用的是三电极体系，对电极为铂电极，参比电极为甘汞电极，工作电极为复合材料修饰的玻碳电极。甲醇溶液（1.0mol/L）用 1.0mol/L KOH 溶液配制，测试前向溶液中通入 $N_2$ 30min 进行除氧，扫描速率是 $50mV \cdot s^{-1}$。测试均是在室温下进行。

我们对 Pd-Pt@RGO、Pd@β-CD-RGO、Pt@β-CD-RGO 及 Pd/C 几组催化剂进行了相同条件测试。为精确对比几组催化剂的性能，电流密度都是根据 Pt+Pd 负载量进行计算标准化的。如图 2-11(a) 所示，从测试结果可以看到，Pd-Pt@β-CD-RGO 具有最高的活性，其标准化的质量电流密度为 1609mA · $mg^{-1}$，约是 Pd-Pt@RGO（1077mA · $mg^{-1}$）的 1.5 倍，Pd@β-CD-RGO（595mA · $mg^{-1}$）的 2.7 倍，Pt@β-CD-RGO（426mA · $mg^{-1}$）的 3.8 倍，更是商业化 Pd/C（305mA · $mg^{-1}$）的 5.3 倍，从 CV 测试中得到的详细电化学参数如表 2-1 所示，Pd-Pt@β-CD-RGO 的面积电流密度为 3.15mA · $cm^{-2}$，Pd-Pt@RGO 为 2.60mA · $cm^{-2}$，Pd@β-CD-RGO 为 1.57mA · $cm^{-2}$，Pt@β-CD-RGO 为 1.99mA · $cm^{-2}$，商业化 Pd/C 为 1.09mA · $cm^{-2}$。显然，Pd-Pt@β-CD-RGO 是几种催化剂中活性最高的。此外，在相同电流密度下的正扫描测试如图 2-11(a) 中插图部分（虚线）所示，发现相应的 Pd-Pt@β-CD-RGO 氧化电位是最低的，是因为 Pd-Pt@β-CD-RGO 在甲醇中的表面氧化动力学性能有所增强[19]，Pd-Pt@β-CD-RGO 的电氧化动力学性能得到改进，这或许是由于较小的纳米簇尺寸（2.0nm）或 Pd-Pt 的稳定双合金结构。另外，质量电流密度值向前与向后扫描的比值（$J_f/J_b$），是催化剂抗中毒能力的重要指示标准，能够明显区分出不同催化剂的性能，比值高则证明催化剂表面抗中毒能力强。Pd-Pt@β-CD-RGO、Pd-Pt@RGO、Pd@β-CD-RGO、Pt@β-CD-RGO 及 Pd/C 几种催化剂的 $J_f/J_b$ 值分别为 5.8、5.6、2.4、2.3 及 2.7。Pd-Pt@β-CD-RGO 具有最好的抗中毒能力。

为深入探究几种催化剂（Pd-Pt@β-CD-RGO、Pd-Pt@RGO、Pd@β-CD-RGO、Pt@β-CD-RGO 与商业化 Pd/C）的电催化能力，我们进一步对乙醇氧化（EOR）催化性能进行了测试，乙醇溶液（1.0mol/L）用 1.0mol/L KOH 溶液配制，其它均为同等测试条件，也方便对两种醇类燃料电池作对比。如图 2-11(b) 所示，Pd-Pt@β-CD-RGO 质量电流密度为 1274mA · $mg^{-1}$，Pd-Pt@RGO 为 820mA · $mg^{-1}$，Pd@β-CD-RGO 为 376mA · $mg^{-1}$，Pt@β-CD-RGO 为 346mA · $mg^{-1}$，Pd/C 为 272mA · $mg^{-1}$，Pd-Pt@β-CD-RGO 分别为以上几者的 1.6、3.4、3.7 及 4.7 倍。催化活性顺序为 Pd-Pt@β-CD-RGO > Pd-Pt@RGO > Pd@β-CD-RGO > Pt@β-CD-RGO > Pd/C，与 MOR 是一致的。从表 2-1 中，也可以得到对比信息，Pd-Pt@β-CD-RGO 在 EOR 中电流密度为 2.50mA · $cm^{-2}$，高于其它几种电催化剂：Pd-Pt@RGO（1.98mA · $cm^{-2}$）、Pd@β-CD-RGO（0.99mA · $cm^{-2}$）、Pt@β-CD-RGO（1.62mA · $cm^{-2}$）、

Pd/C（0.97mA·$cm^{-2}$）。从图 2-11(b) 插图部分，可以看到 Pd-Pt@β-CD-RGO 起始电位是最低的，对于 EOR 来说，Pd-Pt@β-CD-RGO（1.5）的 $J_f/J_b$ 值要高于 Pd-Pt@RGO（1.4）、Pd@β-CD-RGO（1.2）、Pt@β-CD-RGO（1.3）及 Pd/C（0.9），证明 Pd-Pt@β-CD-RGO 具有最好的抗中毒能力。另外，将 Pd-Pt@β-CD-RGO 催化剂与目前报道过的 Pd-Pt 合金纳米催化剂进行了对比，如表 2-2 所示，Pd-Pt@β-CD-RGO 电催化活性有所增强，这主要归因于三个方面的因素：(a) 尺寸仅有 2.0nm 的结构又相对稳定的 Pd-Pt 纳米簇对甲醇或乙醇催化氧化反应是极其有利的，增加了其原子利用率；(b) 单分散尺寸均匀的 Pd-Pt 很好地负载于 β-CD-RGO 表面，具有很高的活性比表面积，催化性能得到很大的提升；(c) 共存的双金属原子表面排布及 Pd 和 Pt 之间的协同作用[19]，有助于提高催化剂的催化性能。Pd/C 的 TEM 如图 2-12 所示，Pd 的尺寸范围在 (7.5±2.0)nm 左右，那么可以得出推论，即金属纳米颗粒尺寸的减小有利于提高催化活性。

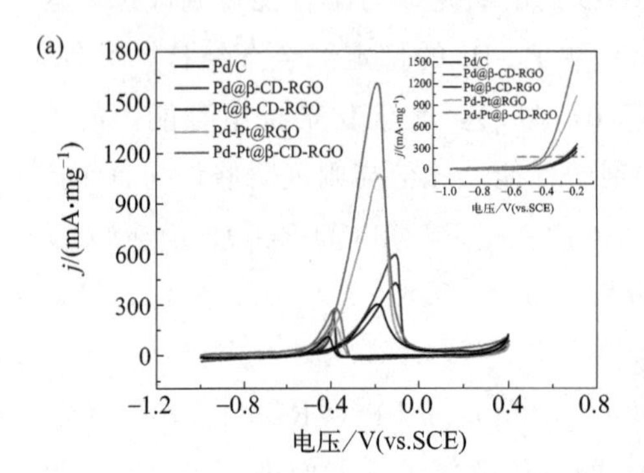


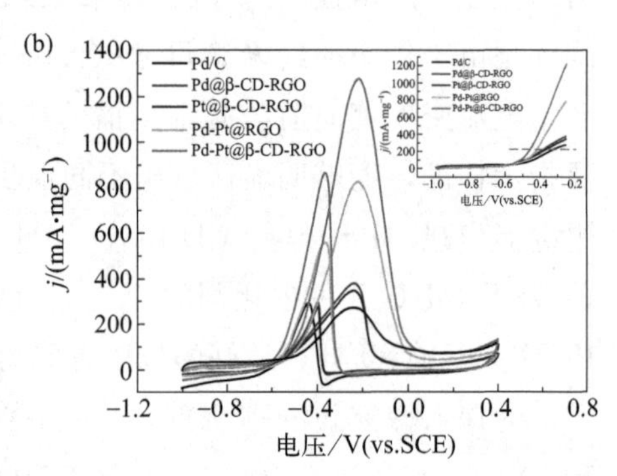


图 2-11 Pd/C、Pd@β-CD-RGO、Pt@β-CD-RGO、Pd-Pt@RGO 及 Pd-Pt@β-CD-RGO 分别在 1mol/L KOH+1mol/L 甲醇混合溶液中的 CV 曲线(a)；五种催化剂修饰电极在 1mol/L KOH+1mol/L 乙醇混合溶液中的 CV 曲线(b)，两者扫描速率均为 50mV·$s^{-1}$

**表 2-1 不同催化剂的电化学参数**

| 催化剂 | ECSA/($m^2$/g) | 质量活性/(mA/mg) | | 比活性/(mA/cm) | |
|---|---|---|---|---|---|
| | | 甲醇 | 乙醇 | 甲醇 | 乙醇 |
| Pd/C | 27.9 | 305 | 272 | 1.09 | 0.97 |
| Pd@β-CD-RGO | 38.0 | 595 | 376 | 1.57 | 0.99 |
| Pt@β-CD-RGO | 21.4 | 426 | 346 | 1.99 | 1.62 |

续表

| 催化剂 | ECSA/($m^2$/g) | 质量活性/(mA/mg) | | 比活性/(mA/cm) | |
|---|---|---|---|---|---|
| | | 甲醇 | 乙醇 | 甲醇 | 乙醇 |
| Pd-Pt@RGO | 41.3 | 1077 | 820 | 2.60 | 1.98 |
| Pd-Pt@β-CD-RGO | 51.0 | 1609 | 1274 | 3.15 | 2.50 |

**表 2-2 Pt-Pd@β-CD-RGO 与类似催化剂的 MOR 比较**

| 催化剂 | Pd-Pt 的形状 | ECSA/($m^2 \cdot g^{-1}$) | 比活度/($mA \cdot cm^{-2}$) | Ref |
|---|---|---|---|---|
| PdPt nanoalloys | 单体 | 21.7 | 1.08 | [20] |
| Pt-Pd | 立方体 | — | 1.49 | [14] |
| Pt-on-Pd | 纳米枝晶 | 48.0 | 1.04 | [13] |
| Pd@Pt | 多孔颗粒 | 38.2 | 1.31 | [21] |
| Pt-Pd@β-CD-RGO | 簇状 | 51.0 | 3.15 | 本研究 |

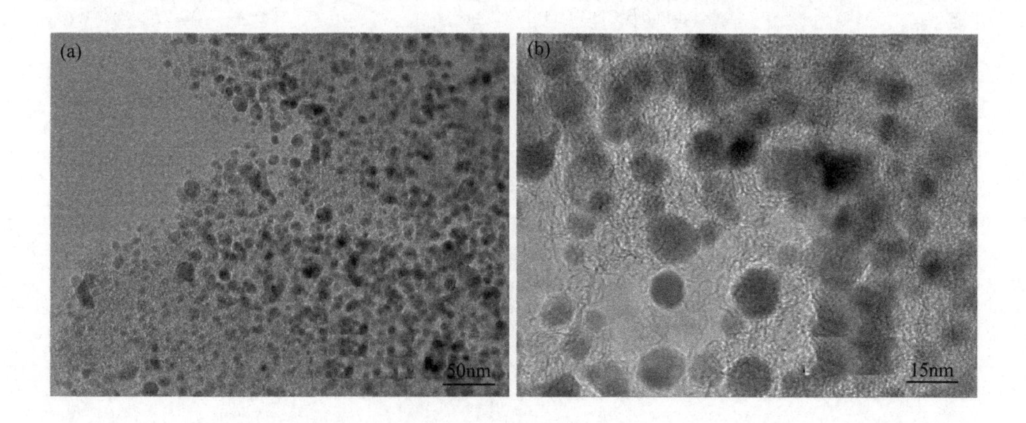


图 2-12 Pd/C 不同放大倍率的 TEM 图

我们同时还评价了几种催化剂的稳定性，在固定电压下，采用计时电流法测试 $j$-$t$ 曲线，测试条件为室温，甲醇（1.0mol/L）用 1.0mol/L KOH 配制。甲醇分解的中间产物 CO 等，会不断地吸附积累在催化剂表面，导致催化剂中毒失活[22]。从图 2-13(a) 可以看到，电压为−0.2V，扫描时长 4000 s，在初始阶段，相比于 Pd@β-CD-RGO、Pt@β-CD-RGO、Pd-Pt@RGO 及 Pd-Pt@β-CD-RGO，Pd/C 的电流下降很快，其它几种催化剂电流缓慢下降，达到一种拟稳定状态，我们明显观察到，Pd-Pt@β-CD-RGO 始终保持高于其它几种催化剂，这也说明对于长时间的催化反应，Pd-Pt@β-CD-RGO 具有最高的稳定性。为进一步证实上述实验结论，我们紧接着在1.0mol/L甲醇+1.0mol/L KOH混合溶液中进行了CV循环扫描耐久性实验，如图2-13(b)所示，400圈扫描后，Pd-Pt@β-CD-RGO的峰电流密度降低了11.8%，Pd-Pt@RGO、Pd@β-CD-RGO、Pt@β-CD-RGO分别降低了17.6%、39.8%、32.2%，而此时的Pd/C降低了52.8%，说明Pd-Pt@β-CD-RGO耐久性最强。这是由于Pd-Pt合金纳米簇具有更多的稳定性高的{111}晶面，以及Pd、Pt原子间良好的相互协同作用。稳定性测试后，对样品进行了TEM测试，如图2-14所示，发现经过长时间的反应后，Pd-Pt纳米簇出现了少量聚集现象，它的结构形貌依然优于没有经过反应的Pd-Pt@RGO催化剂。

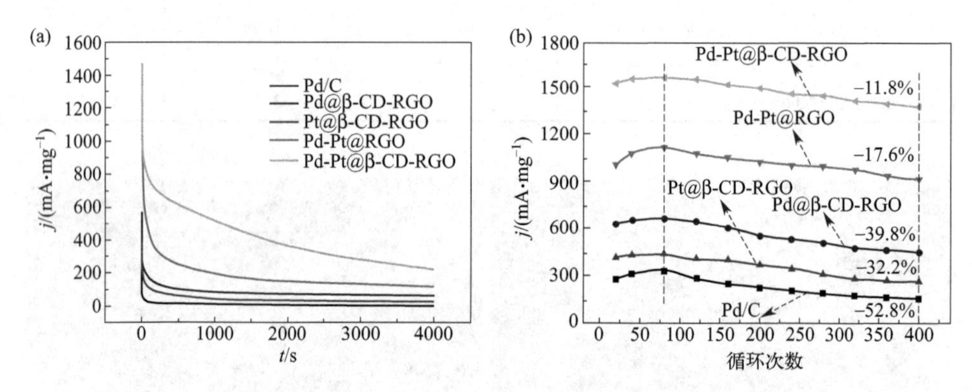


图2-13 Pd/C、Pd@β-CD-RGO、Pt@β-CD-RGO、Pd-Pt@RGO及Pd-Pt@β-CD-RGO在1.0mol/L甲醇+1.0mol/L KOH混合溶液中的$j$-$t$曲线，扫描时长4000s(a)；Pd/C、Pd@β-CD-RGO、Pt@β-CD-RGO、Pd-Pt@RGO及Pd-Pt@β-CD-RGO在1.0mol/L甲醇+1.0mol/L KOH混合溶液中的CV循环耐久性测试，扫描400圈(b)

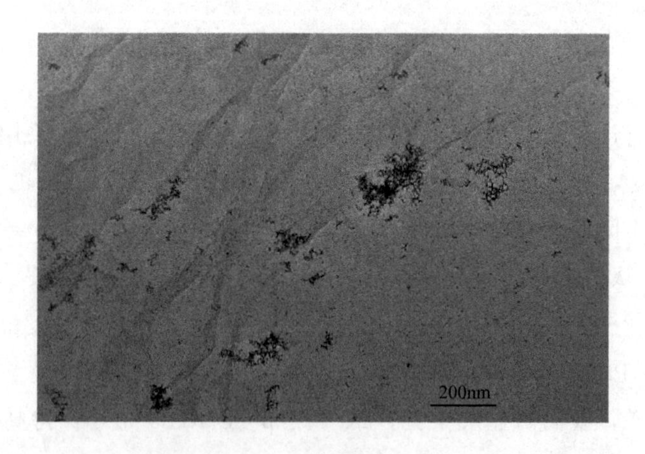


图2-14 Pd-Pt@β-CD-RGO在计时电流$j$-$t$扫描4000s后的TEM图

### 2.1.4 小结

通过湿化学法，将 2.0nm 左右的 Pd-Pt 纳米簇均匀地负载在 β-CD 功能化的 RGO 碳纳米材料上，β-CD-RGO 复合纳米材料中的 β-CD 末端存在很多—OH，这与 $PtCl_6^{2-}$、$Pd^{2+}$ 前驱体间存在很强的静电相互作用，防止纳米晶体的聚集和过度生长，对催化剂结构的稳定性起到很重要的作用。此外，β-CD-RGO 负载的 Pd-Pt 纳米簇在 MOR/EOR 反应中展现出很高的电催化活性，如，在乙醇催化氧化性能测试中 Pd-Pt@β-CD-RGO 质量电流密度高达 $1274mA \cdot mg^{-1}$，Pd/C 为 $272mA \cdot mg^{-1}$，是商业化 Pd/C 的 4.7 倍。其良好的催化活性主要归因于三个方面的因素：(a) 共存的双金属原子表面排布及 Pd 和 Pt 之间的协同作用，有助于提高催化剂的催化性能；(b) 尺寸仅有 2.0nm 的结构又相对稳定的 Pd-Pt 纳米簇对甲醇或乙醇催化氧化反应是极其有利的，增加了其原子利用率；(c) 单分散尺寸均匀的 Pd-Pt 很好地负载于 β-CD-RGO 表面，具有很高的活性比表面积，催化性能得到很大的提升。同时，Pd-Pt@β-CD-RGO 纳米催化剂未来在 CO 催化氧化以及氢化反应中具有潜在的应用价值。催化剂的尺寸均一、分散性、稳定性对于催化反应来说，是至关重要的，希望今后的研究工作能够突破更多的催化问题。

## 2.2 原位合成钯纳米簇/磺化杯 [8] 芳烃/碳纳米角复合材料及其在碱性条件下对醇类电催化性能探究

### 2.2.1 引言

燃料电池的性能、可靠性、成本等很大程度上受制于电催化剂。电催化剂的合理设计是电池正常运行的关键。相比于传统的直接甲醇燃料电池，乙二醇、丙三醇燃料电池具有更高的沸点，过程中产生较少的有毒物质，因此具有更高的催化效率[23]，且乙二醇与丙三醇具有更高的能量密度以及广泛的供应链，因此优于传统的直接甲醇燃料电池[24]。另外，贵金属催化剂由于其高的比表面积和优良的催化性能，被广泛应用于电催化反应[5]，但贵金属催化剂尤其是 Pt 催化剂价格昂贵，已成为燃料电池商业化的一大阻碍。因此，降低 Pt 的用量或开发非 Pt 催化已成为电催化氧化所探究的主要方向[3,21,25-27]。Pd 基电催化剂在氧气还原上展现出良好的活性，是一类有良好潜力的阴极催化剂，相比于 Pt，Pd 在碱性直接醇类燃料电池中受到 $C_1$ 种类的有毒物质如 $CO_{ads}$ 的影响较小[3]，因此，Pd 在醇催化氧化反应中电催化性能优于 Pt [21]。近些年，专家学者们致力于如何更好地提高贵金属的催化活性[25]，设计合成具有超细尺寸、分散均匀的贵金属纳米催化剂是非常有效的策略，催化剂的催化活性与其表面效应有关，纳米级超细尺寸的贵金属颗粒，因为其尺寸的不断减小，活性比表面积大幅度增加，具有台阶、角、边缘等很多反应活性位点，从而催化性能得到很大的提高[26]。可是，随着表面原子比例增多，其不饱和度增加，表面自由能增加，金属小颗粒会出现大面积聚集现象。根据奥斯特瓦尔德原理，比表面积的严重损失，直接导致催化性能大大降低[3-5]，这已成为催化反应的一个难题。

为避免这种聚集现象的产生，可将其固定于特定载体表面，这是一种有效的策略。负载型催化剂由载体、分散于载体表面的高催化活性组分构成。载体可以是催化性的也可以是非催化性的。采用比表面积大、成本低与导电性高的纳米载体，可以有效提高活性组分的分散性和抗聚集/烧结能力，使电催化剂的比表面积最大化且使反应物快速传递到催化剂，从而提高其转换率。$sp^2$ 杂化的 SWCNHs，是由很多 SWCNH（一边末端为封闭锥形结构）聚集成的球形粒子，直径为 80～100nm。由于其具有很多纳米级孔隙，比表面积大，相比于 SWCNTs，其具有更多的结构缺陷，这些缺陷的存在使其更易被氧化且孔洞易被打开，产生丰富的含氧官能团[28-30]，随着孔洞的打开内部空间易进入，活性比表面积也从 $300m^2 \cdot g^{-1}$ 增大到 $1400m^2 \cdot g^{-1}$ [28]。据理论预测，$sp^2$ 杂化碳材料与金属原子能够紧密结合，因为它们之间存在更多传输通道[10]，碳载体与某些功能性纳米粒子（如 Au、Pd 等）的新杂化体具有良好的催化活性及电化学活性，已经有少部分报道将其应用于催化反应以及一些电化学装置[4,5,7,31-34]。如 Dai 课题组用化学沉积法将金属纳米粒子负载于 SWCNTs 表面[31]。Itoh 课题组合成了 Pd-ox-SWCNHs（ox 表示氧化）复合纳米材料，具有优良的催化活性[32]。虽然选择载体是一种解决方法，但当金属颗粒小到一定的尺寸后，复合催化剂依然存在结构不稳定的风险。对于长时间的催化反应来说，结构不稳定便易失活，因此，合成结构稳定的耐失活的催化剂是非常重要的，这对于直接醇类燃料电池来说是一项挑战。

本研究中我们提出了一种新的增强材料稳定性的方法，即将 $Pd^{2+}$ 活性前驱体与磺化杯［8］芳烃（*p*-sulfonatocalix［8］arenes，$SCX_8$）功能化的碳纳米角（SWCNHs）材料通过静电相互作用来实现 Pd 纳米粒子的原位合成，如图 2-15 所示。$SCX_8$ 是一种环状低聚物，由苯酚单元在酚羟基邻位通过亚甲基连接而成，末端有很多磺酸基团裸露在外，增加了很多键合位点。$SCX_8$ 功能化的 SWCNHs 带有很多负电荷，这会显著增强它与金属间的相互作用。此方法得到了分散性、稳定性较好的电催化剂，Pd 纳米簇的尺寸达到了 2.5nm 左右。其中涉及的反应均是在室温下进行，不需要任何有机溶剂和高温条件，是一种简单、高效的合成方法。实验结果表明这种 Pd@$SCX_8$-SWCNHs 二维复合纳米材料在碱性乙二醇、丙三醇催化反应中具有非常好的稳定性和催化性能，对比于商业化 Pd/C，也呈现出了明显的优势。

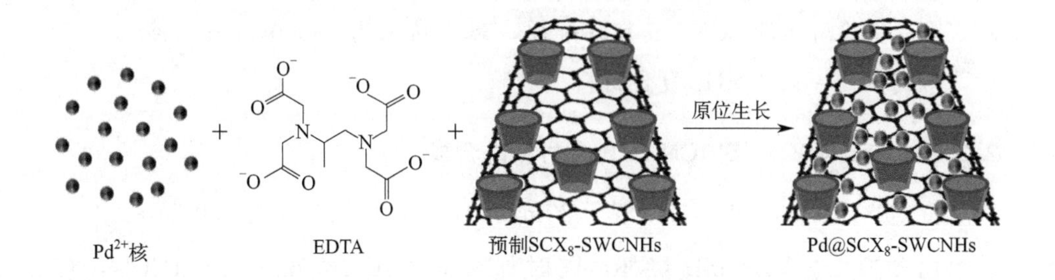


图 2-15 Pd@$SCX_8$-SWCNHs 杂化材料制备过程

## 2.2.2 实验部分

### 2.2.2.1 试剂材料

$PdCl_2$（99.99%）、Nafion（5.0%）与商业化 Pd/C（10%）均买自 Sigma 试剂有限公司（St. Louis，MO，USA），$SCX_8$ 来自于东京化工，碳纳米角（SWCNHs）购自北京清大际光科技有限公司，乙二醇、丙三醇（分析纯）均从上海泰坦试剂公司获得，$Na_2H_2Y$（乙二胺四乙酸二钠，纯度为 99%，分子量为 338.22）买自上海 Aladdin 试剂有限公司，其它所有试剂均为分析纯，不经过进一步纯化。实验用的超纯水是经 Milli-Q（电阻率≥18.25MΩ·cm）超纯水处理系统纯化的。

### 2.2.2.2 实验仪器

马尔文 Zetasizer 分析仪，CHI660E 电化学工作站（上海辰华），pHS-3C

数字式酸度计（上海虹益），HitachiHimac CR21G 高速离心机，SCIENTIFIC Nicolet IS10 傅里叶变换红外光谱仪（美国），200kV 电压下进行样品表征的 JEM 2100 透射电镜（TEM）等请参考 2.1.2.2。

#### 2.2.2.3 $SCX_8$-SWCNHs 复合材料的合成

将 98% $H_2SO_4$、68% $HNO_3$、超纯水按照 1∶3∶6 体积比配制成混合溶液，注意加入顺序为注酸入水，称取 10mg SWCNHs，将配制好的溶液缓缓倒入 SWCNHs 中，室温下，超声溶解 8h，得到羧基化的碳纳米角。然后，用 DW 离心样品去除上清液，转速为 16000r/min，最后冷冻干燥得到样品。称取 10mg 的羧基化 SWCNHs 与 20mL 的 $SCX_8$（0.5mg · $mL^{-1}$）进行混合，于室温下搅拌 8 h 后得到均匀的溶液，最后，将得到的黑色溶液用 DW 离心清洗三次，去除游离的 $SCX_8$ 及其它杂质，离心转速为 16000r/min，冷冻干燥后，得到 $SCX_8$-SWCNHs 复合材料。

#### 2.2.2.4 Pd@$SCX_8$-SWCNHs 复合材料的合成

将 20mg $SCX_8$-SWCNHs 溶于 20mL DW 中，得到浓度为 1.0mg · $mL^{-1}$ 的黑色分散液。取 25mL 烧杯，同时加入 6.0mL 10.0mmol/L $PdCl_2$，与 2.0mL 0.1mol/L EDTA，60℃搅拌 40min 得到均匀的溶液，然后，调节 pH 值到 9.0，将其与 20mL 1.0mg · $mL^{-1}$ $SCX_8$-SWCNHs 溶液混匀，搅拌 5min，最后，加入 3.0mL 200mmol/L $NaBH_4$，常温搅拌 30min，将反应物用 DW 离心清洗三次，再冷冻干燥得到 Pd@$SCX_8$-SWCNHs 复合材料，其操作简便、经济可行，具体制备流程如图 2-16 所示。另外，Pd@SWCNHs 的制备方法与上述相同。

#### 2.2.2.5 工作电极的修饰及构建

将 GCE 用电极抛光布、氧化铝粉末（0.05μm 和 0.3μm）进行抛光处理，然后用 DW 和乙醇清洗多次，常温下晾干备用，称取 5mg Pd@$SCX_8$-SWCNHs 溶解于 10mL DW 中，配制浓度为 0.5mg · $mL^{-1}$ 的均匀分散液，移取 5μL 上述分散液滴到玻碳电极上，经室温干燥，随后，再将 5.0mL Nafion（0.1%）修饰到已干燥的电极表面，同样室温干燥待测，过程中注意不可有气泡。为得到更直观的数据，Pd/C、Pd@SWCNHs 均按上述操作过程来制备，以供电化学测试时使用。

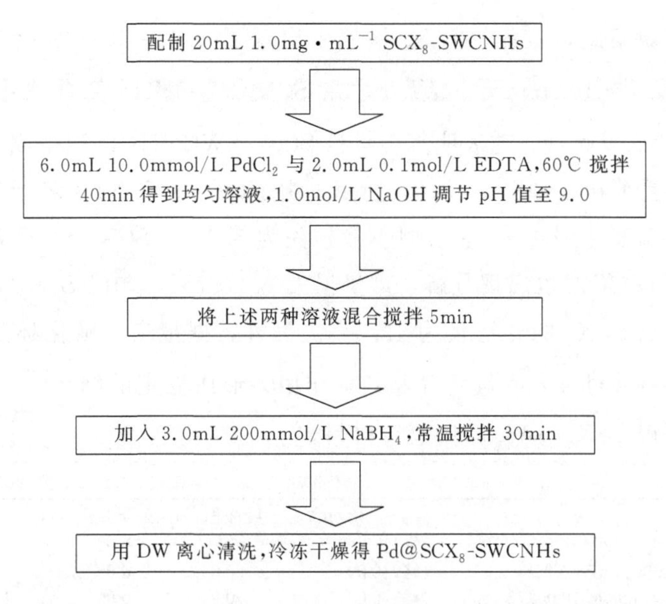


图 2-16 Pd@$SCX_8$-SWCNHs 复合纳米材料制备流程

#### 2.2.2.6 电催化测试

采用三电极体系，对电极为固定在电解池中的铂电极，参比电极为甘汞电极，工作电极为玻碳电极。所涉及溶液乙二醇（1.0mol/L)、丙三醇（1.0mol/L）均用 1.0mol/L KOH 溶液配制，测试前向溶液中通入 $N_2$ 30min 进行除氧。在 0.5mol/L $H_2SO_4$ 溶液中同样进行除氧，电化学活性积分面积（ECSA）是在 0.5mol/L $H_2SO_4$ 溶液中测得的，扫描速率是 50mV·$s^{-1}$，然后用循环伏安（CV）法进行扫描测试，得到氢的吸脱附峰，通过其几何面积来计算电催化剂的活性积分面积。本研究中所有电极电位均是相对于甘汞电极而言的。质量电流密度也根据 Pd 的负载量进行标准化。

### 2.2.3 结果与讨论

#### 2.2.3.1 $SCX_8$-SWCNHs 复合材料的表征

ζ 电位测定结果如图 2-17 所示，SWCNHs 与 $SCX_8$-SWCNHs 测试值分别为−20.2mV 与−32.4mV，两者差值为 12.2mV，是由于 $SCX_8$ 表面带负电荷的—$SO_3^-$ 所致。$SCX_8$-SWCNHs 的测定值小于−30mV 证明其胶体的分散稳定性很高。进一步地，我们对 $SCX_8$-SWCNHs 复合材料进行了红外光谱测试，结果如图 2-18(a) 所示，对比 $SCX_8$、$SCX_8$-SWCNHs 与 SWCNHs 三组谱峰，可以观察到，首先，$SCX_8$ 谱峰中出现了—$SO_3^-$ 的特征吸收峰，分别在 $1200cm^{-1}$ 与 $1044cm^{-1}$ 位置处，在 $SCX_8$-SWCNHs 复合物中也出现了—$SO_3^-$ 的特征吸收峰，这表明复合材料 $SCX_8$-SWCNHs 已制备成功。继续对其进行了热重分析，如图 2-18(b) 所示，由于原料 SWCNHs 剩余含氧官能团的热解，在温度达到 600℃左右时重量损失为 5.2%。$SCX_8$-SWCNHs 复合物在温度接近 600℃时也出现分解，重量损失为 17.7%，扣除 SWCNHs 的重量损失，估算出 $SCX_8$ 的分解量为 12.5%。另外，据报道，磺化杯芳烃与碳材料复合材料可通过 π-π 或氢键等非共价作用力形成稳定的结构[35,36]，这都表明已成功获得 $SCX_8$-SWCNHs 复合材料。

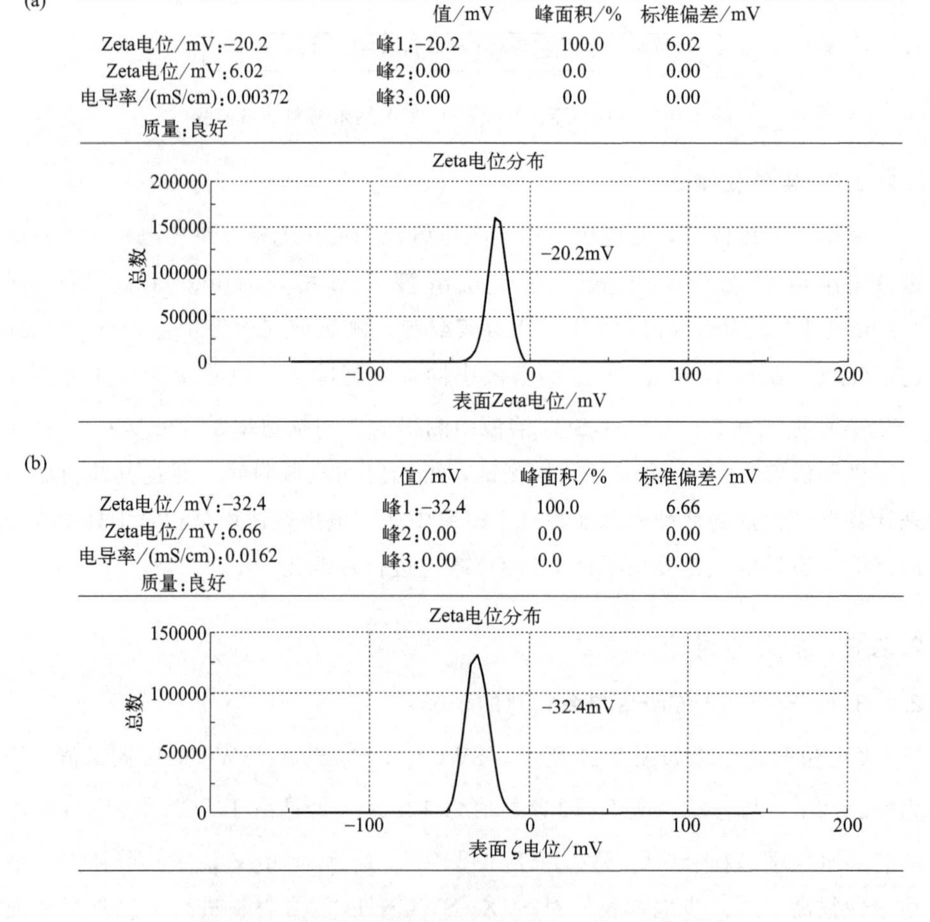


图 2-17 SWCNHs 及 $SCX_8$-SWCNHs 的 ζ 电位测试

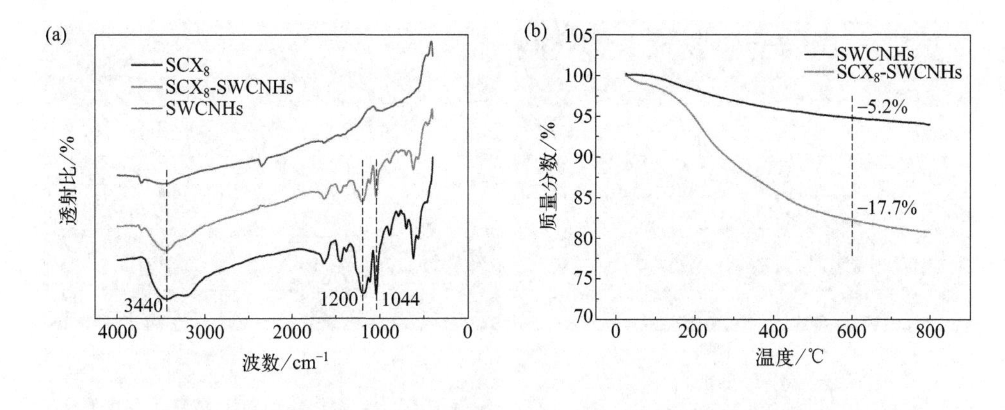


图 2-18　$SCX_8$、SWCNHs 及 $SCX_8$-SWCNHs 的红外光谱图(a)；
SWCNHs 及 $SCX_8$-SWCNHs 的热重分析(b)

### 2.2.3.2　Pd@$SCX_8$-SWCNHs 复合材料的表征

图 2-19 是 Pd@$SCX_8$-SWCNHs 在铜网上进行的不同放大倍率的 TEM 测试结果，图(a)～(f)中可以观察到 Pd 纳米颗粒呈单分散，颗粒均匀负载于 $SCX_8$-SWCNHs 表面，在图(e) 高分辨 TEM（HRTEM）图中，Pd 纳米簇的尺寸分布在（2.5±0.2)nm，属于较窄分布粒径范围。得到高分散的 Pd 纳米簇是由于 $Pd^{2+}$ 阳离子前驱体与表面含有较多—$SO_3^-$ 的 $SCX_8$ 间存在静电作用，从而 $SCX_8$ 功能化的碳纳米材料通过静电相互作用来实现 Pd 纳米粒子在 SWCNHs 表面的原位生长。Liu 课题组利用 $AuCl_4^-$ 作为前驱体将 Au 纳米簇修饰到氮化碳表面，显正电性的氮化碳与负电性的 $AuCl_4^-$ 之间存在很强的相互作用力，得到了稳定的纳米复合材料[5]。从图(d) HRTEM 图中可以看出，Pd 纳米簇的台阶、角、边缘存在一些缺陷，这些缺陷是催化反应的高活性位点[19]。为了进一步评估载体的表面性质对于 Pd 纳米簇形成的影响，我们还评价了在同等条件下以 SWCNHs 为载体，除去表面 $SCX_8$ 的影响，如图(e)、(f) 所示，SWCNHs 表面的 Pd 纳米簇尺寸有所增大，且出现团聚现象，表明 $SCX_8$ 对单分散的 Pd 纳米簇起到很重要的分散作用。因此，以 $SCX_8$-SWCNHs 作为载体成功合成了高分散的 Pd 纳米簇。

通过 XRD 表征，进一步探究了 Pd@$SCX_8$-SWCNHs、Pd@SWCNHs，$SCX_8$-SWCNHs 几种化合物的晶体结构。数据结果如图 2-20(a) 所示，三组衍射谱在 $2\theta=23.9°$处都出现 {002} 晶面衍射峰，其是 SWCNHs 的特征衍射

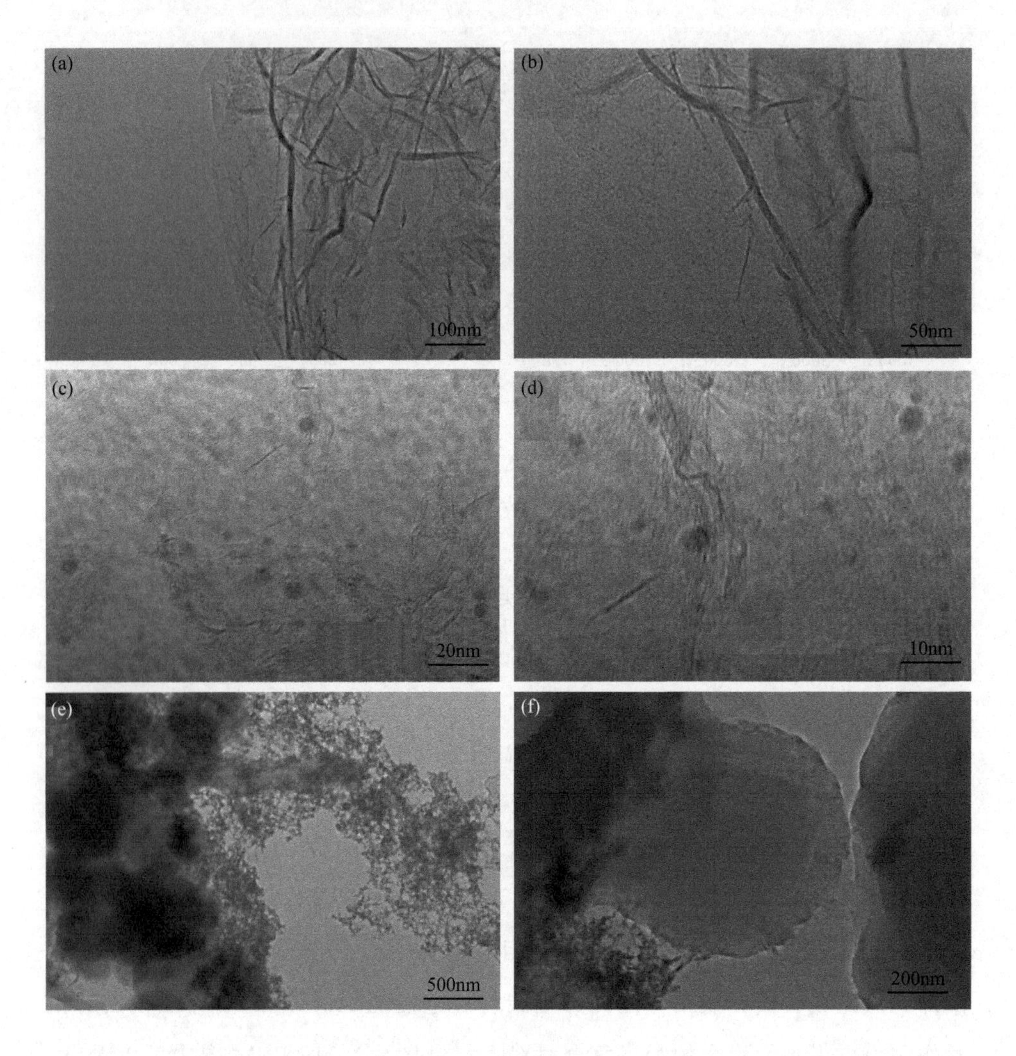


图 2-19 Pd@$SCX_8$-SWCNHs TEM 图(a) ～ (d) 和 Pd@SWCNHs 的 TEM 图(e)、(f)

峰。而另外四组 {111}、{220}、{311} 与 {200} 衍射峰是 Pd 面心立方晶体结构 (fcc) 的衍射峰[37]。为确定其元素成分，首先利用 EDX 对样品进行了测试，如图 2-20(b) 所示，测得 C、O 和 Pd 元素峰，即复合物中几种含量较高的元素。为明确复合物的电子结构与表面组成，对其做了 XPS 样品分析，检测深度为 2～10nm。测试结果如图 2-20(c)～(f)所示，从图(c) 中可以看到有 Pd、C 与 O 几种主要元素存在。图(d) 是 Pd@SWCNHs 的 C1s 谱图，出现四种结合方式，$sp^2$ C(C ═C，284.6eV)、$sp^3$ C(C—C，285.3eV)、C—O (287.0eV)及 C ═O(287.6eV)，即复合物中 C 的主要成键方式。图(e) 是 Pd

@$SCX_8$-SWCNHs 的 C 1s 谱图，分别为 $sp^2$ C（C═C，284.6eV）、$sp^3$ C（C—C，285.3eV）、C—O（286.6eV）、C ═ O（287.8eV）及 O—C ═ O（288.8eV）几种结合方式[38,39]。从图(f) 高分辨谱图中观察到 Pd 3d 在 335.2eV 及 340.5eV 位置出现两处谱峰，为 Pd $3d_{5/2}$ 与 Pd $3d_{3/2}$[38,40]。实验结果证明，已成功制备 Pd@$SCX_8$-SWCNHs 纳米复合材料。

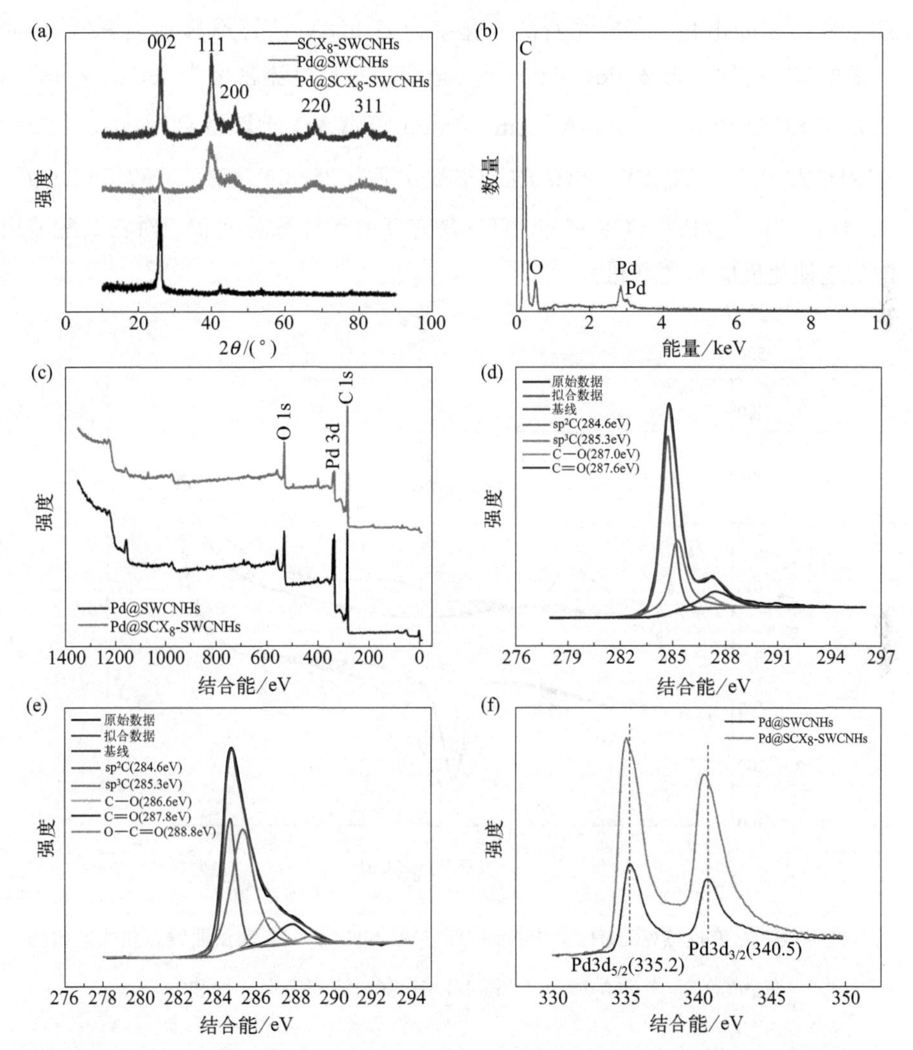


图 2-20　$SCX_8$-SWCNHs、Pd@SWCNHs 及 Pd@$SCX_8$-SWCNHs 的 XRD 谱图(a)；Pd@$SCX_8$-SWCNHs 的 EDX 图(b)；Pd@$SCX_8$-SWCNHs 及 Pd@$SCX_8$-SWCNHs 的 XPS 图(c)；Pd@ SWCNHs(d) 及 Pd@$SCX_8$-SWCNHs(e) 中的 C 1s 高分辨谱图；Pd@ SWCNHs 及 Pd@$SCX_8$-SWCNHs 中的 Pd 3d 高分辨谱图(f)

### 2.2.3.3 电催化性能测试部分

Pd@SWCNHs、Pd@$SCX_8$-SWCNHs 与 Pd/C 的 ECSA 是在 0.5mol/L $H_2SO_4$ 溶液中测得的，扫描速率为 $50mV \cdot s^{-1}$，再进行 CV 扫描测试，得到氢的吸脱附峰，通过其积分面积来计算 ECSA。如图 2-21 所示，CV 测试曲线在−0.3V 到 0V 范围内出现多组检测峰，包含 H 的吸脱附峰，以及 Pd 的氧化还原峰。在高电位 0.5V 左右的氧化峰以及 0.3V 的还原峰都是 Pd 的检测峰。根据基本定律，形成 $Pd(OH)_2$ 单层全覆盖时，电流密度为 $430\mu A \cdot cm^{-2}$，根据方程 ECSA $= Q_H/(430mA \cdot cm^{-2} \times$ Pd 负载量)计算得到，Pd/C、Pd@SWCNHs 及 Pd@$SCX_8$-SWCNHs 的 ECSA 分别为 $25.3m^2 \cdot g^{-1}$、$32.5m^2 \cdot g^{-1}$ 及 $39.1m^2 \cdot g^{-1}$。Pd@$SCX_8$-SWCNHs 具有高的活性积分面积，对乙二醇或丙三醇的电催化反应非常有利。

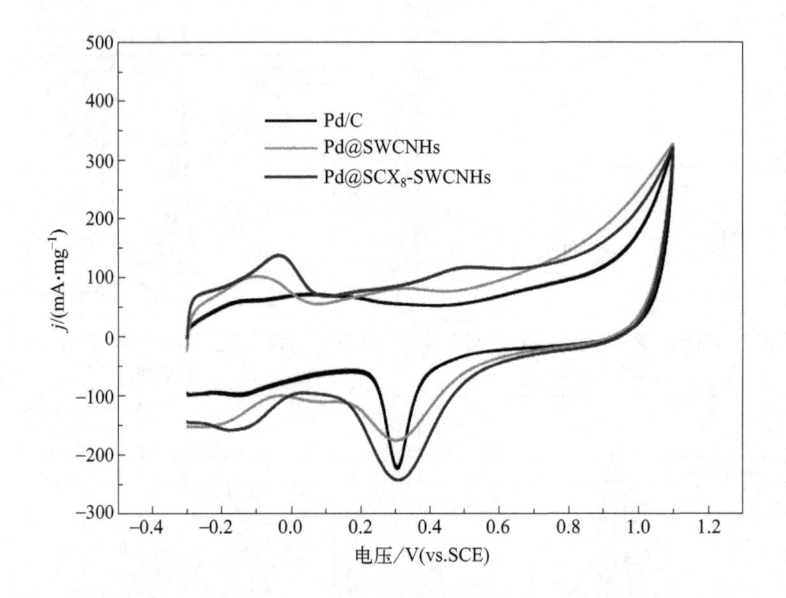


图 2-21 Pd/C、Pd@SWCNHs 及 Pd@$SCX_8$-SWCNHs 的 CV 测试曲线，扫描速率为 $50mV \cdot s^{-1}$，电解质为 0.5mol/L $H_2SO_4$ 溶液（通入饱和 $N_2$）

Pd@$SCX_8$-SWCNHs 的乙二醇催化氧化性能测试采用的是三电极体系，对电极为铂电极，参比电极为甘汞电极，工作电极为催化剂修饰 GCE，乙二醇溶液（1.0mol/L）用 1.0mol/L KOH 溶液配制，测试前向溶液中通入 $N_2$ 30min 进行除氧，扫描速率是 $50mV \cdot s^{-1}$，测试均在室温下进行。为精确对比几组催化剂的性能，电流密度都是根据 Pd 负载量进行计算标准化的。如图 2-22(a) 所示，从测试结果可以看到，Pd@$SCX_8$-SWCNHs 具有最高的活性，其标准化的质量电流密度为 1508mA・$mg^{-1}$，约是 Pd@SWCNHs 的 1.63 倍，是商业化 Pd/C(305mA・$mg^{-1}$)的 4.94 倍。

另外，进一步对 Pd/C、Pd@SWCNHs 及 Pd@$SCX_8$-SWCNHs 几种催化剂进行了丙三醇催化氧化性能测试，丙三醇溶液（1.0mol/L）用 1.0mol/L KOH 溶液配制，其它均为同等测试条件，也方便对两种醇类燃料电池作对比。如图 2-22(b) 所示，Pd@$SCX_8$-SWCNHs 质量电流密度为 1320mA・$mg^{-1}$，Pd@SWCNHs 为 795mA・$mg^{-1}$，Pd/C 为 310mA・$mg^{-1}$，Pd@$SCX_8$-SWCNHs 具有最高催化活性，分别为后两者的 1.66 倍和 4.3 倍。几种催化剂的催化活性顺序为 Pd@$SCX_8$-SWCNHs＞Pd@SWCNHs＞Pd/C，与乙二醇是一致的。从表 2-3 可知，Pd@$SCX_8$-SWCNHs 在乙二醇催化氧化中电流密度为 3.86mA・$cm^{-2}$，在丙三醇催化氧化中为 3.38m・A$cm^{-2}$，高于 Pd@SWCNHs（乙二醇为 2.84mA・$cm^{-2}$，丙三醇为 2.45mA・$cm^{-2}$）与商业化 Pd/C（乙二醇为 1.84mA・$cm^{-2}$，丙三醇为 1.23mA・$cm^{-2}$）。Pd@$SCX_8$-SWCNHs 表现出很高的电催化活性，这主要归因于两个方面的因素：(a) 尺寸仅有 2.5nm 的结构又相对稳定的 Pd 纳米簇对乙二醇和丙三醇的催化氧化反应是极其有利的，增加了其原子利用率；(b) 单分散尺寸均匀的 Pd 纳米簇负载于 $SCX_8$-SWCNHs 表面，具有很高的活性比表面积，催化性能得到很大的提升。

**表 2-3 不同催化剂的电化学参数**

| 催化剂 | ECSA /($m^2$・$g^{-1}$) | 质量活性/(mA・$mg^{-1}$) | | 比活性/(mA・$cm^{-2}$) | |
|---|---|---|---|---|---|
| | | 乙二醇 | 丙三醇 | 乙二醇 | 丙三醇 |
| Pd/C | 25.3 | 466 | 310 | 1.84 | 1.23 |
| Pd@SWCNHs | 32.5 | 923 | 795 | 2.84 | 2.45 |
| Pd@$SCX_8$-SWCNHs | 39.1 | 1508 | 1320 | 3.86 | 3.38 |

同时还评价了几种催化剂的稳定性，在固定电压下，采用计时电流法测试 *j-t* 曲线，扫描时长为 4000s，测试在室温下进行，1.0mol/L 乙二醇和 1.0mol/L 丙三醇用 1.0mol/L KOH 配制。催化反应中分解的中间产物 CO 等，会不断地吸附积累在催化剂表面，导致催化剂中毒失活。从图 2-22(c)、(d) 中可以看到，在初始阶段，相比于 Pd@SWCNHs 和 Pd@$SCX_8$-SWC-

NHs，Pd/C 的电流下降很快，其它几种催化剂电流缓慢下降，达到稳定状

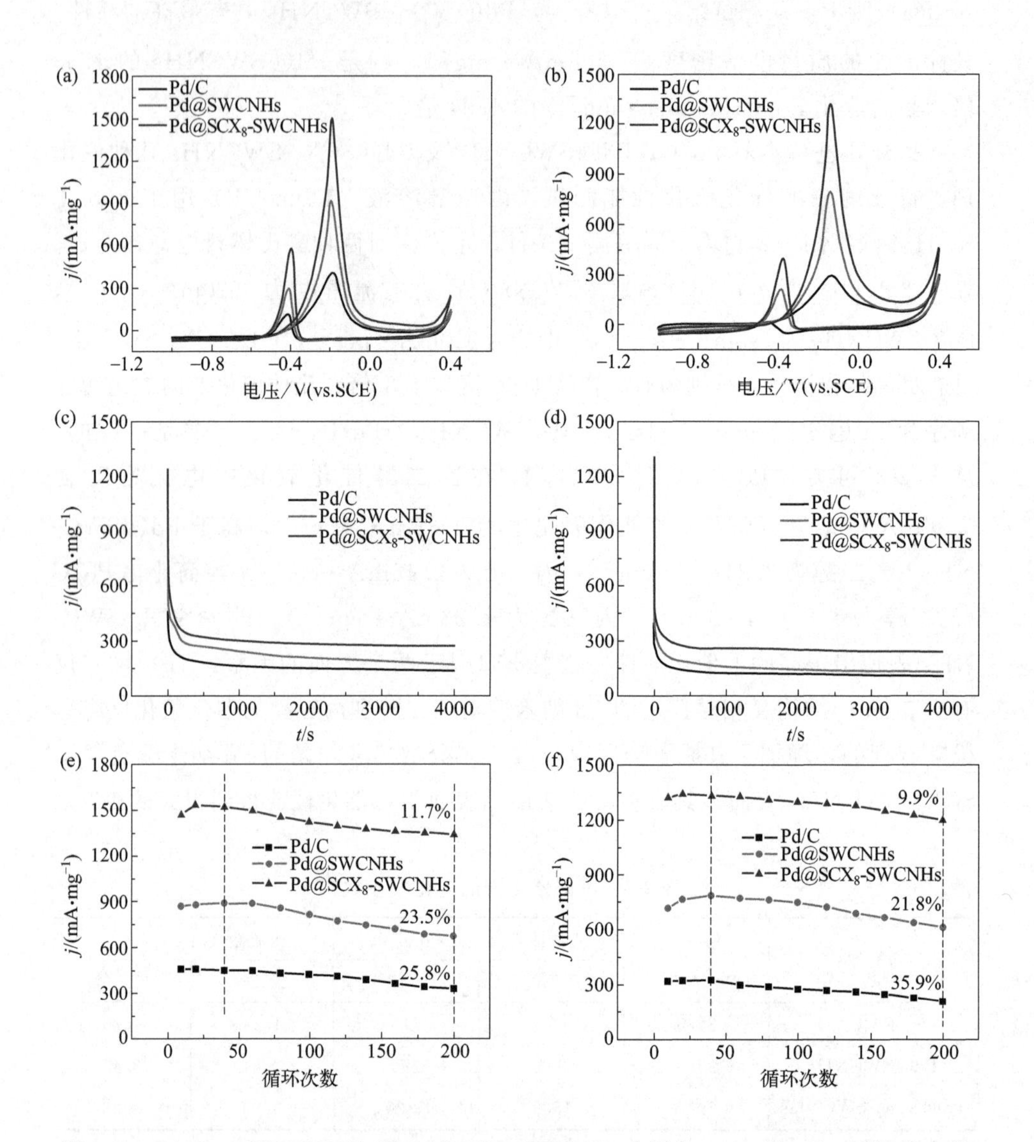


图 2-22　Pd/C、Pd@SWCNHs 及 Pd@$SCX_8$-SWCNHs 分别在 1.0mol/L 乙二醇溶液中的 CV 曲线(a) 和 1.0mol/L 丙三醇溶液中的 CV 曲线(b)；Pd/C、Pd@SWCNHs 及 Pd@$SCX_8$-SWCNHs 分别在 1.0mol/L 乙二醇溶液中的 $j$-$t$ 曲线(c) 和 1.0mol/L 丙三醇溶液中的 $j$-$t$ 曲线(d)；Pd/C、Pd@SWCNHs 及 Pd@$SCX_8$-SWCNHs 在 1.0mol/L 乙二醇溶液中的耐久性测试(e) 和 1.0mol/L 丙三醇溶液中的耐久性测试(f)

态。此外，可以观察到，Pd@$SCX_8$-SWCNHs的电流始终高于其它几种催化剂，说明对于长时间的催化反应，Pd@$SCX_8$-SWCNHs具有更高的稳定性。为进一步证实上述实验结论，紧接着在1.0mol/L乙二醇或丙三醇溶液中进行了耐久性测试。如图2-22(e)和(f)所示，在1.0mol/L乙二醇＋1.0mol/L KOH溶液中扫描200圈后，Pd@$SCX_8$-SWCNHs的峰电流密度降低了11.7%，Pd@SWCNHs降低了23.5%，而此时的商业化Pd/C降低了25.8%；在1.0mol/L丙三醇＋1.0mol/L KOH溶液中扫描200圈后，Pd@$SCX_8$-SWCNHs的峰电流密度降低了9.9%，Pd@SWCNHs降低了21.8%，而此时的商业化Pd/C降低了35.9%，说明Pd@$SCX_8$-SWCNHs耐久性最强。

### 2.2.4 小结

本研究中，通过条件温和的水相合成法，将2.5nm左右的Pd纳米簇均匀地负载在$SCX_8$功能化的SWCNHs纳米材料上，$SCX_8$-SWCNHs复合纳米材料中的$SCX_8$存在很多带负电的—$SO_3^-$，这与带正电荷的$Pd^{2+}$前驱体间存在很强的静电相互作用，防止纳米晶体的聚集和过度生长，对催化剂结构的稳定性起到很重要的作用。此外，$SCX_8$-SWCNHs负载的Pd纳米簇在乙二醇和丙三醇催化氧化反应中展现出很高的电催化活性，如在丙三醇催化氧化性能测试中Pd@$SCX_8$-SWCNHs质量电流密度高达$1320mA \cdot mg^{-1}$，是商业化Pd/C的4.3倍（$310mA \cdot mg^{-1}$）其良好的催化活性主要归因于两个方面的因素：(a)原子利用率的增加，尺寸仅有2.5nm的结构又相对稳定的Pd纳米簇对乙二醇和丙三醇催化氧化反应是极其有利的；(b)具有很高的活性比表面积，单分散尺寸均匀的Pd纳米簇稳定地负载于$SCX_8$-SWCNHs表面，催化性能得到很大的提升。同时，Pd@$SCX_8$-SWCNHs纳米催化剂在CO催化氧化以及氢化反应中具有潜在的应用价值。

## 2.3 不同形貌铂钯合金纳米结构电催化剂的合成及其在碱性条件下对乙醇催化氧化研究

### 2.3.1 引言

直接乙醇燃料电池被认为是良好的清洁能源，可应用于手机与可携带能源器件。然而，挑战性的问题就是醇类的转换率及其电催化氧化动力学缓慢，这些技术障碍直接制约其商品化。设计合成一种结构稳定、催化活性高、成本低的电催化剂对于直接醇类燃料电池来说是一项挑战。制备高活性且结构稳定的贵金属纳米催化剂是提高催化剂活性的有效策略[5]，但Pt催化剂价格昂贵，已成为燃料电池商业化的一大阻碍。因此，降低Pt的用量已成为电催化氧化所探究的主要方向[23,24]。双金属纳米晶具有优良的光、电、磁等性能，可有效降低Pt的用量，节约催化剂成本。双金属纳米晶的催化活性比单金属的催化活性要高[41-45]，而且其催化性能可通过调控它们的形态、大小、组成和原子分布来进行调节。目前，多种双金属结构NCs（纳米团簇）已被合成[43-45]，然而，不同组分间的协同效应将使还原动力学变得复杂，从而使合理地设计具有特定结构的NCs并控制其生长过程的难度加大，特别是那些复杂结构的纳米材料，如纳米核壳/纳米蠕虫结构等。

另外，相比于Pt，Pd在碱性直接醇类燃料电池中受到$C_1$种类的有毒物质如$CO_{ads}$的影响较小[3]。在Pt基纳米材料中引入Pd，不仅可以降低Pt的用量，还可以有效提高其耐久性。由于Pt和Pd具有一致的以面为中心的立方结构，以及低晶格失配（只有0.77%）和良好的混溶性[34]，可以很好地将Pt沉积在Pd单晶体表面，形成双金属纳米晶。向下偏移的d带表示金属具有更弱的氧结合能，而提高Pt金属氧化还原活性的关键因素就是找到其适合的氧结合能[12]。将Pt单层沉积到各种金属上面，最终发现Pt修饰的Pd{111}具有最优的d带中心，具有最高的活性，这是因为O—O键的断裂和中间体的还原加氢都具有最高速率[13-15]。这一结果，在纳米催化剂上也得到证实，如微波法和无电沉积法制备的Pd、Pt催化剂都显示很强的氧化还原动力学性能。金属前驱体的还原顺序依赖于它的标准还原电势，一般来说，具有高标准还原电势的金属先被还原[46-49]。然而通过加入适当的配位剂来调控还原过程动力学，其还原顺序也可以被改变。如Lou[50]等人报道了以$H_2PtCl_6$与$Cu(acac)_2$为前驱体，通过十六烷基三甲基溴化铵（CTAB）来改变反应过程中Pt与Cu的还原速率，从而使Cu NCs先被还原。表面活性剂分子对于金属纳米晶的催化性能有很大的影响[19,26,31,51-57]，然而，双金属纳米晶生长动力学较为复杂，因此通过表面活性剂进行调控的双金属纳米晶的合成仍然是一项具有挑战性的工作。

本研究中，我们发展了一种新的方法来制备双金属纳米材料，在同一反应条件下，以$H_2PtCl_6/PdCl_2$为前驱体，十六烷基三甲基溴化铵（CTAB）作为稳定剂，聚烯丙胺盐酸盐（PAH）作为形貌控制剂[58,59]，制备出了三种不同形貌的由 PAH 精确调控的 Pt-Pd 纳米结构材料，如图 2-23 所示。反应通过一步法水相合成，不需要任何有机溶剂，制备得到了分散性、稳定性较好的电催化剂。据我们所知，此项研究是首次提出的，主要通过改变反应还原动力学以 PAH 对 Pt-Pd NCs 进行精确调控。实验结果表明这种 Pt-Pd 双合金纳米材料在碱性乙醇催化反应中具有非常好的稳定性和催化性能，对比于商业化 Pd/C，也呈现出了明显的优势。

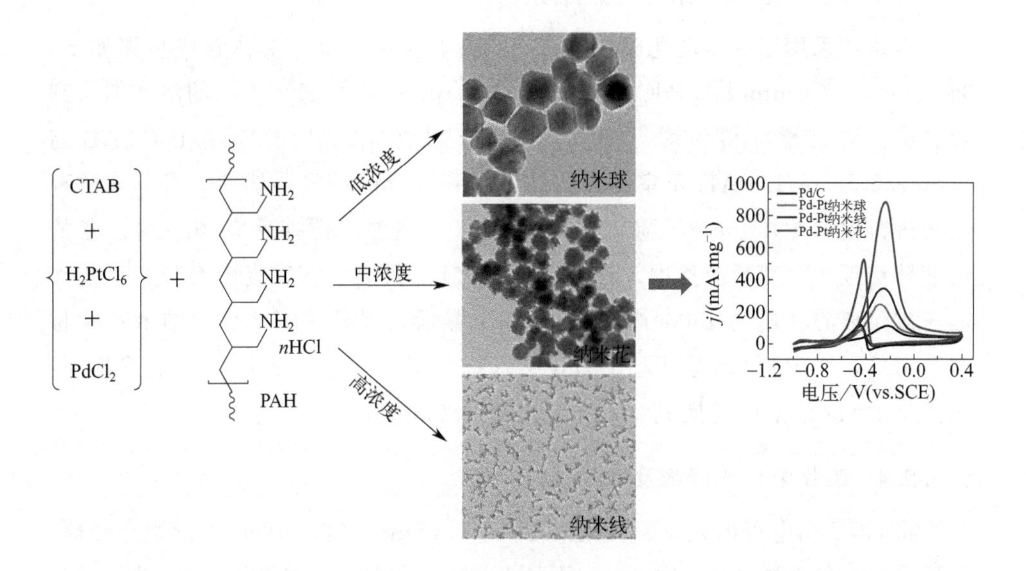


图 2-23 Pt-Pd 合金纳米材料制备过程

## 2.3.2 实验部分

### 2.3.2.1 试剂材料

$PdCl_2$（99.99%）、$H_2PtCl_6$（99.99%）、Nafion（5.0%）与商业化 Pd/C（10%）均买自 Sigma 试剂有限公司（St. Louis，MO，USA），PAH 购自上海 Adamas 试剂有限公司，CTAB 购自上海 Aladdin 试剂有限公司，甲醇、乙醇（分析纯）均从上海泰坦试剂公司获得，其它所有试剂均为分析纯，不经过进一步纯化。实验用的超纯水是经 Milli-Q（电阻率≥18.25MΩ·cm）超纯水处理系统纯化的。

#### 2.3.2.2 实验仪器

马尔文 Zetasizer 分析仪，CHI660E 电化学工作站（上海辰华），pHS-3C 数字式酸度计（上海虹益），HitachiHimac CR21G 高速离心机，SCIENTIFIC Nicolet IS10 傅里叶变换红外光谱仪（美国），200kV 电压下进行样品表征的 JEM 2100 透射电镜（transmission electron microscope，TEM）等请参考 2.1.2.2。

#### 2.3.2.3 Pt-Pd 合金纳米材料的合成

本研究采用了一步湿化学法合成 Pt-Pd 合金纳米晶。具体合成步骤如下：将 3.0mL 10.0mmol/L $PdCl_2$ 与 3.0mL 10.0mmol/L $H_2PtCl_6$ 的溶液加入到烧杯中，混合搅拌得到均匀分散的溶液，再将 4.0mL 0.1mol/L CTAB 与 1.0mL 0.5mol/L PAH 于室温下搅拌后得到混合的溶液。然后，将上述两种溶液进行混合搅拌 5min，调节 pH 值到 9.0，室温下搅拌反应 2h。将制备的溶液转移至 20mL 反应釜中，180℃反应 1.5h。最后，将反应物用 DW 清洗离心三次，离心转速为 18000r/min，冷冻干燥后，得到 Pt-Pd 合金纳米花状材料。另外，Pt-Pd 纳米球状和 Pt-Pd 纳米线状材料的制备方法均与上述相同，只是将 PAH 的浓度转换成 0.25mol/L 和 1.0mol/L。

#### 2.3.2.4 工作电极的修饰及构建

将 GCE 用电极抛光布、氧化铝粉末（0.05μm 和 0.3μm）进行抛光处理，然后用 DW 和乙醇清洗多次，常温下晾干备用，称取 5mg Pt-Pd 合金纳米晶（包括三组制备得到的样品）分散于 10mL DW 中，配制浓度为 0.5mg・$mL^{-1}$ 的均匀分散液，移取 6μL 上述分散液滴到 GCE 上，经室温干燥，随后，再将 5.0μL Nafion（0.1%）修饰到已干燥的电极表面，同样室温干燥待测，过程中注意不可有气泡。为得到更直观的数据，三组样品均在相同条件下制备，以供电化学测试时使用。

#### 2.3.2.5 电催化测试

本研究中采用三电极体系，对电极为固定在电解池中的铂电极，参比电极为甘汞电极，工作电极为玻碳电极。乙醇溶液（1.0mol/L）用 1.0mol/L KOH 溶液配制，测试前向溶液中通入 $N_2$ 30min 进行除氧。在 0.5mol/L $H_2SO_4$ 溶液中同样进行除氧，ECSA 是在 0.5mol/L $H_2SO_4$ 溶液中测得的，扫描速率是 50mV・$s^{-1}$，然后用 CV 进行扫描测试，得到氢的吸脱附峰，通过其积分面积来计算电催化剂的 ECSA。本研究中所有电极电位均是相对于甘汞电极而言的。

## 2.3.3 结果与讨论

### 2.3.3.1 Pt-Pd 合金纳米材料的表征

在反应条件一致的情况下，通过调节 PAH 的浓度（0.25mol/L，0.50mol/L，1.0mol/L）三种结构（纳米球状、纳米花状、纳米线状）的 Pt-Pd NCs 已经成功制备。纳米球状 Pt-Pd NCs 的 TEM 测试结果如图 2-24(a)～(c)所示，尺寸范围分布为 18～25nm，平均尺寸为 22nm。HRTEM 如图 2-24(d) 所示，其结果显示纳米晶体具有连续的指纹晶格。高角度环形暗场扫描透射电子显微镜（HAADF-STEM）测试表明 Pt-Pd NCs 为类似球状结构，如图 2-25(a) 所示。为了进一步研究 Pd 和 Pt 在球状纳米晶体中的分布，对其进行了元素 mapping 测试[图 2-25(c)～(d)]，结果显示 Pd 和 Pt 呈现均匀分布状态，表明其为合金结构。能谱（EDS）线扫描结果进一步确认了该球状 Pt-Pd NCs 为合金结构，如图 2-25(b) 所示。

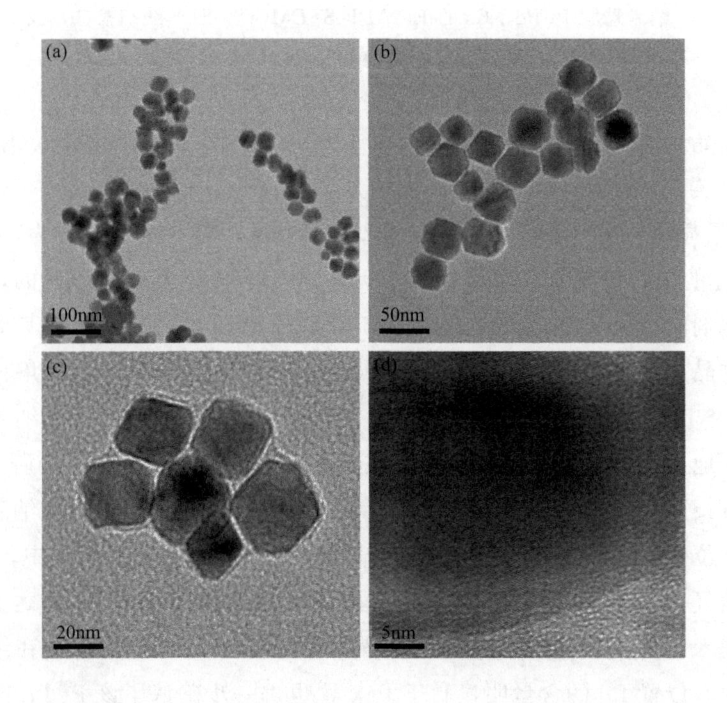


图 2-24 纳米球状 Pt-Pd NCs 的 TEM(a) ～(c) 及 HRTEM(d) 测试图

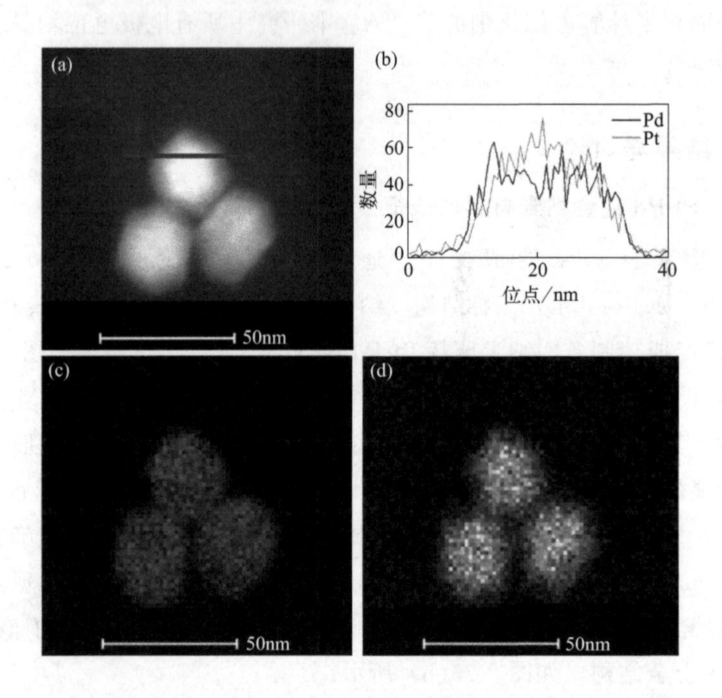


图 2-25 纳米球状 Pt-Pd NCs 的 HAADF-STEM(a)、EDS 线扫描(b) 及 Pd(c) 和 Pt(d) 的元素 mapping 测试图

当起始溶液中 PAH 的浓度从 0.25mol/L 增大到 0.5mol/L 时，Pt-Pd NCs 的结构从纳米球状变化为核-壳纳米花状结构。如图 2-26(a)～(c)所示，TEM 结果显示，纳米花状结构的尺寸约为 50nm，尺寸范围分布为(50±5.0) nm。有趣的是，该纳米花状结构是由无数纳米小颗粒聚集而形成的，有利于增大催化剂的活性比表面积。HRTEM 测试如图 2-26(d) 所示，其展示了有序的指纹晶格结构。该纳米结构中含有许多活性位点（台阶、角、边缘)。HAADF-STEM 测试结果如图 2-27(a) 所示，表明 Pt-Pd NCs 为纳米花状结构。同样地，我们对 Pd 和 Pt 在纳米花状晶体中的分布做了进一步研究，其元素 mapping 测试如图 2-27(c)～(d)所示，结果展示 Pd 主要分布在纳米花状结构的中心位置，而 Pt 分布在纳米花状结构的外围，说明在反应当中，Pd 前驱体优先被还原并作为原位核，而 Pt 前驱体后被还原生长于 Pd 核之上，最终形成了纳米花状核壳结构。EDS 线扫描结果如图 2-27(b) 所示，在纳米花状结构的中心位置 Pd 的含量明显高于 Pt，这也进一步确认了该 Pt-Pd NCs 为纳米花状核壳结构。

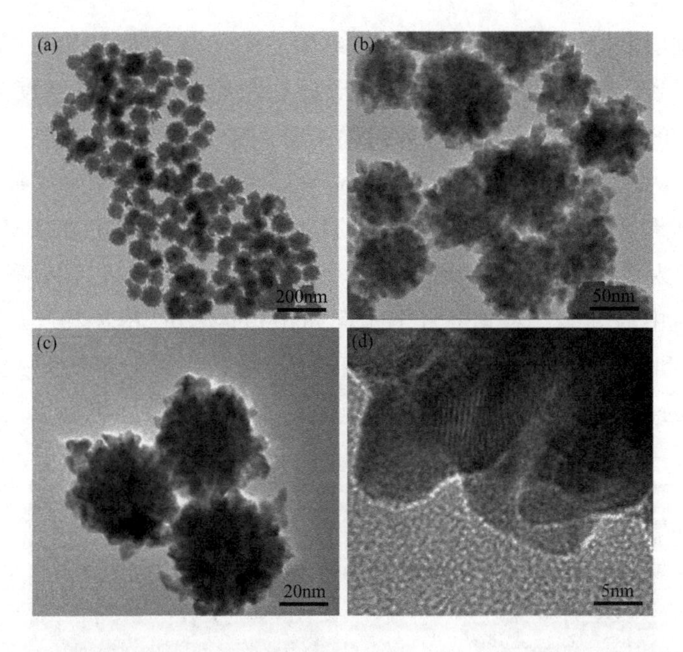


图 2-26 纳米花状 Pt-Pd NCs 的 TEM(a) ～(c) 及 HRTEM(d) 测试图

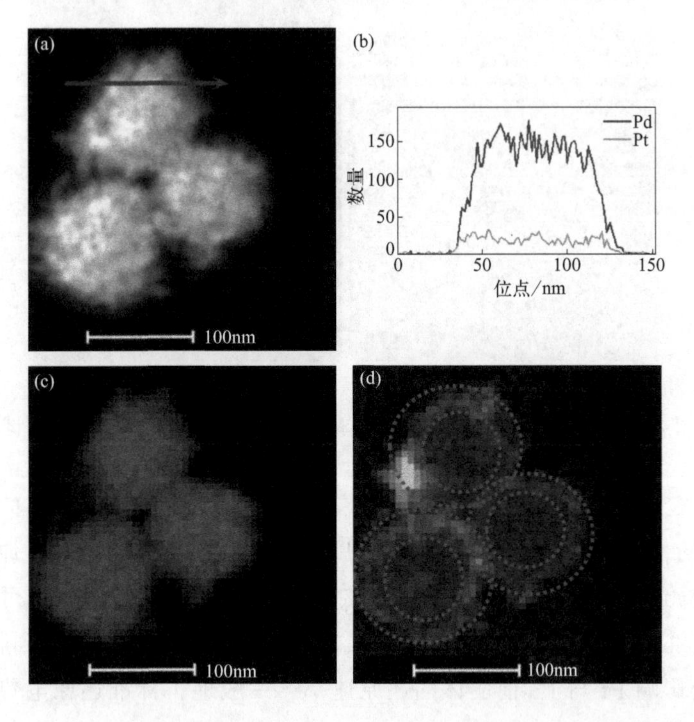


图 2-27 纳米花状核壳 Pt-Pd NCs 的 HAADF-STEM(a)、EDS 线扫描(b)
及 Pd(c) 和 Pt(d) 元素 mapping 测试图

为了阐明 PAH 浓度对 Pt-Pd NCs 纳米晶体形貌控制的影响，在保持其它反应条件一致的情况下，进一步增大 PAH 在起始反应物中的浓度为 1.0mol/L。如图 2-28(a)～(c)所示，TEM 测试发现反应产物的形貌呈现为纳米线状，其平均长度为 100nm，且由许多纳米小颗粒组成。HRTEM 测试如图 2-28(d) 所示，其结果显示纳米晶体具有连续的指纹晶格。HAADF-STEM 测试表明 Pt-Pd NCs 为线状结构，如图 2-29(a) 所示。为了进一步研究 Pd 和 Pt 在蠕虫状纳米晶体中的分布，对其进行了元素 mapping 测试[图 2-29(c)～(d)]，结果显示 Pd 和 Pt 呈现均匀分布状态。能谱（EDS）线扫描结果进一步确认了该线状 Pt-Pd NCs 由 Pd 和 Pt 两种元素组成，如图 2-29(b) 所示。

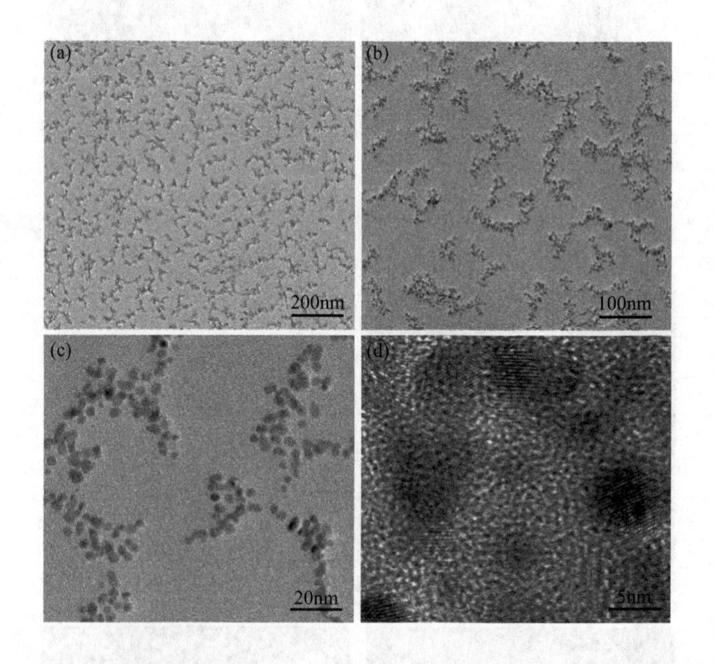


图 2-28 纳米线状 Pt-Pd NCs 的 TEM(a) ～(c) 与 HRTEM(d) 测试图

综合以上结果，可以得出以下结论，PAH 在控制 Pt-Pd NCs 的形貌中起着关键性的作用，使用适量的 PAH 可以操控 Pt 与 Pd 前驱体的还原反应动力学，最终导致不同的纳米晶体结构。该体系中，结构改变的现象可以归因于 Pt 前驱体和 PAH 的配位能力更强。反应过程中当 PAH 的量达到特定值时，PAH 将会影响 Pt 与 Pd 前驱体的还原速率。一般地，标准还原电势高的贵金属前驱体优先被还原。在该实验中，虽然 $Pd^{2+}/Pd$ 的标准还原电势低于

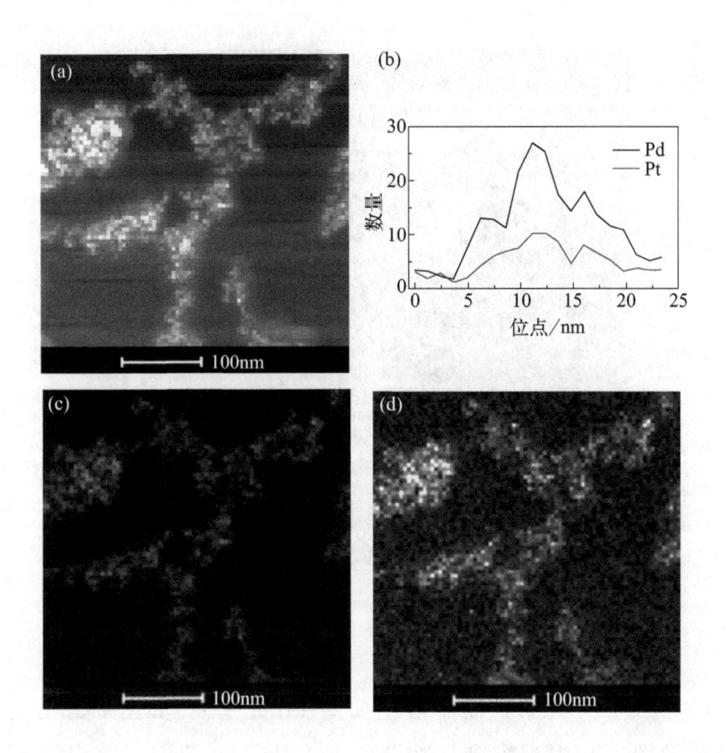


图 2-29 纳米线状 Pt-Pd NCs 的 HAADF-STEM(a)、EDS 线扫描(b) 及 Pd(c) 和 Pt(d) 的元素 mapping 测试图

$Pt^{4+}$/Pt，但是 Pd 前驱体先于 Pt 前驱体被还原，这是由于 PAH 改变了还原反应动力学。基于此，PAH 被认为是一种还原抑制剂，同时作为形貌控制剂来操控金属前驱体的成核、生长及最终的形貌。当 CTAB 不存在时，Pt-Pd 合金纳米晶会发生严重的团聚，如图 2-30 所示。因此，CTAB 在该体系中作为稳定剂。

通过 XRD 表征，进一步探究了三组 Pt-Pd NCs 的晶体结构，数据结果如图 2-31 所示，出现四处相应 {111}、{200}、{220}、{311} 与 {222} 晶面的衍射峰，即面心立方晶体结构（fcc）Pd/Pt 衍射峰。然而从 XRD 的结果很难分辨 Pd 与 Pt 的晶面，是因为二者的晶面结构非常类似。为明确三组 Pt-Pd NCs 电子结构与表面组成，我们又对其做了 XPS 样品分析。结果表明，纳米球状、纳米花状及纳米线状三种结构中，Pd/Pt 的原子分数分别为 52/48、38/62 与 53/47（三种纳米结构的理论摩尔比均为 50/50）。可以发现在 Pt-Pd 纳米花状结构中，Pd 的相对含量要低于理论值，这是因为核壳结构所致（此

图 2-30　无 CTAB 存在时 Pt-Pd 合金 NCs 的 TEM 测试图

结构的表面主要为 Pt 元素，而中心主要为 Pd 元素)。如图 2-32 所示，从 Pd 3d 的高分辨谱图(a) 中观察到，在 335.2eV 与 340.5eV 位置出现两处谱峰，分别为 Pd $3d_{5/2}$ 与 Pd $3d_{3/2}$ 峰。另外，Pt 4f 的谱峰在图(b) 中得到描述，在 71.2eV 与 74.5eV 位置分别出现了 Pt $4f_{7/2}$ 与 Pt $4f_{5/2}$ 峰。

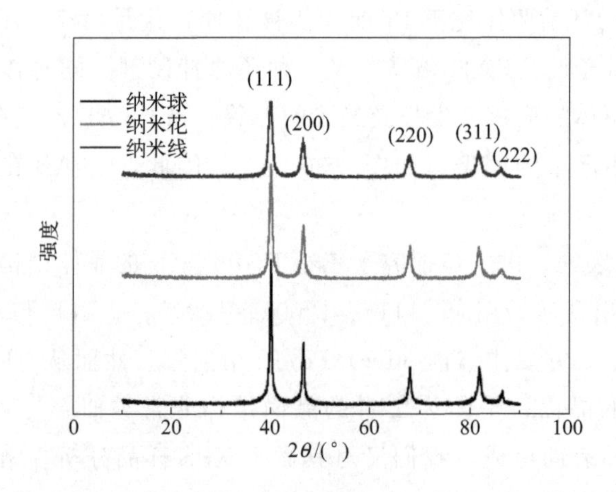


图 2-31　三组 Pt-Pd NCs 的 XRD 测试谱图

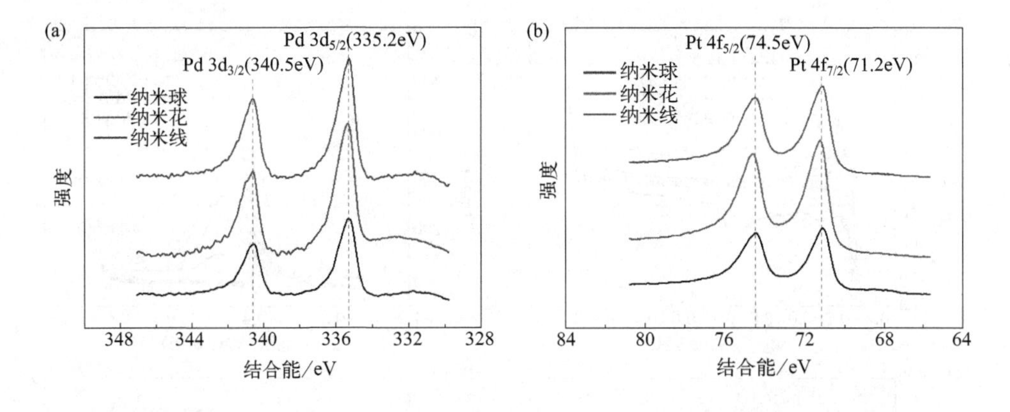


图 2-32 三组 Pt-Pd NCs 的 Pd 3d（a）与 Pt 4f（b）的 XPS 高分辨谱图

### 2.3.3.2 电催化性能测试部分

三种 Pt-Pd NCs 以及 Pd/C 的 ECSA 是在 0.5mol/L $H_2SO_4$ 溶液中测得的，扫描速率为 $50mV\cdot s^{-1}$，进行 CV 扫描测试，得到氢的吸脱附峰，通过其积分面积来计算 ECSA。如图 2-33(a) 所示，球状与线状 Pt-Pd NCs 不但展现出了在 Pt 表面的氢的吸附、脱附峰，而且在－0.25V 表现出了在 Pd 表面的氢吸附、脱附峰。然而，Pt-Pd 纳米花状结构在－0.25V 的氢的吸附、脱附峰显著减小，这是由于核壳结构导致的（Pd 核被包围在 Pt 壳里面）。同时，Pt-Pd 纳米花状的 ECSA 为 $15.2m^2\cdot g^{-1}$，纳米球状、纳米线状与 Pd/C 的 ECSA 分别为 $19.6m^2\cdot g^{-1}$、$21.3m^2\cdot g^{-1}$ 与 $26.5m^2\cdot g^{-1}$。

以乙醇氧化为模型，研究三种 Pt-Pd NCs 以及 Pd/C 的催化性能。乙醇溶液（1.0mol/L）用 1.0mol/L KOH 溶液配制，测试前向溶液中通入 $N_2$ 30min 进行除氧，扫描速率是 $50mV\cdot s^{-1}$。测试均在室温下进行。为精确对比几组催化剂的性能，电流密度都是根据 Pt＋Pd 负载量进行计算标准化的。如图 2-33(b) 所示，三种 Pt-Pd NCs 的质量催化活性都明显高于 Pd/C，这是由于它们特殊的几何结构以及 Pd 与 Pt 在合金结构中协同作用所致。Pt-Pd 核壳纳米花状结构具有最高的活性，其标准化的质量电流密度为 $900mA\cdot mg^{-1}$，是商业化 Pd/C 的 9 倍。Pt 基催化剂通常在台阶和角处表现出更高的催化活性，从该角度来说，Pt-Pd 核壳纳米花状结构具备该性能。

我们同时还评价了几种催化剂的稳定性，在固定电压下，采用计时电流法测试 $j$-$t$ 曲线，测试条件为室温，乙醇（1.0mol/L）用 1.0mol/L KOH 溶液

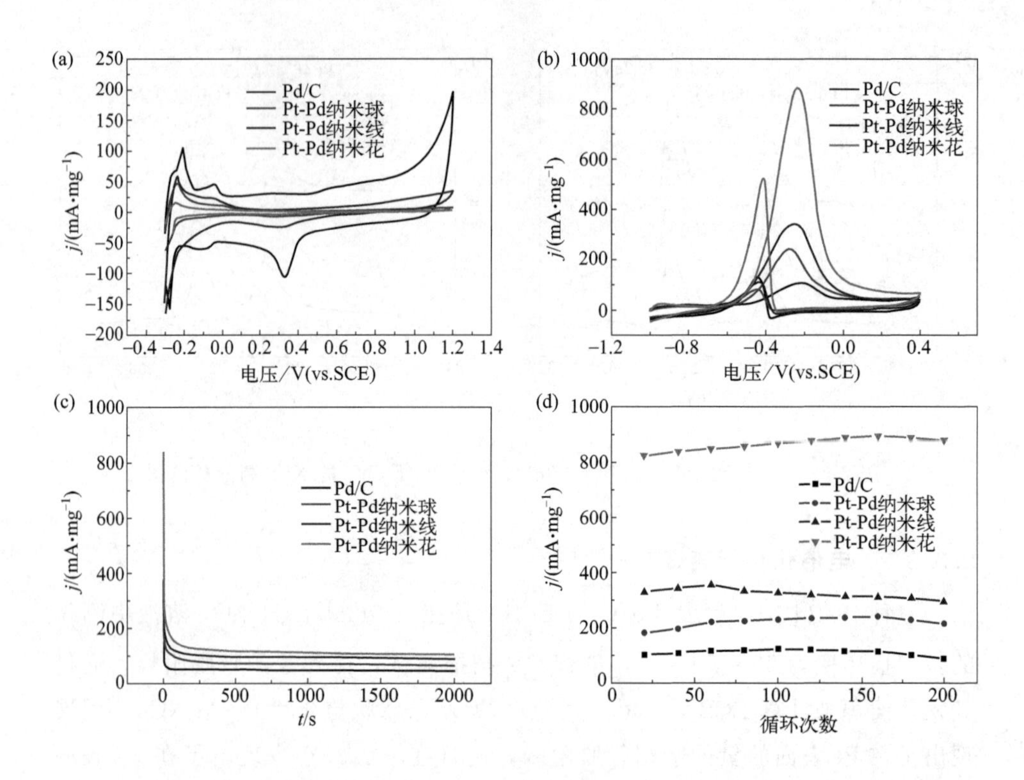


图 2-33 三种 Pt-Pd NCs 和 Pd/C 在 0.5mol/L $H_2SO_4$ 溶液中（通入饱和 $N_2$）的 CV 测试曲线，扫描速率为 50mV · $s^{-1}$(a)；三种 Pt-Pd NCs 和 Pd/C 在 1.0mol/L KOH+1.0mol/L 乙醇混合溶液中的循环伏安曲线，扫描速率均为 50mV · $s^{-1}$(b)；三种 Pt-Pd NCs 和 Pd/C 在 1.0mol/L KOH+1.0mol/L 乙醇混合溶液中的计时电流 $j$-$t$ 曲线，扫描时长 2000s，固定电压为−0.2V(c)；三种 Pt-Pd NCs 和 Pd/C 在 1.0mol/L KOH+1.0mol/L 乙醇混合溶液中 CV 耐久性测试，扫描 200 圈(d)

配制。乙醇分解的中间产物 CO 等，会不断地吸附积累在催化剂表面，导致催化剂中毒失活[23]。从图 2-33(c) 可以看到，电压为−0.2V，扫描时长 2000s，在初始阶段，相比于三种 Pt-Pd NCs，Pd/C 催化剂的电流下降较快，其它三种催化剂电流缓慢下降，达到一种拟稳定状态。同时可以观察到，Pt-Pd 纳米花状催化剂的电流值始终高于其它几种催化剂，这也说明对于长时间的催化反应，Pt-Pd 纳米花状催化剂具有最高的稳定性。为进一步证实上述实验结论，我们紧接着在 1.0mol/L 乙醇+1.0mol/L KOH 混合溶液中进行了 CV 耐久性实验，如图 2-33(d) 所示。200 圈扫描后，三种 Pt-Pd NCs 的电流密度损失较小，Pd/C 损失较明显。说明三种 Pt-Pd NCs 的耐久性较强，这是由于 Pt-Pd 合金纳米催化剂具有特殊结构（稳定性高的｛111｝晶面）以及 Pd、Pt 原子间良好的相互协同作用。

### 2.3.4　小结

通过温和的一步法制备得到了具有不同形貌的双合金 Pt-Pd 纳米晶体，通过改变 PAH 的用量来调控双金属纳米晶的还原动力学。通过调控 PAH 的浓度，CTAB 作为稳定剂，PAH 作为形貌控制剂，得到了纳米球状、纳米花状、纳米线状三种结构的 Pt-Pd NCs。与纳米球状和纳米线状结构相比，纳米花状 Pt-Pd 核壳结构表现出了更高的催化活性。三种 Pt-Pd NCs 均比 Pd/C 表现出了更高的催化活性。

## 参考文献

[1] Rampino L D，Kavanagh K E，Nord F F. Relationship between particle size and efficiency of palladium-Polyvinyl alcohol（Pd-PVA） catalysts［J］. Proceedings of the National Academy of Sciences，1943，29（8）：246-256.

[2] 唐亚文，马国仙，周益明，等. Pt/C 催化剂对乙醇电氧化的粒径效应［J］. 物理化学学报，2008，24（9）：1615-1619.

[3] Chen X，Wu G，Chen J，et al. Synthesis of "clean" and well-dispersive Pd nanoparticles with excellent electrocatalytic property on graphene oxide［J］. Journal of the American Chemical Society，2011，133（11）：3693-3695.

[4] Qi H，Ping Y，Wang Y，et al. Graphdiyne oxides as excellent substrate for electroless deposition of Pd clusters with high catalytic activity［J］. Journal of the American Chemical Society，2015，137（16）：5260.

[5] Liu B，Yao H，Song W，et al. Ligand-free noble metal nanocluster catalysts on carbon supports via "soft" nitriding［J］. Journal of the American Chemical Society，2016，138（14）：4718-4721.

[6] White R J，Luque R，Budarin V L，et al. Supported metal nanoparticles on porous materials. Methods and applications［J］. Chemical Society Reviews，2009，38（2）：481-494.

[7] Yin H，Tang H，Wang D，et al. Facile synthesis of surfactant-free Au cluster/graphene hybrids for high-performance oxygen reduction reaction［J］. Acs Nano，2012，6（9）：8288-8297.

[8] Cong H P，Ren X C，Wang P，et al. Macroscopic multifunctional graphene-based hydrogels and aerogels by a metal ion induced self-assembly process［J］. ACS Nano，2012，6（3）：2693-2703.

[9] Khomyakov P A，Giovannetti G，Rusu P C，et al. First-principles study of the interaction and

charge transfer between graphene and metals [J]. Physical Review B, 2009, 79 (19): 195425.

[10] Wang Q J, Che J G. Origins of distinctly different behaviors of Pd and Pt contacts on graphene [J]. Physical Review Letters, 2009, 103 (6): 066802.

[11] Cabria I, López M J, Alonso J A. Theoretical study of the transition from planar to three-dimensional structures of palladium clusters supported on graphene [J]. Physical Review B, 2010, 81 (3): 035403.

[12] Nørskov J K, Rossmeisl J, Logadottir A, et al. Origin of the overpotential for oxygen reduction at a fuel-cell cathode [J]. The Journal of Physical Chemistry B, 2004, 108 (46): 17886-17892.

[13] Zhang J, Vukmirovic M B, Sasaki K, et al. Mixed-metal Pt monolayer electrocatalysts for enhanced oxygen reduction kinetics [J]. Journal of the American Chemical Society, 2005, 127 (36): 12480-12481.

[14] Ghosh T, Vukmirovic M B, DiSalvo F J, et al. Intermetallics as novel supports for Pt monolayer $O_2$ reduction electrocatalysts: potential for significantly improving properties [J]. Journal of the American Chemical Society, 2010, 132 (3): 906-907.

[15] Zhou W P, Yang X, Vukmirovic M B, et al. Improving electrocatalysts for $O_2$ reduction by fine-tuning the Pt- support interaction: Pt monolayer on the surfaces of a $Pd_3Fe$ (111) single-crystal alloy [J]. Journal of the American Chemical Society, 2009, 131 (35): 12755-12762.

[16] Zhang Q, Bai Z, Shi M, et al. High-efficiency palladium nanoparticles supported on hydroxypropyl-β-cyclodextrin modified fullerene [60] for ethanol oxidation [J]. Electrochimica Acta, 2015, 177: 113-117.

[17] Zhang Q, Xie J, Yang J, et al. Monodisperse icosahedral Ag, Au, and Pd nanoparticles: size control strategy and superlattice formation [J]. ACS Nano, 2009, 3 (1): 139-148.

[18] Xiong Y, McLellan J M, Yin Y, et al. Synthesis of palladium icosahedra with twinned structure by blocking oxidative etching with citric acid or citrate ions [J]. Angewandte Chemie International Edition, 2007, 46 (5): 790-794.

[19] Wang L, Nemoto Y, Yamauchi Y. Direct synthesis of spatially-controlled Pt-on-Pd bimetallic nanodendrites with superior electrocatalytic activity [J]. Journal of the American Chemical Society, 2011, 133 (25): 9674-9677.

[20] Yin A X, Min X Q, Zhang Y W, et al. Shape-selective synthesis and facet-dependent enhanced electrocatalytic activity and durability of monodisperse sub-10nm Pt- Pd tetrahedrons and cubes [J]. Journal of the American Chemical Society, 2011, 133 (11): 3816-3819.

[21] Hong W, Bi P, Shang C, et al. Multi-walled carbon nanotube supported Pd nanocubes with enhanced electrocatalytic activity [J]. Journal of Materials Chemistry A, 2016, 4 (12): 4485-4489.

[22] Huang H, Sun D, Wang X. Low-defect MWNT-Pt nanocomposite as a high performance electrocatalyst for direct methanol fuel cells [J]. The Journal of Physical Chemistry C, 2011, 115 (39): 19405-19412.

[23] Huang D B，Yuan Q，Wang H H，et al. Facile synthesis of PdPt nanoalloys with sub-2.0nm islands as robust electrocatalysts for methanol oxidation [J]. Chemical Communications，2014，50 (88)：13551-13554.

[24] Li Y，Li C，Bastakoti B P，et al. Strategic synthesis of mesoporous Pt-on-Pd bimetallic spheres templated from a polymeric micelle assembly [J]. Journal of Materials Chemistry A，2016，4 (23)：9169-9176.

[25] Li H H，Ma S Y，Fu Q Q，et al. Scalable bromide-triggered synthesis of Pd@Pt core-shell ultrathin nanowires with enhanced electrocatalytic performance toward oxygen reduction reaction [J]. Journal of the American Chemical Society，2015，137 (24)：7862.

[26] Hong W，Shang C，Wang J，et al. Bimetallic PdPt nanowire networks with enhanced electrocatalytic activity for ethylene glycol and glycerol oxidation [J]. Energy & Environmental Science，2015，8 (10)：2910-2915.

[27] Zalineeva A，Serov A，Padilla M，et al. Self-supported $Pd_xBi$ catalysts for the electrooxidation of glycerol in alkaline media [J]. J. Am. Chem. Soc.，2014，136：3937-3945.

[28] Utsumi S，Miyawaki J，Tanaka H，et al. Opening mechanism of internal nanoporosity of single-wall carbon nanohorn [J]. The Journal of Physical Chemistry B，2005，109 (30)：14319-14324.

[29] Murata K，Kaneko K，Kanoh H，et al. Adsorption mechanism of supercritical hydrogen in internal and interstitial nanospaces of single-wall carbon nanohorn assembly [J]. The Journal of Physical Chemistry B，2002，106 (43)：11132-11138.

[30] Zhang M，Yudasaka M，Ajima K，et al. Light-assisted oxidation of single-wall carbon nanohorns for abundant creation of oxygenated groups that enable chemical modifications with proteins to enhance biocompatibility [J]. ACS Nano，2007，1 (4)：265-272.

[31] Choi H C，Shim M，Bangsaruntip S，et al. Spontaneous reduction of metal ions on the sidewalls of carbon nanotubes [J]. Journal of the American Chemical Society，2002，124 (31)：9058-9059.

[32] Itoh T，Urita K，Bekyarova E，et al. Nanoporosities and catalytic activities of Pd-tailored single wall carbon nanohorns [J]. Journal of Colloid and Interface Science，2008，322 (1)：209-214.

[33] Guo S，Dong S，Wang E. Three-dimensional Pt-on-Pd bimetallic nanodendrites supported on graphene nanosheet：facile synthesis and used as an advanced nanoelectrocatalyst for methanol oxidation [J]. ACS Nano，2010，4 (1)：547-555.

[34] Chen Y，Yang J，Yang Y，et al. A facile strategy to synthesize three-dimensional Pd@Pt core-shell nanoflowers supported on graphene nanosheets as enhanced nanoelectrocatalysts for methanol oxidation [J]. Chemical Communications，2015，51 (52)：10490-10493.

[35] Chen X，Gibson C T，Britton J，et al. p-Phosphonic acid calix [8] arene assisted dispersion and stabilisation of pea-pod $C_{60}$@ multi-walled carbon nanotubes in water [J]. Chemical Communications，2015，51 (12)：2399-2402.

[36] Zhou J, Chen M, Diao G. Calix [4, 6, 8] arenesulfonates functionalized reduced graphene oxide with high supramolecular recognition capability: fabrication and application for enhanced host-guest electrochemical recognition [J]. ACS Applied Materials & Interfaces, 2013, 5 (3): 828-836.

[37] Jiang B, Li C, Henzie J, et al. Morphosynthesis of nanoporous pseudo Pd@ Pt bimetallic particles with controlled electrocatalytic activity [J]. Journal of Materials Chemistry A, 2016, 4 (17): 6465-6471.

[38] Fan Z J, Kai W, Yan J, et al. Facile synthesis of graphene nanosheets via Fe reduction of exfoliated graphite oxide [J]. ACS Nano, 2011, 5 (1): 191-198.

[39] Du D, Li P, Ouyang J. Nitrogen-doped reduced graphene oxide prepared by simultaneous thermal reduction and nitrogen doping of graphene oxide in air and its application as an electrocatalyst [J]. ACS Applied Materials & Interfaces, 2015, 7 (48): 26952-26958.

[40] Fu G, Tao L, Zhang M, et al. One-pot, water-based and high-yield synthesis of tetrahedral palladium nanocrystal decorated graphene [J]. Nanoscale, 2013, 5 (17): 8007-8014.

[41] Paulus U A, Wokaun A, Scherer G G, et al. Oxygen reduction on carbon-supported Pt- Ni and Pt- Co alloy catalysts [J]. The Journal of Physical Chemistry B, 2002, 106 (16): 4181-4191.

[42] Yin A X, Min X Q, Zhu W, et al. Pt-Cu and Pt-Pd-Cu concave nanocubes with high-index facets and superior electrocatalytic activity [J]. Chemistry-A European Journal, 2012, 18 (3): 777-782.

[43] Sun Q, Ren Z, Wang R, et al. Platinum catalyzed growth of NiPt hollow spheres with an ultrathin shell [J]. Journal of Materials Chemistry, 2011, 21 (6): 1925-1930.

[44] Xu D, Liu Z, Yang H, et al. Solution-based evolution and enhanced methanol oxidation activity of monodisperse platinum-copper nanocubes [J]. Angewandte Chemie International Edition, 2009, 48 (23): 4217-4221.

[45] Liu H, Qu J, Chen Y, et al. Hollow and cage-bell structured nanomaterials of noble metals [J]. Journal of the American Chemical Society, 2012, 134 (28): 11602-11610.

[46] Zhang H, Jin M, Xia Y. Enhancing the catalytic and electrocatalytic properties of Pt-based catalysts by forming bimetallic nanocrystals with Pd [J]. Chemical Society Reviews, 2012, 41 (24): 8035-8049.

[47] Xie S, Lu N, Xie Z, et al. Synthesis of Pd-Rh core-frame concave nanocubes and their conversion to Rh cubic nanoframes by selective etching of the Pd cores [J]. Angewandte Chemie International Edition, 2012, 51 (41): 10266-10270.

[48] Xiong Y, Chen J, Wiley B, et al. Size-dependence of surface plasmon resonance and oxidation for Pd nanocubes synthesized via a seed etching process [J]. Nano Letters, 2005, 5 (7): 1237-1242.

[49] Xiong Y, Chen J Y, Wiley B, et al. Understanding the role of oxidative etching in the polyol synthesis of Pd nanoparticles with uniform shape and size [J]. J. Am. Chem. Soc., 2005, 127:

7332-7333.

[50] Xia B Y，Wu H B，Wang X，et al. One-pot synthesis of cubic $PtCu_3$ nanocages with enhanced electrocatalytic activity for the methanol oxidation reaction [J]. Journal of the American Chemical Society，2012，134 (34)：13934-13937.

[51] Lim B，Jiang M，Camargo P H C，et al. Pd-Pt bimetallic nanodendrites with high activity for oxygen reduction [J]. Science，2009，324 (5932)：1302-1305.

[52] Li L，Wu Y，Lu J，et al. Synthesis of Pt-Ni/graphene via in situ reduction and its enhanced catalyst activity for methanol oxidation [J]. Chemical Communications，2013，49 (68)：7486-7488.

[53] Stamenkovic V R，Fowler B，Mun B S，et al. Improved oxygen reduction activity on Pt3Ni (111) via increased surface site availability [J]. Science，2007，315 (5811)：493-497.

[54] Cui C，Gan L，Heggen M，et al. Compositional segregation in shaped Pt alloy nanoparticles and their structural behaviour during electrocatalysis [J]. Nature Materials，2013，12 (8)：765-771.

[55] Li Y，Ding W，Li M，et al. Synthesis of core-shell Au-Pt nanodendrites with high catalytic performance via overgrowth of platinum on in situ gold nanoparticles [J]. Journal of Materials Chemistry A，2015，3 (1)：368-376.

[56] Ataee-Esfahani H，Imura M，Yamauchi Y. All-metal mesoporous nanocolloids：solution-phase synthesis of core-shell Pd@ Pt nanoparticles with a designed concave surface [J]. Angewandte Chemie，2013，125 (51)：13856-13860.

[57] Wang D，Xin H L，Hovden R，et al. Structurally ordered intermetallic platinum-cobalt core-shell nanoparticles with enhanced activity and stability as oxygen reduction electrocatalysts [J]. Nature Materials，2013，12 (1)：81-87.

[58] Fu G，Jiang X，Ding L，et al. Green synthesis and catalytic properties of polyallylamine functionalized tetrahedral palladium nanocrystals [J]. Applied Catalysis B：Environmental，2013，138：167-174.

[59] Fu G，Jiang X，Tao L，et al. Polyallylamine functionalized palladium icosahedra：One-pot water-based synthesis and their superior electrocatalytic activity and ethanol tolerant ability in alkaline media [J]. Langmuir，2013，29 (13)：4413-4420.

# 第3章

# 金属纳米粒子/大环超分子/碳纳米复合材料的合成及其电化学传感应用

## 3.1 巯基 β-环糊精/金纳米粒子/3,4,9,10-苝四羧酸功能化的单壁碳纳米角复合材料及对杨梅酮/芦丁的高选择性同时检测

### 3.1.1 引言

β-环糊精（β-CD）有疏水性内腔和亲水性外缘，能与客体分子通过非共价相互作用实现超分子主客体识别，从而形成超分子包合物[1-4]。$sp^2$ 杂化的 SWCNHs，直径为 80～100nm，相比于 SWCNTs 具有更多的结构缺陷，这些缺陷的存在使其更易被氧化且孔洞易被打开，产生丰富的含氧官能团[5]，随着孔洞的打开内部空间易进入，活性比表面积也从 $300m^2 \cdot g^{-1}$ 增大到 $1400m^2 \cdot g^{-1}$[6]。Ojeda 课题组报道了基于 CNHs 构建的电化学生物传感平台，其响应信号明显优于基于 CNTs 构建的电化学传感平台[7]。CDs（α-、β-、γ-CD）与碳纳米材料可通过范德华力、氢键、疏水相互作用等形成复合物[8-11]，将 CDs 修饰于 SWCNHs 表面能够得到新型功能纳米材料，这种材料将同时具备两者的独特性质，在电化学传感或生物传感领域具有潜在应用。金纳米粒子（Au NPs）与巯基化的 CDs 具有很好的配位作用，可形成极强的 S-Au 配位键，因此，可将 Au NPs 自组装于 SWCNHs 表面从而与巯基化的 CDs 进行配位结合。然而，未经修饰的 SWCNHs 没有足够的结合位点用于固

定 Au NPs，这将会导致 Au NPs 分散不均匀、尺寸变大。为了将高分散的 Au NPs 负载于 SWCNHs 表面，通常的方法是通过 $HNO_3/H_2SO_4$ 进行酸化处理[12]，从而引入羧基官能团到 SWCNHs 表面，引进的羧基官能团不仅可以增强 SWCNHs 的亲水性，还可有效地固定金属离子的前驱体。然而，强酸氧化将会引起 SWCNHs 的结构破坏，致使导电性能下降，如果通过 π-π 堆积作用将苝四羧酸与 SWCNHs 进行复合，将在其表面引入大量的高度分散的羧基而不会造成 SWCNHs 结构的破坏。

黄酮类化合物是自然界中普遍存在的一种多酚类物质，被广泛应用于药物的开发应用[13]。杨梅酮是天然的黄酮类化合物，普遍存在于茶、水果、蔬菜和草药中，具有抗氧化、抗癌、预防血小板凝集、保护细胞等多种作用[14]。作为天然的黄酮衍生物，芦丁被认为是最具生物活性的化合物之一，具有抗菌、消炎、抗氧化等药理作用[15]。杨梅酮、芦丁已被用于临床药物治疗，另外很多健康的功能性食品及饮料中含有杨梅酮与芦丁的成分，因此，建立高效灵敏的分析检测技术在食品、诊疗和药品方面具有重大意义。目前检测方法主要有毛细管电泳法[16,17]、化学发光法[18]、HPLC 法[19]、分光光度测定法[20]、伏安测量法[21,22]。这些技术都具有较高灵敏度和准确性，然而，设备昂贵成本高、操作过程复杂直接限制其广泛应用。相比于传统的检测技术，电化学检测灵敏度高、仪器操作简便、快速响应、成本低、可行性高，是一种有效的替代方法。据报道，杨梅酮和芦丁在氧化或还原反应中都具有良好的电活性。目前，许多研究人员专注于相同的传感界面的同时检测[23]，与单一分析物检测相比这种方法的内在优势显而易见，如分析时间短、样本容量小、测试效率高、成本低等[24]。尽管已经报道不同类型的黄酮类化合物的电化学检测方法[13,21,23-27]，但尽我们所知，通过电化学方法来实现杨梅酮和芦丁的高效率同时检测尚未见报道。本研究中，通过 S—Au 配位键将巯基 β-环糊精修饰于 PTCA(3,4,9,10-苝四羧酸)功能化的 SWCNHs 表面，从而构建了 β-CD-Au@PTCA-SWCNHs 的电化学传感平台，并通过 DPV 对杨梅酮和芦丁进行同时检测（如图 3-1 所示）。

### 3.1.2　实验部分

#### 3.1.2.1　试剂材料

PTCDA 与 $HAuCl_4 \cdot 3H_2O$（99%）均来自 Sigma 试剂有限公司

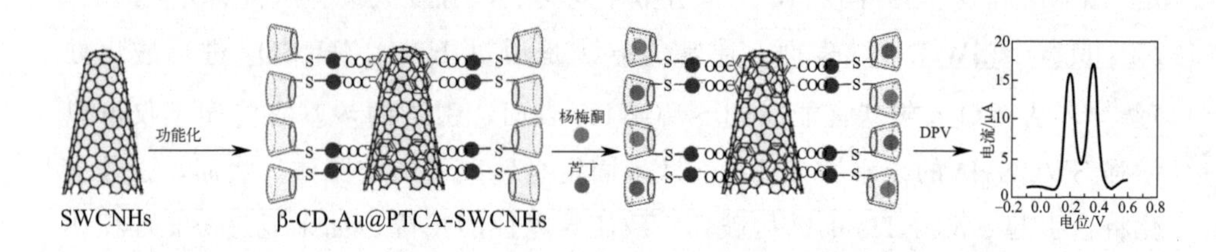


图 3-1 基于 β-CD-Au@PTCA-SWCNHs 的同时检测电化学传感平台

(St. Louis, MO, USA), SH-β-CD 买自上海 Aladdin 试剂有限公司，碳纳米角（SWCNHs）购自北京清大际光科技有限公司，磷酸一氢钠、磷酸二氢钠（分析纯）均从上海泰坦试剂公司获得，其它所有试剂均为分析纯，不经过进一步纯化。实验用的超纯水是经 Milli-Q（电阻率≥18.25MΩ·cm）超纯水处理系统纯化的。以磷酸盐缓冲液（PBS）为工作溶液。

#### 3.1.2.2 实验仪器

CHI660E 电化学工作站（上海辰华），采用 Gaussian 03、AutoDockTool 等进行分子建模计算，pHS-3C 数字式酸度计（上海虹益），HitachiHimac CR21G 高速离心机，手动移液枪（苏州培科），磁力加速搅拌器 CJJ78-1（江苏金坛大地自动化），混匀器（北京大龙兴），TAQ50 热重分析仪（美国），SCIENTIFIC Nicolet IS10 傅里叶变换红外光谱仪（美国），200 kV 电压下进行样品表征的 JEM 2100 透射电镜（TEM），用能量色散对样品的成分进行分析的 X 射线能谱仪（EDX）。

#### 3.1.2.3 β-CD-Au@PTCA-SWCNHs 复合材料的合成

将 PTCDA 放入 1.0mol/L 氢氧化钠溶液中进行水解得到 PTCA 溶液，颜色由红色变为黄绿色，然后，加入浓盐酸，直至溶液变为亮红色，最后离心干燥，得到 PTCA 红色粉末，室温保存以备用。PTCA 非共价功能化 SWCNHs 制备过程如下：称取 PTCA 10mg，溶于 40mL 乙醇溶液中并超声分散 0.5h，再加入 40mg SWCNHs，室温下搅拌 12h。然后用乙醇离心清洗三次，真空干燥 60℃，得到 PTCA-SWCNHs 复合物。

通过超声法将 PTCA-SWCNHs（20.0mg）、柠檬酸钠（0.01mol/L，1.0mL）、聚乙二醇 400（PEG400，0.1mL）、$HAuCl_4$ 溶液（0.01mol/L，0.50mL）溶于 40.0mL DW 中，再将混合物室温下搅拌 0.5h。然后逐滴加入

2.0mL 0.01mol/L 抗坏血酸并且室温下搅拌 2h，用 DW 离心清洗三次，离心转速为 16000r/min，再进行冷冻干燥，得到 Au@PTCA-SWCNHs 复合材料。β-CD-Au@PTCA-SWCNHs 的制备过程如下：称取 10.0mg Au@PTCA-SWCNHs 溶于 10.0mL DW 中，进行超声搅拌，再将 10.0mg SH-β-CD 加入溶液中并搅拌 8h，最后，用 DW 离心清洗三次，冷冻干燥得到 β-CD-Au@PTCA-SWCNHs 复合物。

#### 3.1.2.4　工作电极的修饰及构建

将 GCE 用电极抛光布、氧化铝粉末（0.05μm 和 0.3μm）进行抛光处理，然后用 DW 和乙醇清洗多次，常温下晾干备用。用 DW、水配制 1.0mg·mL$^{-1}$ β-CD-Au@PTCA-SWCNHs 的均匀分散液，移取 6μL 上述分散液滴到 GCE 上，经室温干燥待测。为对比研究，Au@PTCA-SWCNHs/GCE 与 SWCNHs/GCE 均按上述操作过程来制备，以供电化学测试时使用。

#### 3.1.2.5　电化学测试

本研究中采用三电极体系，对电极为固定在电解池中的铂电极，参比电极为甘汞电极，工作电极为复合材料修饰 GCE。杨梅酮、芦丁溶液均用 0.1mol/L pH 4.0 PBS 配制，DPV 测试范围是 −0.1～0.6V，扫描速率为 50mV·s$^{-1}$。EIS 测试频率范围是 $10^{-1}$～$10^{5}$Hz，用 0.1mol/L KCl 配制 2.0mmol/L $[Fe(CN)_6]^{3-/4-}$ 电解质溶液。本研究中测试均在室温下进行，所有电极电位均是相对于甘汞电极而言的。

#### 3.1.2.6　β-CD 与杨梅酮/芦丁的分子对接理论研究

杨梅酮/芦丁小分子晶体结构从剑桥数据库中心（CCDC）获得。计算中采用的参数为：Gasteiger 电荷、Powell 方法能量优化、Tripos 力场、能量的收敛标准 0.05kcal/mol(1kcal=4.184kJ)、迭代 100 次，而其余参数均是默认值。β-CD 主体分子的晶体结构模型同样从 CCDC 获得，需采用 AutoDock-Tool 对主体分子进行进一步处理，加入极性 H 原子与电荷，文件保存为 pdbqt 格式（扩展 pdb 格式）。经过上述操作，分别得到了主体分子和客体小分子的结构以及 Gasteiger 电荷。采用 AutoDock4.2 软件进行分子对接作用研究，AutoDock 通过拉马克遗传算法来搜索分子间相互作用的构象，并采用半经验法计算主体与客体间的结合能，能量越低则结合能力越强。

在活性位点区域使用 AutoGrid 对格点能量进行计算，格点间隔是

0.375Å，网格大小是60×60×60，整个主体分子空腔要包含在设定活性空腔内，采用ADT计算次数设置遗传算法50，设置最大迭代数为25000000，种群数为150，其余参数均是默认值。保存dpf对接文件，得到dlg输出文件后，再进行分子对接研究。

## 3.1.3 结果与讨论

### 3.1.3.1 β-CD-Au@PTCA-SWCNHs纳米复合材料的表征

首先，通过制备得到高分散的β-CD-Au@PTCA-SWCNHs水溶液，如图3-2所示。SWCNHs由于具有较强的疏水作用导致其溶液呈现较差的分散性，而深色、均匀的β-CD-Au@PTCA-SWCNHs分散液无明显沉淀出现，这是由于β-CD具有亲水性的外表面。β-CD-Au@PTCA-SWCNHs在水溶液中具有优异的分散性，将有效抑制SWCNHs的聚集，从而提高纳米材料的分散性，同时对于提高电极测试重现性也是至关重要的。

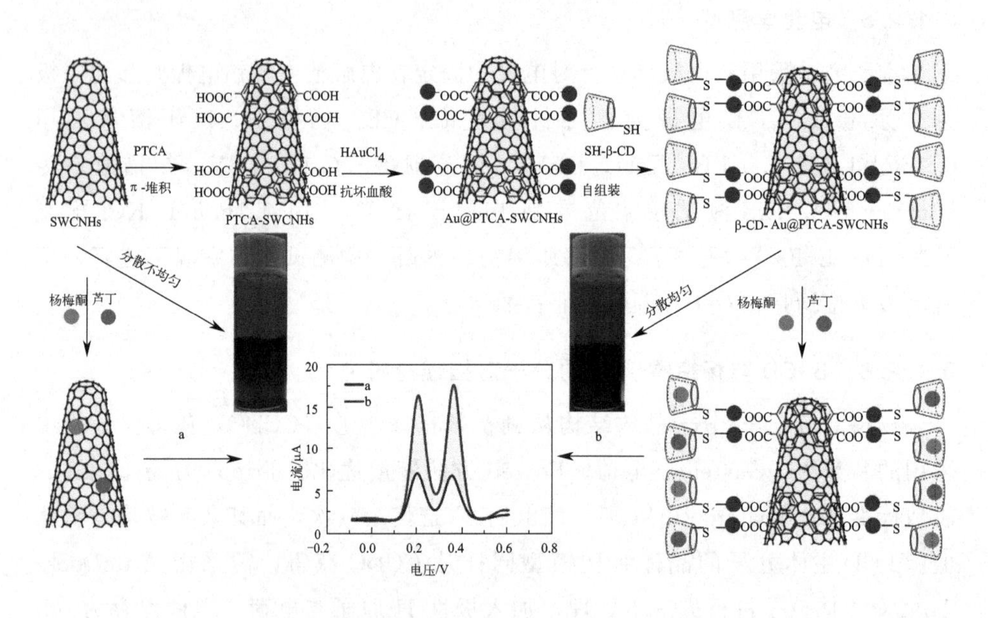


图3-2 β-CD-Au@PTCA-SWCNHs材料的制备及同时检测电化学传感平台的建立

用TEM对SWCNHs与Au@PTCA-SWCNHs的形貌进行表征，从图3-3(a)中可以看到SWCNHs呈现出典型的大丽花束形态，直径约为120nm[7]。从图3-3(b)、(c)中可以观察到AuNPs成功地负载于PTCA-SWCNHs表面，

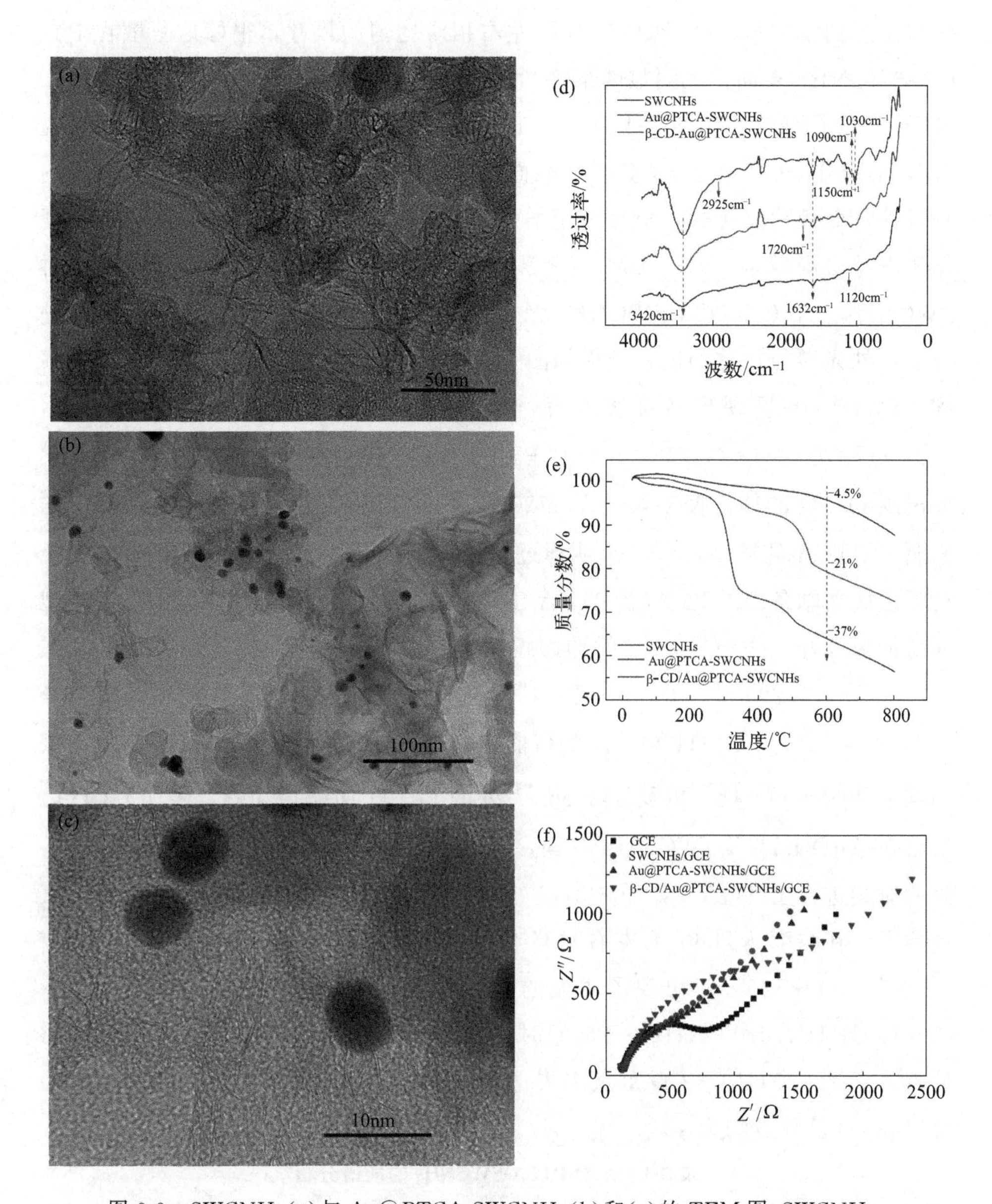


图 3-3　SWCNHs(a)与 Au@PTCA-SWCNHs(b)和(c)的 TEM 图；SWCNHs、Au@PTCA-SWCNHs 及 β-CD-Au@PTCA-SWCNHs 的红外谱图(d)；SWCNHs、Au@PTCA-SWCNHs 与 β-CD-Au@PTCA-SWCNHs 的热重分析(e)；2.0mmol/L$[Fe(CN)_6]^{3-/4-}$作为电解质溶液，GCE、SWCNHs/GCE、Au@PTCA-SWCNHs/GCE 及 β-CD-Au@PTCA-SWCNHs/GCE 的 EIS 测试(f)

值得注意的是，AuNPs具有5.0nm左右相对均匀的尺寸，很好地分散在PTCA-SWCNHs表面，无明显的聚集。同时，我们用EDX对Au@PTCA-SWCNHs进行了测试，如图3-4及表3-1所示，通过EDX判断Au的负载量为4.87%，PTCA负载于SWCNHs表面提供了大量的羧基，不仅增强了溶液的分散性，而且功能化的材料有利于增强Au前驱体与SWCNHs间的静电相互作用以及协同效应[10]。TEM中无法明显观测到β-CD分子的存在，我们对SWCNHs、Au@PTCA-SWCNHs及β-CD-Au@PTCA-SWCNHs复合材料进行了红外光谱与热重测试，结果如图3-3(d)、(e)所示。从红外谱图上可以观察到，SWCNHs呈现出特征吸收峰，1630cm$^{-1}$处为C═C的共轭吸收峰，1120cm$^{-1}$处为C—C峰[28]。Au@PTCA-SWCNHs的红外谱图在3420cm$^{-1}$处出现O—H的伸缩振动峰，在1720cm$^{-1}$处出现C═O的伸缩振动峰，均归属于PTCA的羧基峰[4]，表明通过π-π堆积作用，PTCA与SWCNHs复合材料已成功制备。β-CD-Au@PTCA-SWCNHs的红外谱图中出现了β-CD典型的特征吸收峰，C—O/C—C的伸缩振动峰、O—H的弯曲振动峰位置分别在1030cm$^{-1}$、1090cm$^{-1}$处，C—O—C的伸缩振动峰/O—H的弯曲振动耦合峰在1151cm$^{-1}$处，C—H/O—H的弯曲振动峰在1410cm$^{-1}$处，$CH_2$的伸缩振动峰在2925cm$^{-1}$处，以及3420cm$^{-1}$处的O—H伸缩振动峰，表明β-CD已附着在Au@PTCA-SWCNHs表面，复合材料已制备成功[2,29]。进一步地，我们对其进行了TGA，如图3-3(e)所示，SWCNHs原料由于含有少量含氧官能团，在温度达到600℃左右时有4.5%的重量损失。而Au@PTCA-SWCNHs在400～530℃时出现了明显的重量损失，这是由于PTCA的热解。β-CD-Au@PTCA-SWCNHs在260℃时重量出现断崖式下降，这是由于β-CD的分解，直到600℃时β-CD重量损失达到了37%。根据TGA测试结果，我们得出β-CD负载量约为40%。

**表3-1 Au@PTCA-SWCNHs的能谱分析**

| 元素 | 质量分数/% | 原子数分数/% | 误差/% | 比例 | *Z* | *R* | *A* | *F* |
|---|---|---|---|---|---|---|---|---|
| C K | 82.37 | 89.52 | 99.99 | 0.61 | 1.02 | 0.98 | 0.72 | 1 |
| O K | 12.02 | 9.81 | 13.77 | 0.01 | 0.98 | 1 | 0.12 | 1 |
| SiK | 0.74 | 0.34 | 9.87 | 0.01 | 0.89 | 1.04 | 0.89 | 1 |
| AuL | 4.87 | 0.32 | 41.92 | 0.03 | 0.5 | 1.15 | 1.05 | 0.99 |

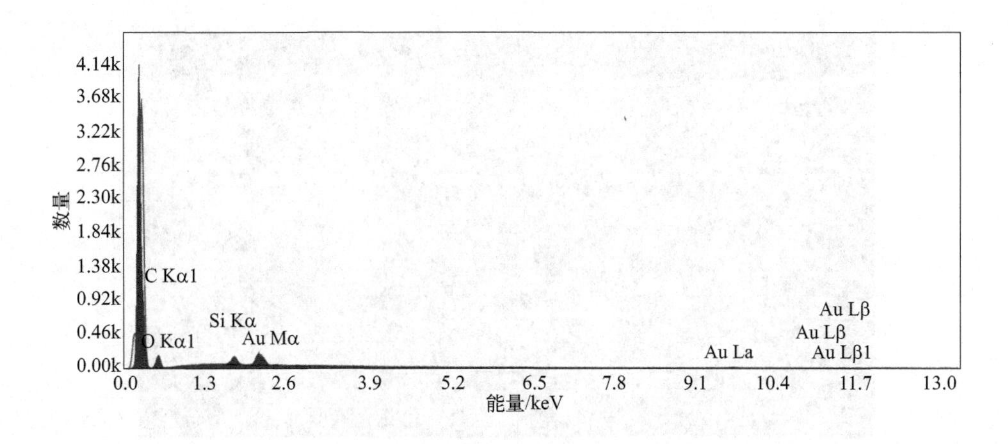


图 3-4　Au@PTCA-SWCNHs EDX 分析

#### 3.1.3.2　主客体分子对接模式分析

通过分子对接实验来解析主客体分子的包合模式。用 DOCK6 程序对主客体结合模式进行预测，β-CD/杨梅酮的最低能量的结合构象如图 3-5(a) 所示，杨梅酮客体分子的 A-环（色酮部分）已进入 β-CD 主体空腔，与 β-CD 的羟基距离较近，形成了稳定的包合物。β-CD/杨梅酮包合物中，范德华力与氢键作用力起主导作用。β-CD/芦丁包合物的最低能量构象如图 3-5(b) 所示，由于疏水作用力，芦丁分子的 D-、E-环部分进入了 β-CD 空腔，而 A-、β-、C-环部分处于 β-CD 分子的外部，此外，A-环上的羟基、C-环上的羟基分别与 β-CD 主体分子形成了氢键。

#### 3.1.3.3　电极修饰及电化学阻抗谱解析

通过 EIS 测试对电极表面性质进行研究，频率范围为 $10^{-1}$～$10^{5}$Hz，电压固定在 0.1V，用 0.1mol/L KCl 配制 2.0mmol/L$[Fe(CN)_6]^{3-/4-}$ 溶液作为电解质溶液。阻抗值（$R_{ct}$）与谱图中测试曲线半圆直径成正比。图 3-3(f) 中显示了 GCE、SWCNHs/GCE、Au@PTCA-SWCNHs/GCE 与 β-CD-Au@PTCA-SWCNHs/GCE 的阻抗谱测试结果，可以观察到裸电极的 $R_{ct}$ 值约为 1000Ω，而 SWCNHs/GCE 的 $R_{ct}$ 值降低至 500Ω 左右，表明 SWCNHs 在电极和电解质之间形成了良好的电子传导通路，电导率增大，导电性增强。当 Au@PTCA-SWCNHs 修饰于电极表面时，半圆略微增大，这是由于 PTCA 的存在使界面的电荷转移困难，阻碍了电子传输。我们观察到 β-CD-Au@PT-

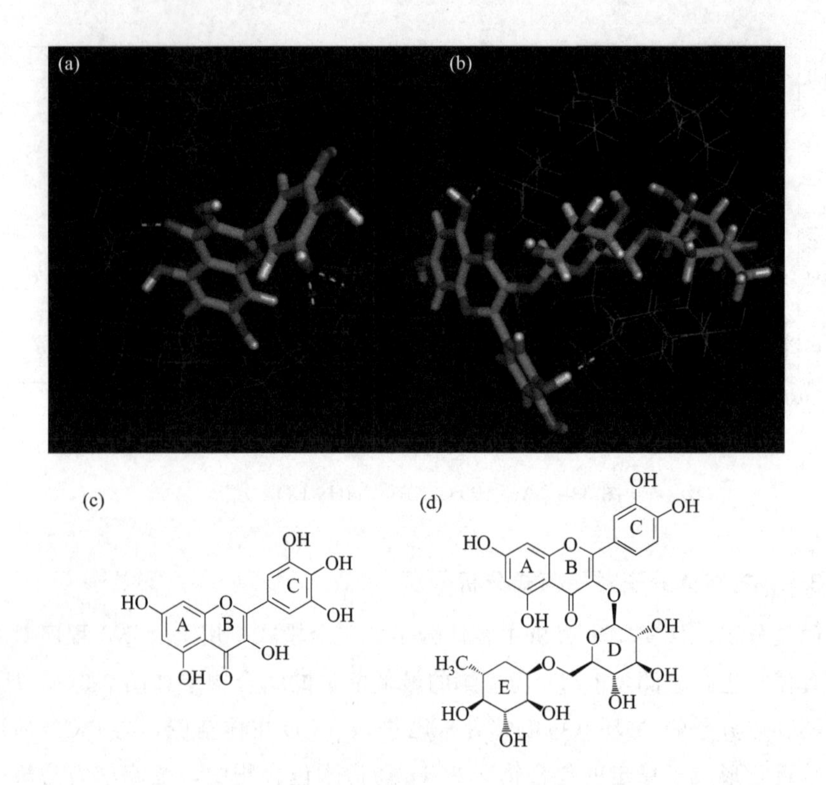


图 3-5 主体 β-CD 与客体杨梅酮[(a)、(c)]及芦丁[(b)、(d)]的结合模式

CA-SWCNHs/GCE 的 $R_{ct}$ 值进一步增大到 2100Ω，表明大量的 β-CD 分子成功附着在 SWCNHs 表面，这一测试结果与 TGA 测试中的结论相一致。

### 3.1.3.4 修饰电极上杨梅酮与芦丁的电化学行为测试

通过 DPV 氧化峰测试来研究电化学传感平台构建的可行性，如图 3-6(a) 所示，用 0.1mol/L pH＝4.0 PBS 配制 50μmol/L 的杨梅酮溶液，分别用 GCE、SWCNHs/GCE、Au@PTCA-SWCNHs/GCE 及 β-CD-Au@PTCA-SWCNHs/GCE 对杨梅酮进行氧化峰测试。SWCNHs 修饰的裸电极的峰电流明显大于裸电极 GCE，这是由于 SWCNHs 的高比表面积和高导电性。直观地，Au@PTCA-SWCNHs/GCE 对比于 SWCNHs/GCE 峰电流显著增大，说明 Au NPs 具有优良的导电性和大比表面积，电信号显著增强。而 β-CD-Au@PTCA-SWCNHs 修饰电极表面后，氧化电流显著增加，是由于 β-CD 具有优异的超分子识别能力，能够与杨梅酮形成包合物[21]。用 0.1mol/L pH＝4.0

PBS配制50μmol/L的芦丁溶液，分别用GCE、SWCNHs/GCE、Au@PTCA-SWCNHs/GCE及β-CD-Au@PTCA-SWCNHs/GCE对芦丁的氧化峰进行测试，如图3-6(b)所示，芦丁的氧化峰电流按照GCE、SWCNHs/GCE、Au@PTCA-SWCNHs/GCE及β-CD-Au@PTCA-SWCNHs/GCE的顺序也逐步增大，这表明β-CD-Au@PTCA-SWCNHs在杨梅酮与芦丁检测中都显示出较强的检测能力。进一步地，我们进行了同时检测试验，图3-6(c)中，通过0.1mol/L pH=4.0 PBS配制含10μmol/L杨梅酮与10μmol/L芦丁的混合溶液。测试中发现在0.20V与0.36V处出现了杨梅酮和芦丁的氧化峰，检测峰很好地被分开，电位差值约为0.16V，电位的差异有利于同时对杨梅酮和芦丁

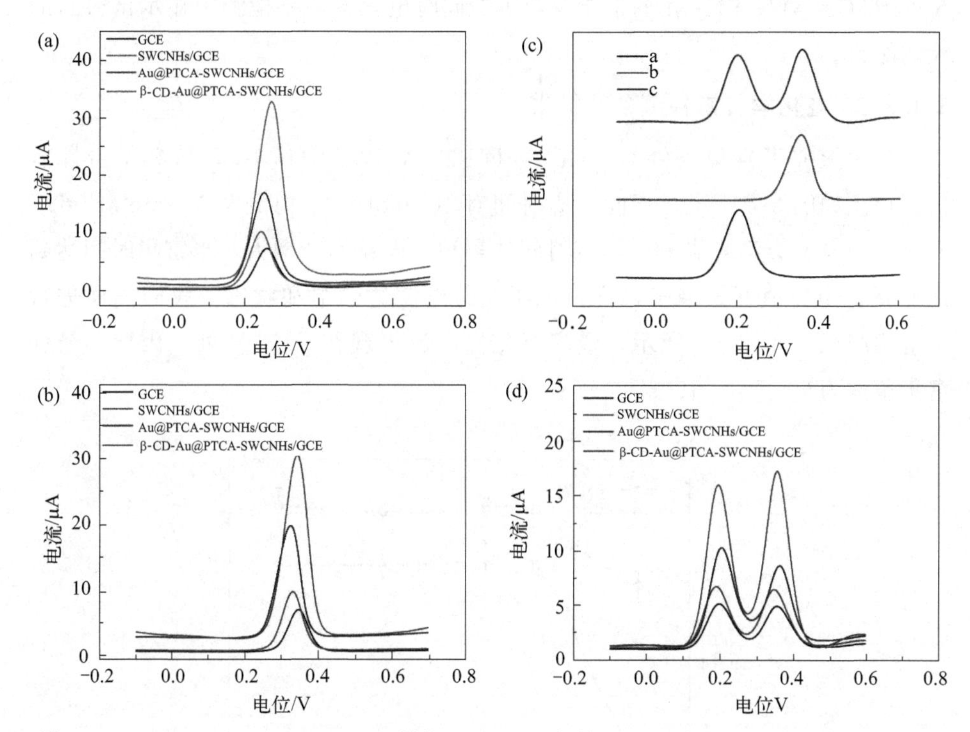


图3-6　0.1mol/L pH=4.0 PBS配制的50μmol/L杨梅酮（a）与50μmol/L芦丁（b）在GCE、SWCNHs/GCE、Au@PTCA-SWCNHs/GCE及β-CD-Au@PTCA-SWCNHs/GCE上的DPV测试曲线；0.1mol/L pH=4.0PBS配制的10μmol/L杨梅酮和10μmol/L芦丁混合溶液在β-CD-Au@PTCA-SWCNHs/GCE上的DPV测试曲线（c）；0.1mol/L pH=4.0PBS配制的10μmol/L杨梅酮和10μmol/L芦丁混合溶液在GCE、SWCNHs/GCE、Au@PTCA-SWCNHs/GCE及β-CD-Au@PTCA-SWCNHs/GCE上的DPV测试曲线，扫描速率为50mV·$s^{-1}$（d）

进行检测。如图 3-6(d) 所示，在 0.1mol/L pH=4.0PBS 配制的含 10μmol/L 杨梅酮及 10μmol/L 芦丁的混合溶液中利用 GCE、SWCNHs/GCE、Au@PTCA-SWCNHs/GCE 及 β-CD-Au@PTCA-SWCNHs/GCE 进行了杨梅酮和芦丁的氧化峰测试，SWCNHs/GCE 峰电流相比于裸电极 GCE 明显增大，除了 SWCNHs 的高比表面积和高导电性，另一原因是 SWCNHs/GCE 与杨梅酮、芦丁之间存在 π-π 相互作用。Au@PTCA-SWCNHs/GCE 的同时检测峰要优于 GCE 和 SWCNHs/GCE，同样是因为 AuNPs 的存在。而 β-CD-Au@PTCA-SWCNHs 显示出显著增大的氧化峰电流，是由于 β-CD 具有优异的超分子识别能力，能够分别与杨梅酮及芦丁形成包合物[30,31]。以上结果表明 β-CD-Au@PTCA-SWCNHs 在杨梅酮及芦丁的同时电化学传感检测中显示出很强的检测能力。

#### 3.1.3.5 电化学传感检测条件优化

首先探究了富集条件对 β-CD-Au@PTCA-SWCNHs/GCE 传感平台性能的影响。如图 3-7 所示，不同富集时间对 10μmol/L 杨梅酮及 10μmol/L 芦丁的氧化峰电流会产生影响，随着时间的累积，电流不断增大，当富集时间达到 150s 后，电流值开始趋于稳定，说明此时电流达到饱和状态。我们同样进行了电位测试，如图 3-8 所示，最高氧化峰电流出现在 −0.1V 处。因此，最优富集条件为 −0.1V、150s。

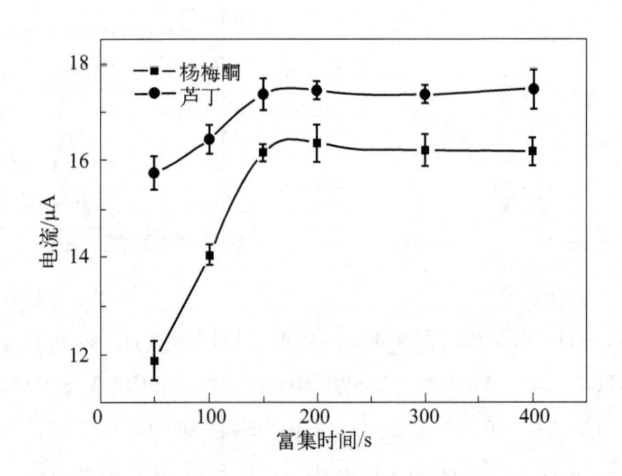


图 3-7 0.1mol/L pH=4.0PBS 配制的 10μmol/L 杨梅酮及 10μmol/L 芦丁溶液在 β-CD-Au@PTCA-SWCNHs/GCE 上的富集时间优化

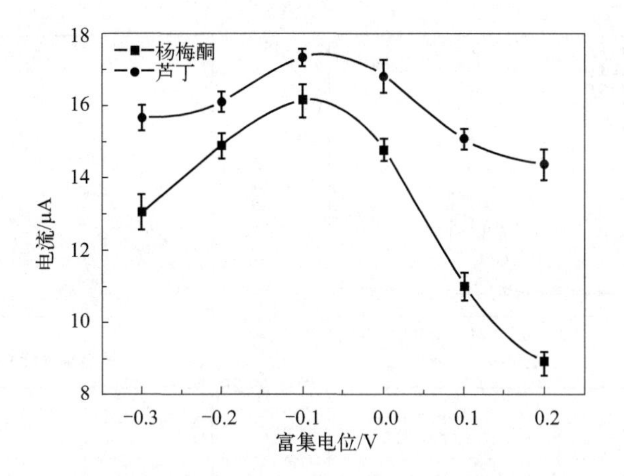


图 3-8　0.1mol/L pH=4.0 PBS 配制的 10μmol/L 杨梅酮及 10μmol/L 芦丁溶液在 β-CD-Au@PTCA-SWCNHs/GCE 上的富集电位优化

如图 3-9(a)、(b)所示，在 pH=3.0～7.0 范围内，用 β-CD-Au@PTCA-SWCNHs/GCE 对杨梅酮和芦丁进行了 DPV 扫描测试，富集条件为-0.1V、150s。杨梅酮与芦丁的氧化峰电流随着 pH 的增大呈上升趋势，均在 pH=4.0 时达到最大值，所以，选取 pH=4.0 的 PBS 溶液作为杨梅酮与芦丁的电解质测试液。对杨梅酮和芦丁的 pH 与峰电位的线性关系进行拟合，如图 3-9(c)所示，线性回归方程为 $E_p(V)=-0.068pH+0.47$(杨梅酮)和 $E_p(V)=-0.062pH+0.60$(芦丁)，杨梅酮每 pH 值的峰电位变化为 68mV，芦丁峰电位变化为 62mV，这与 57.6mV 的理论值[32] 基本相近，这说明电极上的电子转移是一个等质子交换的氧化还原反应过程。杨梅酮[21] 与芦丁[33] 的电子转移氧化机理如图 3-10 所示。

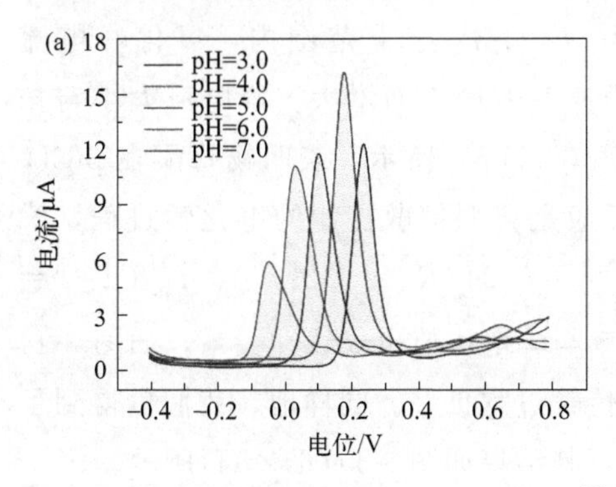


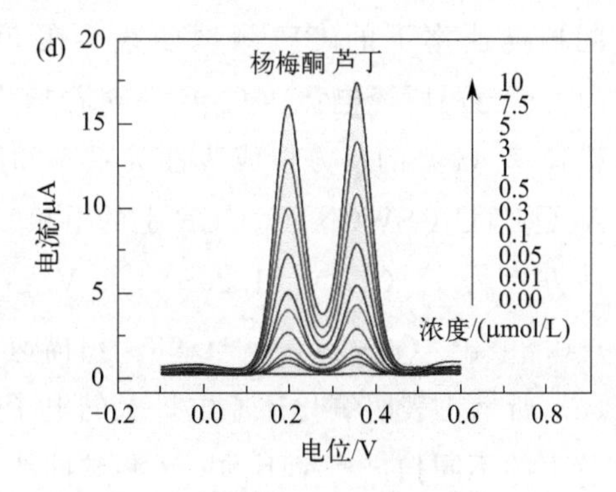


图 3-9

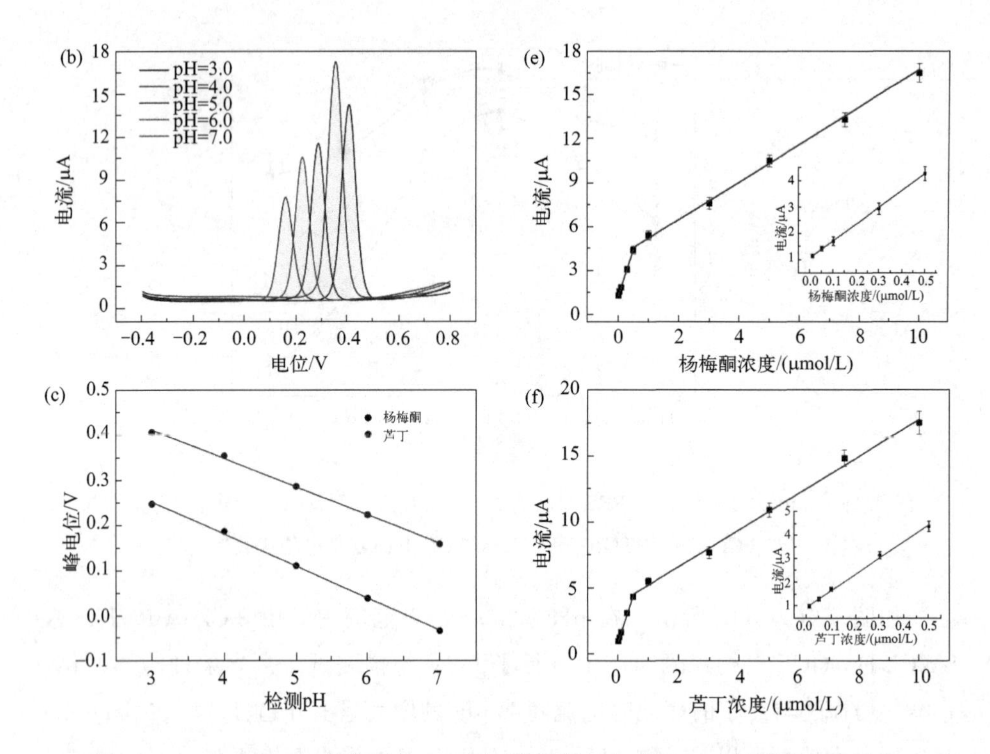


图 3-9 0.1mol/L PBS 配制的 10μmol/L 杨梅酮（a）和 10μmol/L 芦丁（b）在 β-CD-Au@PTCA-SWCNHs/GCE 上的 pH 优化，富集条件为 150s、−0.1V；pH 与峰电位间的线性关系（c）；0.1mol/L pH=4.0 PBS 配制不同浓度的杨梅酮和芦丁混合溶液在 β-CD-Au@PTCA-SWCNHs/GCE 上的 DPV 测试曲线，检测浓度依次为 0.00μmol/L，0.01μmol/L，0.05μmol/L，0.1μmol/L，0.3μmol/L，0.5μmol/L，1μmol/L，3μmol/L，5μmol/L，7.5μmol/L，10μmol/L(d)；同时检测杨梅酮（e）和芦丁（f）的定量标准曲线

图 3-11(a) 为 10μmol/L 杨梅酮在 β-CD-Au@PTCA-SWCNHs/GCE 上不同扫描速率下的 CV 测试曲线。在 50～400mV/s$^{-1}$ 范围内，氧化峰电流（$I_{pa}$）与还原峰电流（$I_{pc}$）都随着扫描速率的增大而增大。峰电流大小与扫描速率（$v$）的平方根成线性关系，如图 3-11(b) 所示，表明杨梅酮在 β-CD-Au@PTCA-SWCNHs/GCE 上的电极反应是典型扩散控制的电化学过程，线性方程为 $I_{pa}(\mu A)=1.29v^{1/2}(mV/s)^{1/2}-5.34(R^2=0.9985)$，$I_{pc}(\mu A)=-0.898v^{1/2}(mV/s)^{1/2}+4.93$。扫描速率与峰电位值也成线性关系，如图 3-11(c) 所示，表明氧化还原电极上的电子传输过程良好。同样地，我们也得到了芦丁的不同扫描速率下的 CV 测试曲线，其结果如图 3-11(d)～(f)所示。

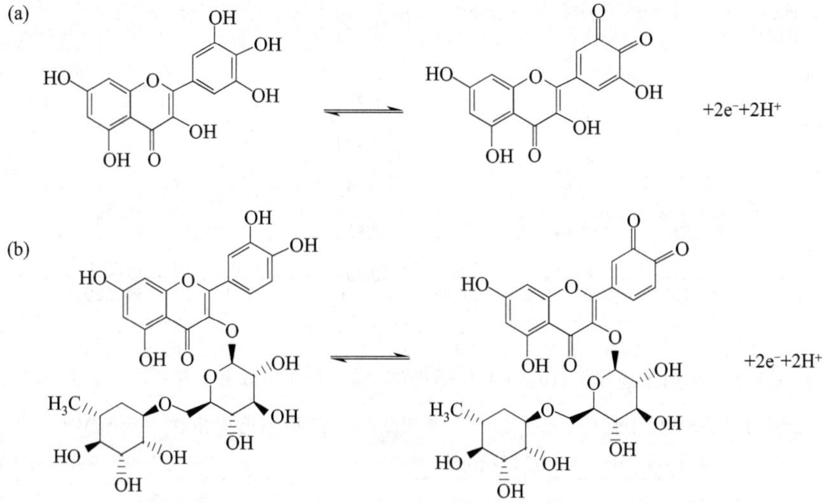

(a)

OH OH HO O OH OH OH O ⇌ O O HO O OH OH OH O +2e⁻+2H⁺

(b)

OH OH HO O O OH O O OH $H_3C$ O OH OH HO OH OH ⇌ O O HO O O OH O O OH $H_3C$ O OH OH HO OH OH +2e⁻+2H⁺

图 3-10　杨梅酮（a）和芦丁（b）的电子转移机理

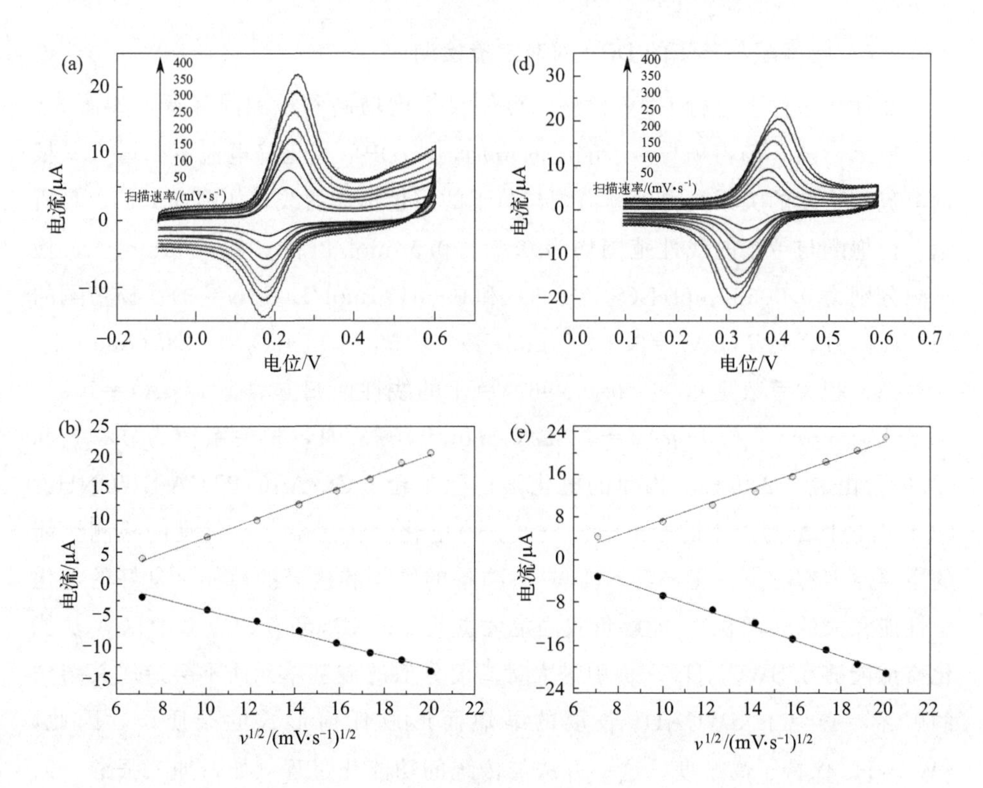


图 3-11

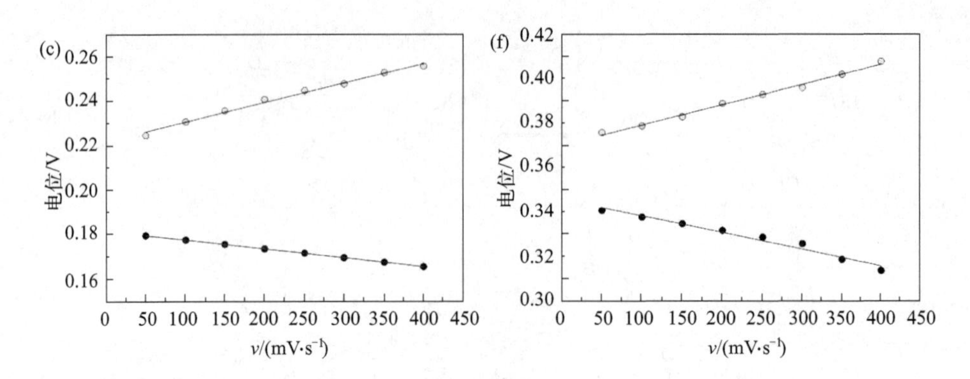


图 3-11 不同扫描速率下 10μmol/L 杨梅酮（a）及 10μmol/L 芦丁（d）在 β-CD-Au@PTCA-SWCNHs/GCE 上的 CV 测试曲线，其扫描速率依次为 50mV·s$^{-1}$、100mV·s$^{-1}$、150mV·s$^{-1}$、200mV·s$^{-1}$、250mV·s$^{-1}$、300mV·s$^{-1}$、350mV·s$^{-1}$、400mV·s$^{-1}$；杨梅酮（b）与芦丁（e）的峰电流大小与扫描速率平方根的线性关系；杨梅酮（c）与芦丁（f)的峰电位值与扫描速率的线性关系

#### 3.1.3.6 杨梅酮与芦丁的 DPV 同时定量检测

在优化条件下进行 DPV 检测，可使灵敏度增高和检测限降低，如图 3-9（d）所示，随着杨梅酮与芦丁浓度的增加，其 DPV 氧化峰电流不断增大。根据电流与浓度的关系，得到杨梅酮与芦丁的定量标准曲线，如图 3-9(e)、(f)所示，杨梅酮与芦丁的线性范围均为 0.01～0.5μmol/L 和 0.5～10μmol/L，检出限分别为 0.0038μmol/L($S/N=3$) 和 0.0044μmol/L($S/N=3$)。杨梅酮的线性回归方程是 $I$(μA)=6.35$c$(μmol/L)+0.93 和 $I$(μA)=1.28$c$(μmol/L)+3.63，相关系数是 0.995 和 0.996。芦丁的线性回归方程是 $I$(μA)=7.01$c$(μmol/L)+0.99 和 $I$(μA)=1.39$c$(μmol/L)+3.91，相关系数为 0.995 和 0.992。由表 3-2 可知，构建的电化学传感平台 β-CD-Au@PTCA-SWCNHs/GCE 对杨梅酮与芦丁的检出限比较低。该电化学传感器具有优良的检测性能的主要原因有三点：①SWCNHs 具有独特的结构和优异的性能（良好的电化学性能和大的表面积），能够负载固定大量的 Au NPs 和 β-CD。②PTCA 功能化修饰能够在 SWCNHs 表面引进大量高度分散的羧基单元而不会造成其结构的破坏，避免了 SWCNHs 长度的缩短而形成任何形式的杂质[8]，因此，SWCNHs 保持了高纯度。这一方法与传统的功能化过程（如，加入强酸、回流、长时间的反应等）有极大的不同。③SH-β-CD 具有超强的超分子识别能

力，通过S-Au配位键与Au纳米颗粒进行自组装，预先形成具有多个活性位点的单分子层，从而与客体分子进行识别。

表3-2 不同方法检测杨梅酮和芦丁的参数对比分析

| 样品 | 电极 | 方法 | 线性范围/(μmol/L) | 检出限/(μmol/L) | 参考文献 |
|---|---|---|---|---|---|
| 杨梅酮 | AuNPs/MWCNTs/GCE | CVAdSV | 0.05～40 | 0.012 | [22] |
| | β-CD-Au@PTCA-SWCNHs/GCE | DPV | 0.01～10 | 0.0038 | 本研究 |
| | GR-$MnO_2$/CILE | DPV | 0.01～500.0 | 0.0027 | [15] |
| | β-CD@CRG/Nafion/GCE | DPV | 0.006～10.0 | 0.002 | [24] |
| 芦丁 | Nafion-GO-IL/CILE | DPV | 0.08～100.0 | 0.016 | [34] |
| | SWCNTs/Au | CV | 0.02～5.0 | 0.01 | [35] |
| | GR/CILE | DPV | 0.07～100.0 | 0.024 | [36] |
| | MWCNT～IL/CPE | SWV | 0.03～1.5 | 0.01 | [37] |
| | β-CD-Au@PTCA-SWCNHs/GCE | DPV | 0.01～10 | 0.0044 | 本研究 |

#### 3.1.3.7 选择性与稳定性样品分析

人体血清中含有盐离子、糖类、氨基酸等组分，这些干扰物的存在会影响传感器信号的输出。因此，我们评价了常规干扰物以及类似物对10μmol/L杨梅酮与芦丁在β-CD-Au@PTCA-SWCNHs/GCE上所产生信号的影响，主要干扰物有葡萄糖、草酸、柠檬酸、尿素、抗坏血酸、尿酸、多巴胺等。从如图3-12可以观察到，十倍浓度的干扰物对检测物几乎无干扰，100μmol/L的抗坏血酸、尿酸、多巴胺也无明显干扰。此外，我们还进行了$Na^+$、$K^+$、$Ca^{2+}$、$Mg^{2+}$、$Cl^-$、$NO_3^-$、$SO_4^{2-}$、$CO_3^{2-}$、$Cu^{2+}$、$Zn^{2+}$、$Al^{3+}$等常规离子对检测信号的干扰实验，结果显示对被测物基本无干扰。而黄岑苷和木犀草素有稍强的干扰，因为其结构与杨梅酮和芦丁较类似。我们进行了六组重现性实验，相对标准偏差（RSD）为4.0%，表明传感器具有较好的重现性。进一步地，对β-CD-Au@PTCA-SWCNHs/GCE传感器进行了50圈连续循环测试，与初始的峰值电流相比只有5.5%的微小降低。另外，为验证传感器的稳定性，每间隔5天进行测试，15天与30天后，其响应信号是初始信号的95.1%与86.5%，说明其具有良好的稳定性。

#### 3.1.3.8 实际样品检测

为验证实际应用中的可行性，用pH＝4.0 PBS将人体血清稀释100倍作

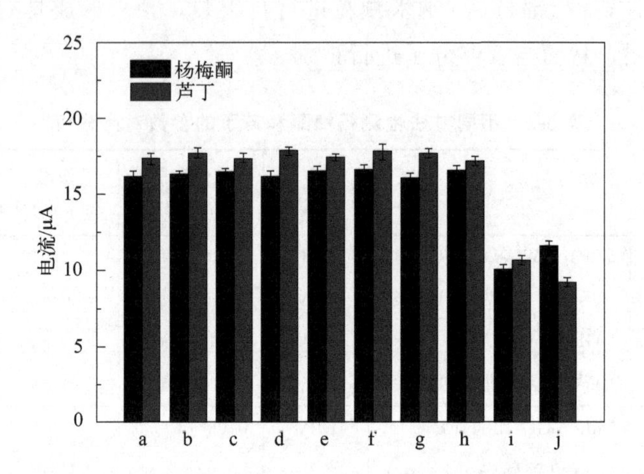


图 3-12　构建的β-CD-Au@PTCA-SWCNHs/GCE 传感器的干扰研究（a 为 10μmol/L 杨梅酮及 10μmol/L 芦丁，b～j 依次为：分别在 10μmol/L 杨梅酮及 10μmol/L 芦丁中额外加入 100μmol/L 葡萄糖、100μmol/L 草酸、100μmol/L 柠檬酸、100μmol/L 尿素、100μmol/L 抗坏血酸、100μmol/L 尿酸、100μmol/L 多巴胺、20μmol/L 黄岑苷、20μmol/L 木犀草素）

为实际样品进行研究。其结果如表 3-3 所示，回收率为 96.7%到 106.0%之间，而相应的相对标准偏差在 3.0%和 5.5%之间。值得注意的是，作为低聚糖分子，β-CD 在复杂情况下足够稳定，适合于实际样品的分析。所以，该传感平台有潜力应用于生物体内及环境领域中污染物检测等实际样品中的传感分析。

**表 3-3　杨梅酮与芦丁在人体血清中的样品检测**

| 样品 | 加标量/(μmol/L) | | 标准量/(μmol/L) | | RSD/% | | 回收率/% | |
|---|---|---|---|---|---|---|---|---|
| | 杨梅酮 | 芦丁 | 杨梅酮 | 芦丁 | 杨梅酮 | 芦丁 | 杨梅酮 | 芦丁 |
| 人体血清 | 0.5 | 0.5 | 0.52 | 0.53 | 5.5 | 4.9 | 104.0 | 106.0 |
| | 5.0 | 5.0 | 4.94 | 5.13 | 3.8 | 4.2 | 98.8 | 102.6 |
| | 7.5 | 7.5 | 7.25 | 7.39 | 4.1 | 3.0 | 96.7 | 98.5 |

### 3.1.4　小结

大环超分子由于其良好的生物相容性被广泛应用于电化学器件。本研究中建立了基于 β-CD-Au@PTCA-SWCNHs 的高灵敏电化学传感器，其中，通过

S-Au配位键将巯基β-CD修饰于Au@PTCA-SWCNHs表面，β-CD具有亲水性的外表面、高的超分子识别能力以及富集能力，SWCNHs具有独特的结构、良好的电化学性能和大的表面积，在测试中得到良好的响应信号。线性响应范围是0.01～10.00μmol/L，杨梅酮的检出限达到了0.0038μmol/L($S/N=3$)，芦丁的检出限达到了0.0044μmol/L($S/N=3$)，表明β-CD-Au@PTCA-SWCNHs纳米复合材料具有优异的电化学性能，在杨梅酮/芦丁的同时检测中具有高的电信号响应。期望CDs(α-CD、β-CD、γ-CD）功能化的SWCNHs能够在黄酮类的分析检测中也具有良好的应用前景。

## 3.2　桥连β-环糊精/Pd纳米簇/石墨烯复合材料的制备及其对黄岑苷/木犀草素的同时检测研究

### 3.2.1　引言

通过合成CD二聚体衍生物可增强超分子的结合能力[38]。二硫桥连β-环糊精（SS-β-CD）是通过二硫键将两个相邻的β-CD连接起来，对比单一β-CD具有更强的结合能力及超分子识别能力[39,40]。目前，多种功能化的CD二聚体已被合成出来[41-47]，但其超分子识别行为还未得到广泛研究，另外，将桥连β-CD用于建造电化学传感或生物传感平台的研究报道还很少。$sp^2$杂化的石墨烯碳纳米材料，由于其独特的结构、高达$2630m^2/g$的比表面积、$10^3$～$10^4$S/m的高导电性成为了最理想的载体材料[48,49]。CDs与石墨烯可通过范德瓦尔斯力作用、氢键作用、疏水作用等形成CDs功能化的石墨烯碳纳米复合材料[2,8,9]，在电化学/生物传感领域具有潜在应用。而SS-β-CD与石墨烯的复合材料将呈现更强的结合能力。另外，合成超小尺寸、分散均匀的金属纳米颗粒，活性比表面积将大幅度增加[50]。随着表面原子比例增多，其不饱和度增加，金属小颗粒会出现聚集现象，而比表面积的严重损失，会导致其活性的降低[51-53]。第一性原理计算表明，金属原子与石墨烯之间具有很强的相互作用，它与贵金属纳米粒子的新杂化体，已经应用于电化学装置[52,54-56]，如Xie课题组将3.5nm的Pd纳米粒子负载于氧化石墨烯表面展现出良好的电催化活性[51]。

黄岑苷与木犀草素都是天然的类黄酮素，普遍存在于茶、水果、蔬菜和草药中，结构如图3-13所示，具有抗炎、抗肿瘤、利尿、缓解哮喘、泻火解毒、降胆固醇、止血等作用[57]。黄岑苷与木犀草素已被用于临床药物治疗，另有很多饮料及功能性食品中含有此成分，因此，建立高效灵敏的分析检测技术是极为必要的。目前检测方法主要有薄层色谱分析法[58]、毛细管电泳法[59,60]、GC 法[61,62]、HPLC 法[63-65]、荧光测定法[66]、LC-MS 法[67,68]，这些技术都具有较高灵敏度和准确性，然而，设备昂贵成本高、操作过程复杂直接限制其广泛应用。电化学检测灵敏度高、仪器操作简便、快速响应、成本低、可行性高，是一种有效的替代方法。据报道，黄岑苷与木犀草素在氧化或还原反应中都具有良好的电活性。相同的传感界面的同时检测[23]与单一分析物检测相比内在优势显而易见，如分析时间短、样本容量小、测试效率高、成本低等[24]。尽管已经报道不同类型的黄酮类的电化学检测方法[13,69-73]，但是通过电化学传感来实现黄岑苷与木犀草素的高效率同时检测尚未见报道。本研究中采用绿色合成方法，将 2.0nm 的 Pd 纳米簇负载于 RGO 表面，再将 SS-β-CD 通过非共价相互作用嫁接于 Pd@RGO 上，得到 SS-β-CD-Pd@RGO 复合材料。构建了基于 SS-β-CD-Pd@RGO 的电化学传感平台，并通过紫外光谱分析法对包合行为进行研究，再通过 DPV 等检测手段对黄岑苷与木犀草素进行同时检测（如图 3-14 所示）。

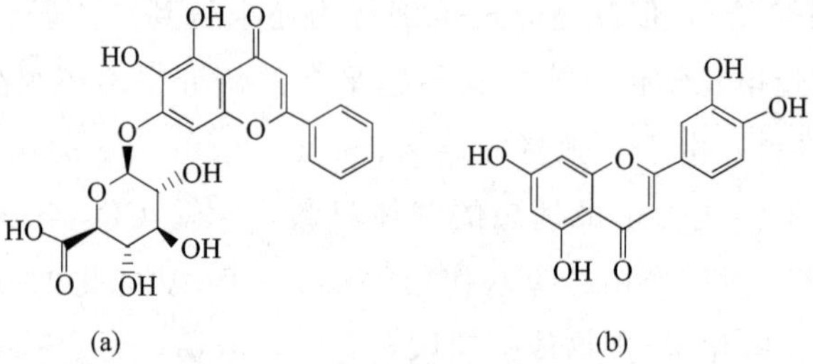

图 3-13　黄岑苷（a）和木犀草素（b）化学结构

## 3.2.2　实验部分

### 3.2.2.1　试剂材料

$PdCl_2$ 与 β-CD 均来自 Sigma 试剂有限公司（St. Louis，MO，USA），黄岑苷与木犀草素买自上海 Aladdin 试剂有限公司，巯基 β-CD 买自山东滨州智源生物科技公司，氧化石墨烯来自于南京先丰试剂有限公司，磷酸一氢钠、磷

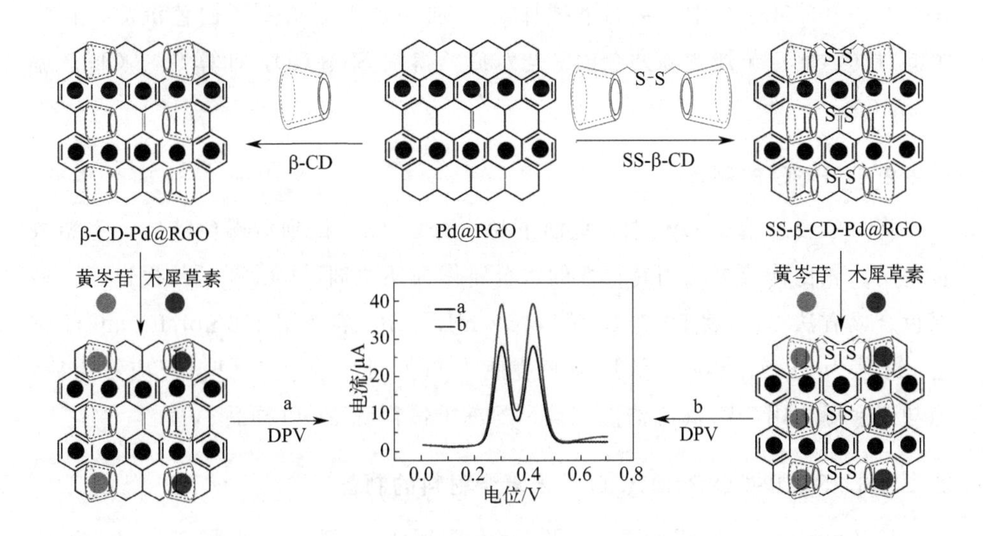


图 3-14 基于 SS-β-CD-Pd@RGO 的同时检测电化学传感平台

酸二氢钠（分析纯）均从上海泰坦试剂公司获得，其它所有试剂均为分析纯，不经过进一步纯化。实验用的超纯水是经 Milli-Q(电阻率≥18.25MΩ·cm)超纯水处理系统纯化的。以磷酸盐缓冲液（PBS）为工作溶液。

### 3.2.2.2 实验仪器

紫外-可见分光光度计（上海尤尼柯），CHI660E 电化学工作站（上海辰华）进行 EIS、DPV 等电化学测试，SCIENTIFIC Nicolet IS10 傅里叶变换红外光谱仪（美国），X 射线能谱仪（EDX）。其它仪器请参考 3.1.2.2。

### 3.2.2.3 紫外-可见光谱测试研究

用 DW 分别配制黄岑苷与 SS-β-CD 和 β-CD、木犀草素与 SS-β-CD 和 β-CD 几种包合物的溶液。黄岑苷与木犀草素溶液的浓度保持为 50μmol/L，SS-β-CD 浓度为 0.36mmol/L，β-CD 浓度为 0.72mmol/L。将每份储备液室温下搅拌 30min，用 0.45μm 的滤膜过滤，得到上清液，在 200～500nm 波长范围内测试并记录数据，并与空白黄岑苷或木犀草素溶液做对比，而同等浓度的 SS-β-CD 与 β-CD 为空白参考溶液。

### 3.2.2.4 SS-β-CD 的合成

此合成方法根据 Tang 课题组的报道[74]，将 2.0g SH-β-CD 加热溶解到

10% $H_2O_2$(25mL) 中，室温下搅拌 5h。加入到丙酮得到了白色沉淀，再将沉淀过滤，真空干燥去除残余丙酮与水后，得到 SS-β-CD，计算 SS-β-CD 产率为 94.0%。

#### 3.2.2.5 RGO 的制备

将 GO 粉末溶于 DW 中，室温下超声分散 1h，得到黄褐色液体，室温放置备用。相比传统方法用有毒性的水合肼作为还原剂，Fan 课题组报道了一种绿色合成方法[75]。将 50.0mL 0.5mg·$mL^{-1}$GO 溶液用 1.0mol/L NaOH 调至 pH 值为 11.0，然后，放入圆底烧瓶中 90℃ 油浴反应 5.0h。反应结束后，冷却到室温，用 DW 离心清洗三次，冷冻干燥得到 RGO 样品。

#### 3.2.2.6 SS-β-CD-Pd@RGO 纳米复合材料的制备

10.0mg RGO 超声分散于 20.0mL DW 中，然后，逐滴加入 0.80mL 5.0mmol/L $PdCl_2$，并且冰浴下搅拌 0.5h。用 DW 离心清洗三次，冷冻干燥得到 Pd@RGO 样品。通过超声法将 10mg Pd@RGO 加入到 20mL 0.5mg·$mL^{-1}$ SS-β-CD 中，室温下反应 2h，再继续磁力搅拌 10h。最后，用 DW 离心清洗三次，去除游离 SS-β-CD 分子，离心转速为 16000r/min，再进行冷冻干燥，得到 SS-β-CD-Pd@RGO 样品。另外，β-CD-Pd@RGO 的制备方法与上述相同，即将 SS-β-CD 替代为 β-CD。

#### 3.2.2.7 工作电极的修饰及构建

GCE 用电极抛光布、氧化铝粉末（0.05μm 和 0.3μm）进行抛光处理，然后用 DW 和乙醇清洗多次，常温下晾干备用，用 DW 配制 0.5mg·$mL^{-1}$SS-β-CD-Pd@RGO 的均匀分散液，移取 5μL 上述分散液滴到 GCE 上，经室温干燥待测。为了进行对比研究，β-CD-Pd@RGO/GCE、Pd@RGO/GCE 及 RGO/GCE 均按上述操作过程来制备，以供电化学测试时使用。

#### 3.2.2.8 电化学测试

电化学测试前，将 SS-β-CD-Pd@RGO/GCE、β-CD-Pd@RGO/GCE、Pd@RGO/GCE 及 RGO/GCE 均放入 0.1mol/L pH=7.0 PBS 溶液中，在 0～−1.4V 范围内扫描 15 圈进一步进行电化学还原，PBS 溶液使用前已用氮气除氧。本研究中依然采用三电极体系，对电极为固定在电解池中的铂电极，参比电极为甘汞电极，工作电极为玻碳电极。黄芩苷、木犀草素分散液均用 0.1mol/L pH=

3.0 PBS配制，DPV测试范围是0.0～0.7V，扫描速率为50mV·$s^{-1}$。EIS测试频率范围是$10^{-1}$～$10^{5}$Hz，用0.1mol/L KCl配制2.0mmol/L$[Fe(CN)_6]^{3-/4-}$溶液作为电解质溶液。本研究中测试均在室温下进行，所有电极电位均是相对于甘汞电极而言的。

## 3.2.3 结果与讨论

### 3.2.3.1 紫外光谱分析

如图3-15所示，首先，进行了紫外光谱测试，探究黄岑苷和木犀草素分

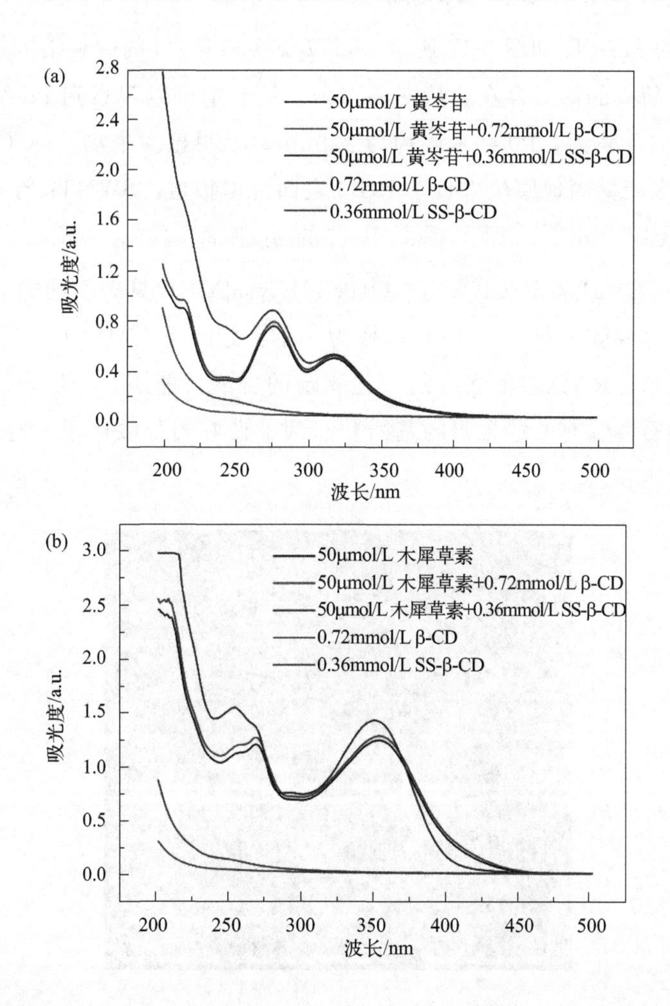


图3-15 黄岑苷（a）和木犀草素（b）的紫外光谱随SS-β-CD和β-CD浓度的变化

别与 SS-β-CD 和 β-CD 的结合情况。如图（a）所示，黄岑苷在 277nm 和 318nm 处出现两个较大吸收峰，当加入 β-CD 后两组吸收峰缓慢增强，而加入 SS-β-CD 后两组吸收峰显著增强，说明黄岑苷与 SS-β-CD 之间的结合要强于 β-CD。木犀草素在 269nm 和 352nm 处出现两组吸收峰，如图（b）所示，木犀草素与 SS-β-CD 的测试吸光度明显高于 β-CD，说明木犀草素与 SS-β-CD 之间的结合作用要强于 β-CD。吸光度的升高是由于黄岑苷/木犀草素小分子进入 SS-β-CD 的两个疏水空腔，形成包合物，导致其发色团电子更加活跃[38,39,76]。

### 3.2.3.2 SS-β-CD-Pd@RGO 纳米复合材料的表征

RGO 的 SEM 图如图 3-16 所示，可以观察到 RGO 的微观结构是典型的薄片层状，有随机的褶皱存在。从图 3-17(a)～(c)中可以观察到 Pd 纳米簇成功地负载于 RGO 表面，Pd 纳米簇约为 2.0nm，无明显的聚集。RGO 作为还原剂使 Pd 纳米簇稳固地原位生长于 RGO 表面。据报道，SWNTs 与 GO 可以分别还原 $AuCl_4^-$/$PdCl_4^{2-}$ 而不需要其它的还原剂[51,77]。$AuCl_4^-$ 与 SWNTs（0.5V vs. SCE）或者 $PdCl_4^{2-}$ 与 GO(0.48V vs. SCE）具有不同的氧化还原电位。类似于这些碳材料，RGO 可以作为一个良好的还原剂用于合成 Pd@RGO 复合纳米材料。RGO 表面含有的一些剩余的含氧官能团（一般来说，通过还原法产生的石墨烯有一些含氧的基团）起到了良好的分散作用，避免了 Pd 纳米簇的过度生长。

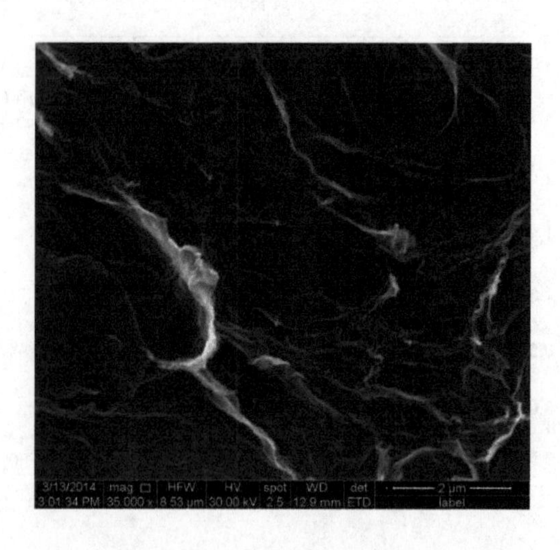


图 3-16 RGO 的 SEM 图

同时，我们对 RGO、β-CD-Pd@RGO 与 SS-β-CD-Pd@RGO 的复合材料进行了红外光谱与热重测试，结果如图 3-17(d)、(e)所示，从红外谱图上可以观察到，RGO 除了残留的含氧基团的弱吸收外基本上无其它特征吸收。而 β-CD-Pd@RGO 与 SS-β-CD-Pd@RGO 的红外谱图显示出 CD 的特征吸收，C—O/C—C 的伸缩振动峰/O—H 的弯曲振动峰位于 1090$cm^{-1}$ 处，C—O—C 的伸缩振动峰/O—H 的弯曲振动耦合峰在 1204$cm^{-1}$ 处，以及 3435$cm^{-1}$ 处的 O—H 伸缩振动峰，表明 β-CD 与 SS-β-CD 已成功负载于 RGO 表面。进一步地，我们对其进行了热重分析，如图 3-17(e) 所示，RGO 原料由于含有不稳定的含氧官能团，在温度达到 600℃左右时有 24%的重量损失。而 β-CD-Pd@RGO 在 260℃时出现了明显的重量损失，这是由于 β-CD 的分解，600℃时，重量损失了 60%。相同地，SS-β-CD-Pd@RGO 在 260℃时重量出现断崖式下降，这是由于 SS-β-CD 的分解，直到 600℃时 SS-β-CD 重量损失达到了 61%。根据 TGA 测试结果，得出 β-CD 与 SS-β-CD 负载量分别约为 36.0%与 37.0%，值得注意的是，SS-β-CD 在 RGO 上的负载量与 β-CD 相近。

### 3.2.3.3　电极修饰及电化学表征

如图 3-17(f) 所示，通过 EIS 测试对电极表面性质进行研究，$R_{ct}$ 与谱图中测试曲线半圆直径成正比。频率范围为 $10^{-1}$～$10^{5}$Hz，电压固定在 0.1V，2.0mmol/L$[Fe(CN)_6]^{3-/4-}$ 作为电解质溶液。图（f）中，从 GCE、RGO/GCE、Pd@RGO/GCE、β-CD-Pd@RGO/GCE 与 SS-β-CD-Pd@RGO/GCE 的 $R_{ct}$ 测试结果，可以观察到 GCE 的 $R_{ct}$ 值约为 800Ω，而 RGO/GCE 的 $R_{ct}$ 值显著减小，表明 RGO/GCE 在电极和电解质之间形成了良好的电子传导通路，电导率增大，导电性增强。当 Pd@RGO 修饰于电极表面时，半圆直径继续减小，这是由于 Pd 纳米簇促进界面电荷转移。我们观察到 β-CD-Pd@RGO/GCE 与 SS-β-CD-Pd@RGO/GCE 的 $R_{ct}$ 值增大到 1500Ω，表明大量的 β-CD 与 SS-β-CD 分子成功附着在 Pd@RGO 表面，这一测试结果与 TGA 测试中的结论相一致。

如图 3-18(a) 所示，2.0mmol/L$[Fe(CN)_6]^{3-/4-}$ 作为电解质溶液，在 50～400mV·$s^{-1}$ 范围内，进行 SS-β-CD-Pd@RGO/GCE 的不同扫描速率 CV 测试。氧化峰电流（$I_{pa}$）与还原峰电流（$I_{pc}$）都随着扫描速率的增大而增大。峰电流大小与扫描速率的平方根成线性关系，如图 3-18(b) 所示，表

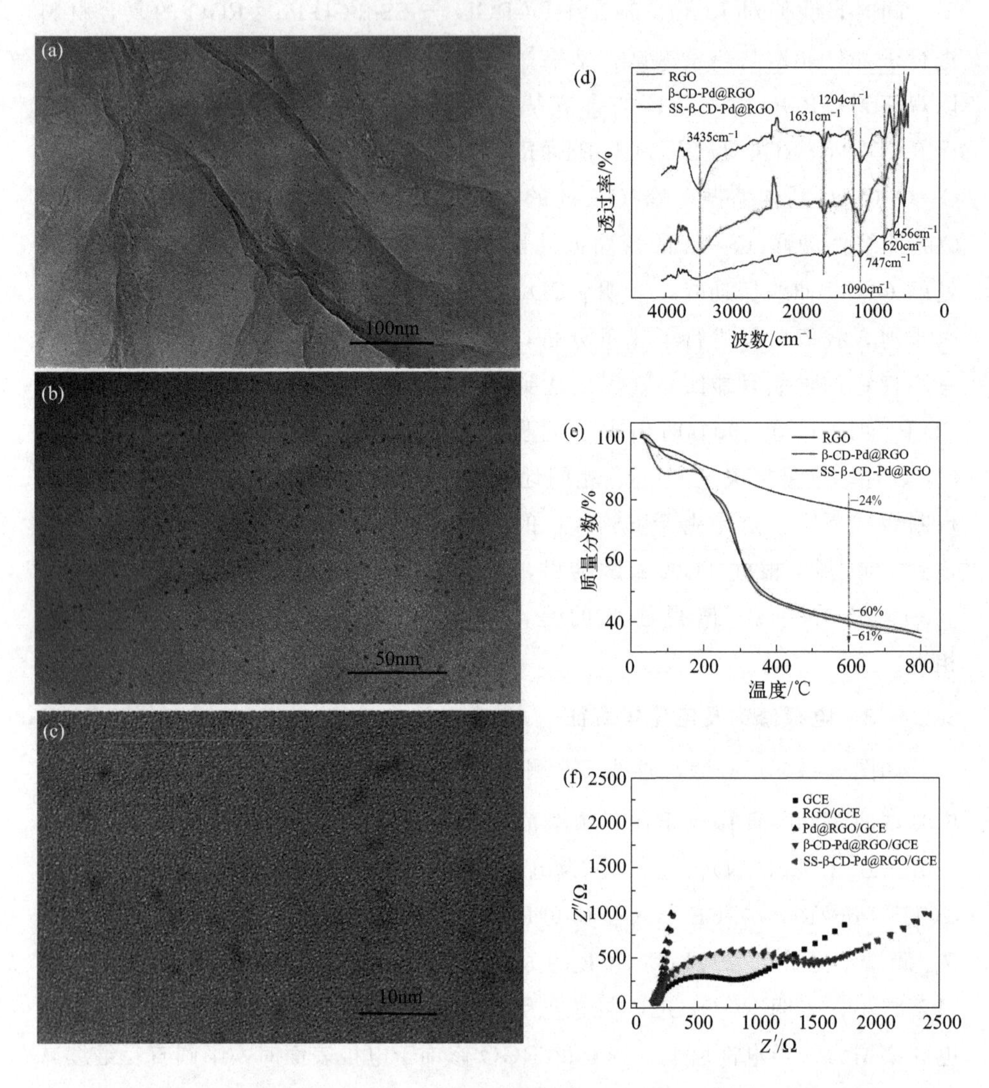


图 3-17 Pd@RGO 在不同放大倍率下的 TEM 图（a）～（c）；RGO、β-CD-Pd@RGO 及 SS-β-CD-Pd@RGO 的红外谱图（d）；RGO、β-CD-Pd@RGO 及 SS-β-CD-Pd@RGO 的热重分析（e）；RGO、β-CD-Pd@RGO 及 SS-β-CD-Pd@RGO 的 EIS 谱图（f）

明电极反应是一种吸附控制的电化学过程[78]。线性方程为 $I_{pa}(\mu A)=0.30v(mV/s)+36.3$ 与 $I_{pc}(\mu A)=-0.27v(mV/s)-65.3$。扫描速率与峰电位值也成线性关系，如图 3-18(c) 所示，表明氧化还原电极上的电子传输过程良好。

速率范围内，

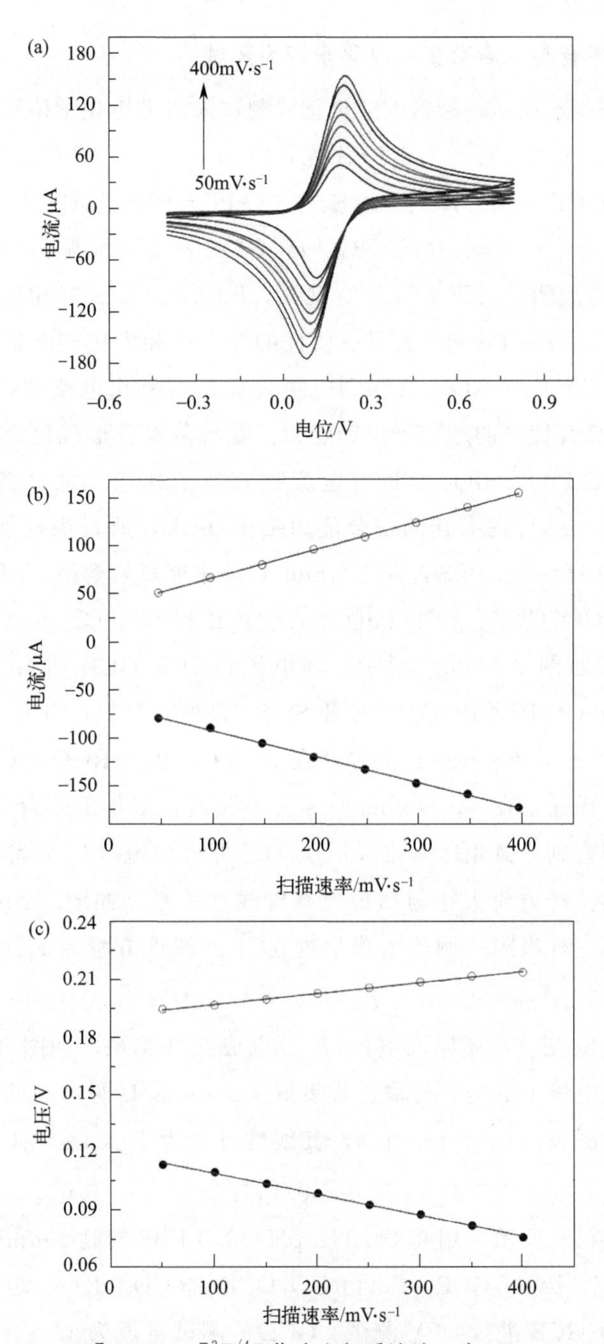


图 3-18　2.0mmol/L[$Fe(CN)_6$]$^{3-/4-}$ 作为电解质溶液，在 50～400mV·$s^{-1}$ 扫描速率范围内，SS-β-CD-Pd@RGO/GCE 的 CV 测试曲线（a）；峰电流大小与扫描速率的线性关系（b）；扫描速率与峰电位的线性关系（c）

#### 3.2.3.4 黄岑苷与木犀草素的电化学行为测试

如图 3-19(a) 所示，通过 CV 氧化峰测试来研究电化学传感平台构建的可行性。用 0.1mol/L pH＝3.0 PBS 配制 20μmol/L 的黄岑苷溶液，分别用 GCE、RGO/GCE、Pd@RGO/GCE、β-CD-Pd@RGO/GCE 及 SS-β-CD-Pd@RGO/GCE 进行 CV 测试。由于 RGO 具有高的表面积和高导电性，RGO 修饰的 GCE 的峰电流明显大于 GCE。直观地，Pd@RGO/GCE 相比于 RGO/GCE 的峰电流增大，说明 Pd 纳米簇具有优良的导电性和大比表面积，电信号显著增强。而当 β-CD-Pd@RGO 修饰到电极表面后，氧化电流进一步显著增加，是由于 β-CD 具有优异的超分子识别能力，能与黄岑苷形成包合物。值得注意的是，SS-β-CD-Pd@RGO/GCE 的电流明显高于其它几种材料构建的电极，这是由于 SS-β-CD 与黄岑苷的结合能力强于 β-CD，所以识别能力显著增强。用 0.1mol/L pH＝3.0 PBS 配制 20μmol/L 的木犀草素溶液，用 GCE、RGO/GCE、Pd@RGO/GCE、β-CD-Pd@RGO/GCE 和 SS-β-CD-Pd@RGO/GCE 进行 CV 测试，如图 3-19(b) 所示，峰电流也随着 GCE、RGO/GCE、Pd@RGO/GCE、β-CD-Pd@RGO/GCE 和 SS-β-CD-Pd@RGO/GCE 逐步增大。

如图 3-20(a)，20μmol/L 黄岑苷在 SS-β-CD-Pd@RGO/GCE 上的 CV 测试曲线，其扫描速率在 50～400$mV \cdot s^{-1}$ 范围内，富集条件为－0.2V、200s。从图中可以观察到，氧化峰电流（$I_{pa}$）与还原峰电流（$I_{pc}$）都随着扫描速率的增大而增大。峰电流大小与扫描速率成线性关系，如图 3-20(b) 所示，表明电极反应是一种吸附控制的电化学过程[55]。线性方程为 $I_{pa}(\mu A)=0.136v(mV/s)+9.15(R^2=0.9985)$ 与 $I_{pc}(\mu A)=-0.042v(mV/s)+0.757$。扫描速率与氧化峰电位($E_{pa}$)/还原峰电位($E_{pc}$)也成线性关系，如图 3-20(c) 所示，表明氧化还原电极上的电子传输过程良好。20μmol/L 的木犀草素在相同条件下测试结果如图 3-21(a)～(c)所示，其线性方程为 $I_{pa}(\mu A)=0.155v(mV/s)+10.59(R^2=0.9985)$ 与 $I_{pc}(\mu A)=-0.146v(mV/s)-7.05$。

如图 3-19(c) 所示，用 0.1mol/L pH＝3.0 PBS 配制 20μmol/L 的黄岑苷溶液，用 GCE、RGO/GCE、Pd@RGO/GCE、β-CD-Pd@RGO/GCE 及 SS-β-CD-Pd@RGO/GCE 进行 DPV 测试。GCE 的测试电流为 1.5μA，直观地，几种材料的电流大小顺序为 GCE＜RGO/GCE＜Pd@RGO/GCE＜β-CD-Pd@RGO/GCE＜SS-β-CD-Pd@RGO/GCE，与 CV 测试结果相一致。SS-β-CD-Pd@RGO/GCE 的电流是 β-CD-Pd@RGO/GC 和 GCE 的 1.5 倍和 24.8 倍，说明

SS-β-CD具有优异的超分子识别能力，能够与黄岑苷形成包合物。用0.1mol/L pH=3.0 PBS配制20μmol/L的木犀草素溶液进行相同条件的DPV测试，如图（d）所示，与黄岑苷的测试结果相一致。综上所述，SS-β-CD-Pd@RGO/GCE在黄岑苷和木犀草素的检测中都显示出最强的检测能力。

如图3-19(e)所示，通过0.1mol/L pH=3.0 PBS配制20μmol/L黄岑苷与10μmol/L木犀草素混合溶液，在SS-β-CD-Pd@RGO/GCE上进行测试，发现在0.30V与0.42V处出现了黄岑苷与木犀草素的氧化峰，检测峰很好地被分开，电位差值约120mV，较大的电位差异有助于对黄岑苷和木犀草素进行同时检测。如图3-19(f)所示，在0.1mol/L pH=3.0 PBS配制的20μmol/L黄岑苷+10μmol/L木犀草素的溶液中，用GCE、RGO/GCE、Pd@RGO/GCE、β-CD-Pd@RGO/GCE及SS-β-CD-Pd@RGO/GCE进行了DPV测试，其测试结果与单组分黄岑苷/木犀草素的相同。以上结果表明，对于黄岑苷与木犀草素的同时检测，SS-β-CD-Pd@RGO/GCE的检测信号明显强于β-CD-Pd@RGO/GCE。

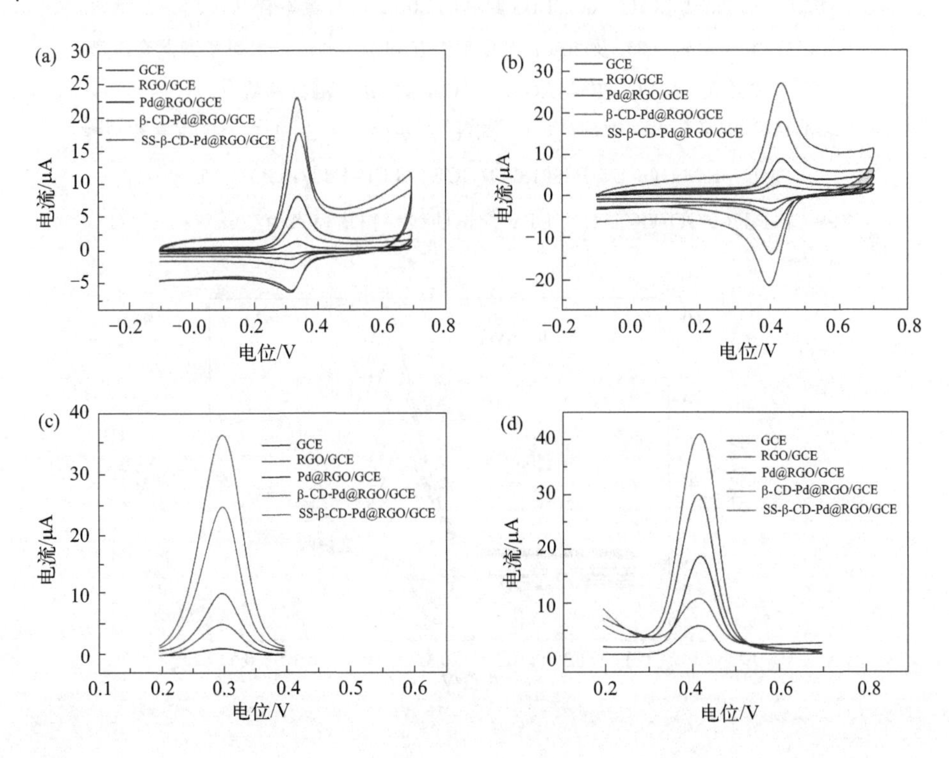


图3-19

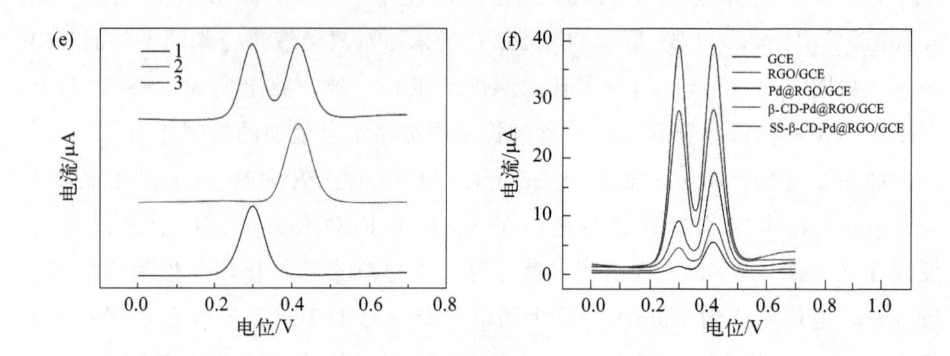


图 3-19　0.1mol/L pH=3.0 PBS 配制的 20μmol/L 黄岑苷（a）与 20μmol/L 木犀草素溶液（b）在 GCE、RGO/GCE、Pd@RGO/GCE、β-CD-Pd@RGO/GCE 与 SS-β-CD-Pd@RGO/GCE 上的 CV 测试曲线；同样电极条件下，0.1mol/L pH=3.0 PBS 配制的 20μmol/L 黄岑苷（c）与 20μmol/L 木犀草素（d）的 DPV 测试曲线；0.1mol/L pH=3.0 PBS 配制的 20μmol/L 黄岑苷（1）、10μmol/L 木犀草素（2）及 20μmol/L 黄岑苷和 10μmol/L 木犀草素混合溶液（3）在 SS-β-CD-Pd@RGO/GCE 上的 DPV 测试曲线（e）；0.1mol/L pH=3.0 PBS 配制的 20μmol/L 黄岑苷+10μmol/L 木犀草素溶液在 GCE、RGO/GCE、Pd@RGO/GCE、β-CD-Pd@RGO/GCE 及 SS-β-CD-Pd@RGO/GCE 上的 DPV 测试曲线，扫描速率为 $50mV \cdot s^{-1}$（f）

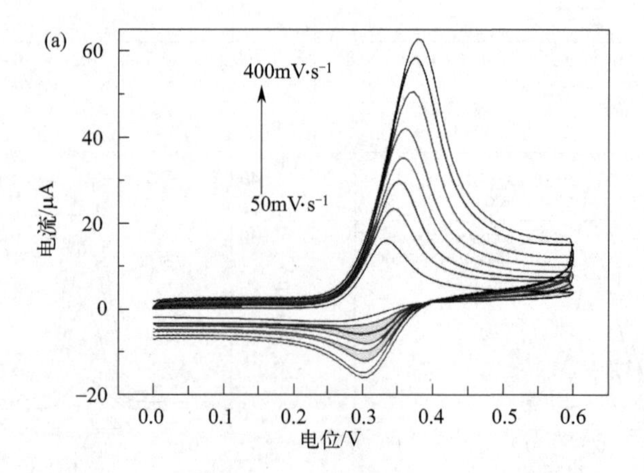

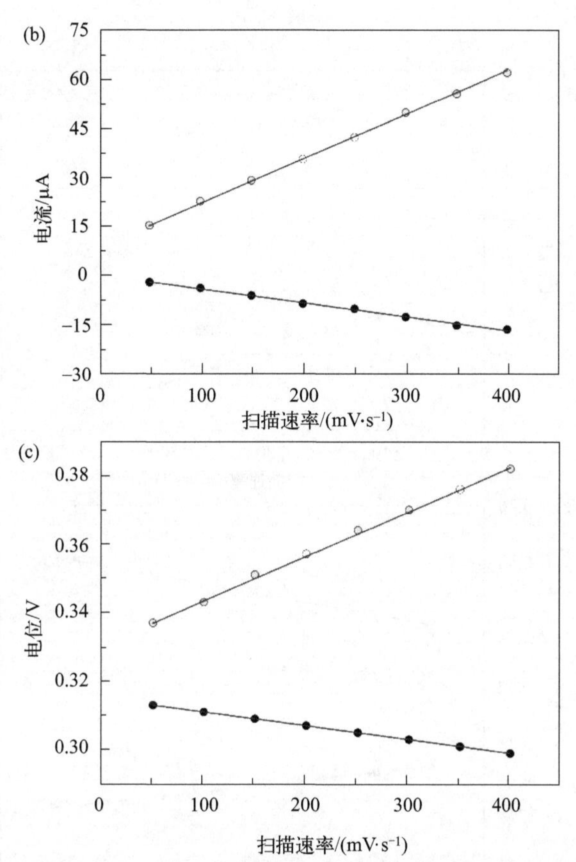


图3-20 在50～400mV·$s^{-1}$扫描速率范围内，0.1mol/L pH=3.0 PBS配制的20μmol/L黄岑苷在SS-β-CD-Pd@RGO/GCE上的CV测试曲线（a）；其峰电流大小与扫描速率之间的线性关系（b）；扫描速率与峰电位值之间的线性关系（c）

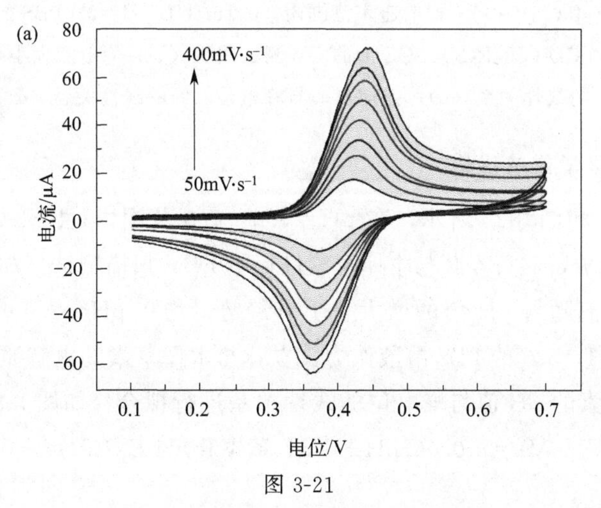


图3-21

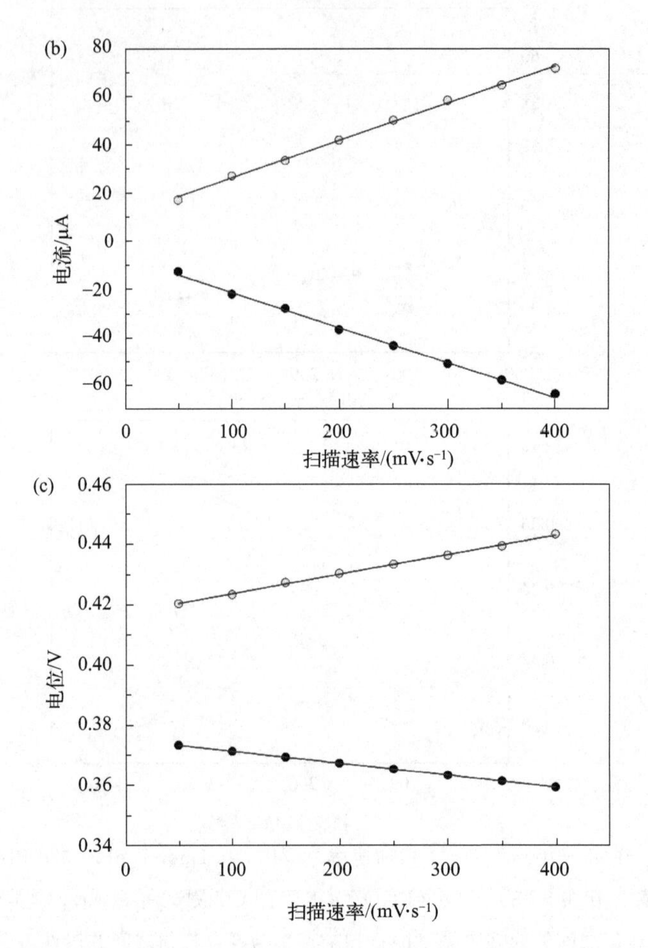


图 3-21 在 50～400mV·$s^{-1}$ 扫描速率范围内，0.1mol/L pH=3.0PBS 配制的 20μmol/L 木犀草素在 SS-β-CD-Pd@RGO/GCE 上的 CV 测试曲线（a）；峰电流大小与扫描速率之间的线性关系（b）；扫描速率与峰电位之间的线性关系（c）

#### 3.2.3.5 电化学传感优化

如图 3-22 和图 3-23 所示，在 pH=3.0～7.0 范围内，SS-β-CD-Pd@RGO/GCE 为工作电极，对黄岑苷与木犀草素进行了 DPV 扫描测试。黄岑苷与木犀草素的氧化峰电流随着 pH 值的增大呈上升趋势，均在 pH=3.0 时达到最大值，所以，选取 pH=3.0 的 PBS 溶液作为黄岑苷与木犀草素的电解质测试液。对黄岑苷和木犀草素的 pH 值与峰电位的线性关系进行拟合，如图 3-24 所示，根据线性回归方程 $E_P$(V)=−0.067pH+0.54(黄岑苷)与 $E_P$(V)=−0.061pH+0.59

(木犀草素)，发现黄岑苷每 pH 值的峰电位变化为 67mV，木犀草素的峰电位变化为 61mV，这与 57.6mV 的理论值[32] 很相近，说明电极上的电子转移是一个等质子交换的氧化还原反应过程。黄岑苷与木犀草素的电子转移氧化机理如图 3-25 所示。

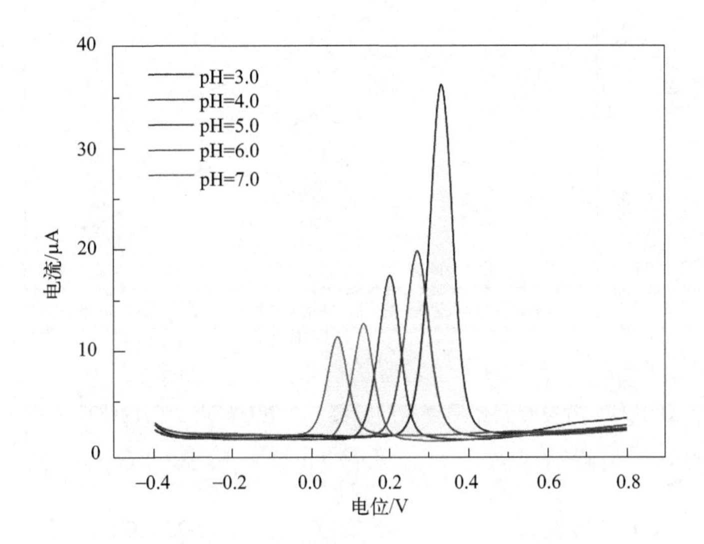


图 3-22　0.1mol/L PBS 配制的 20μmol/L 黄岑苷溶液在 SS-β-CD-Pd@RGO/GCE 上的 pH 优化

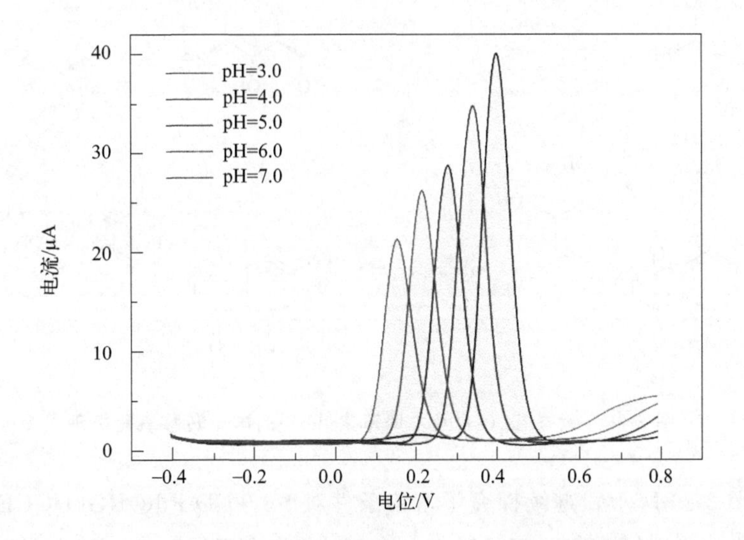


图 3-23　0.1mol/L PBS 配制的 10μmol/L 木犀草素溶液在 SS-β-CD-Pd@RGO/GCE 上的 pH 优化

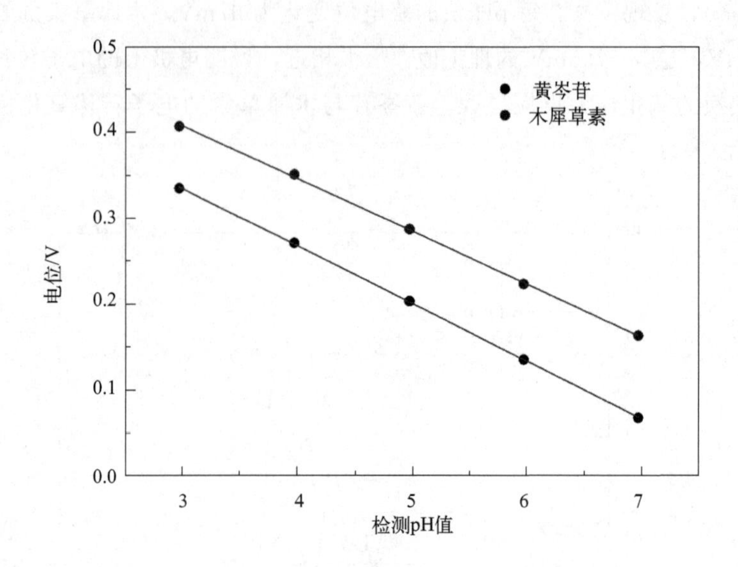


图 3-24　黄芩苷及木犀草素的检测 pH 值与峰电位间的线性关系

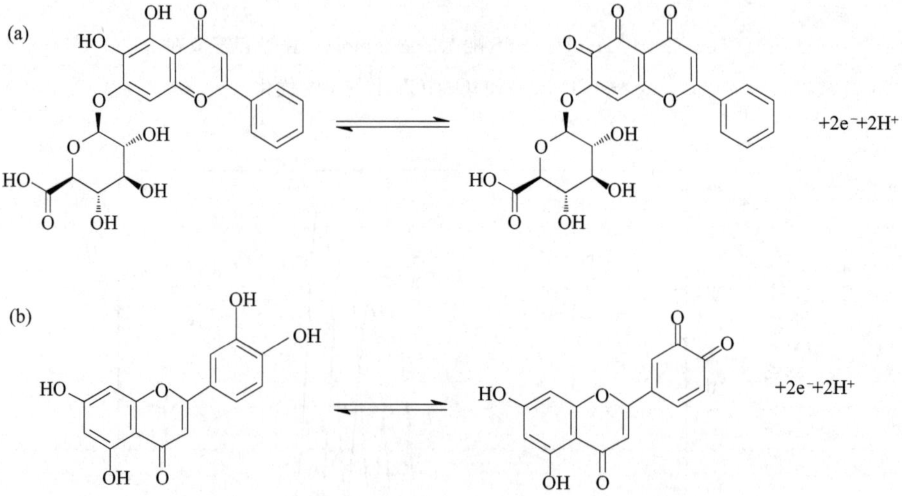

图 3-25　黄芩苷（a）及木犀草素（b）的电子转移氧化机理

如图 3-26 所示，继续探究了富集条件对 SS-β-CD-Pd@RGO/GCE 传感器性能的影响。不同富集时间会对 20μmol/L 黄芩苷及 10μmol/L 木犀草素的氧化峰电流产生影响，随着时间的累积，电流不断增大，当富集时间达到 200s

后，电流值开始趋于稳定，说明此时电流达到饱和状态。我们同样进行了电位测试，如图 3-27 所示，最高氧化峰电流出现在－0.2V 处。因此，最优富集条件为－0.2V、200s。

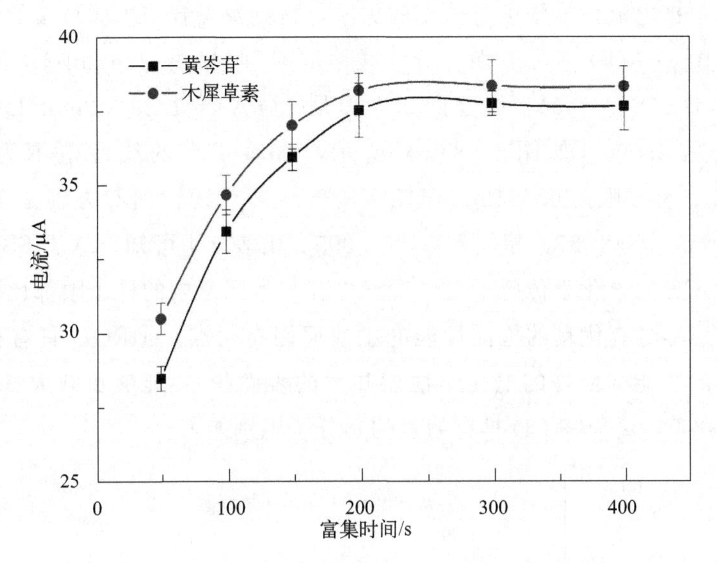


图 3-26　0.1mol/L pH＝3.0 PBS 配制的 20μmol/L 黄芩苷与 10μmol/L 木犀草素溶液在 SS-β-CD-Pd@RGO/GCE 上的富集时间优化，扫描速率为 50mV・s$^{-1}$

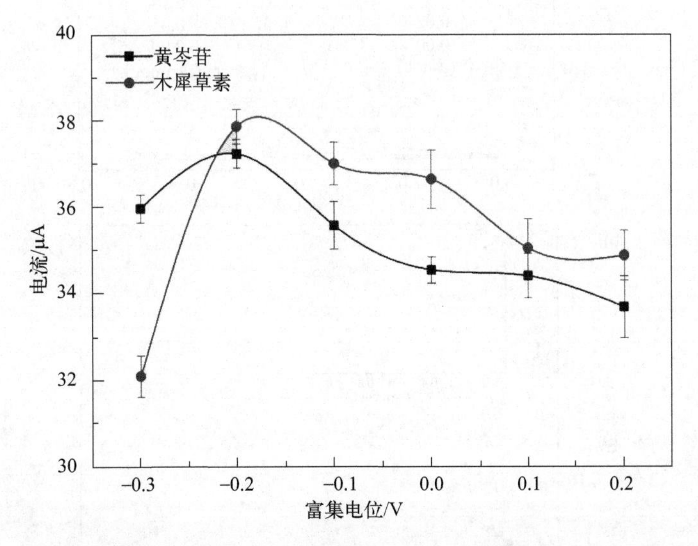


图 3-27　0.1mol/L pH＝3.0 PBS 配制的 20μmol/L 黄芩苷与 10μmol/L 木犀草素溶液在 SS-β-CD-Pd@RGO/GCE 上的富集电位优化，扫描速率为 50mV・s$^{-1}$

#### 3.2.3.6 黄岑苷与木犀草素的 DPV 同时定量检测

如图 3-28 所示，在优化条件下对黄岑苷与木犀草素进行 DPV 检测，可使灵敏度增高，检测限降低。图（a）中，随着浓度的增加，DPV 氧化峰电流不断增大。根据电流信号强度与浓度的关系，得到黄岑苷与木犀草素的定量标准曲线，如图 3-28(b) 所示，黄岑苷的线性范围为 0.02～20μmol/L，检出限为 0.007μmol/L($S/N=3$)，线性回归方程是 $I$(μA)＝1.88$c$(μmol/L)＋1.12，相关系数是 0.996。如图 3-28(c) 所示，木犀草素的线性范围为 0.01～10μmol/L，检出限为 0.0052μmol/L（$S/N=3$），线性回归方程是 $I$(μA)＝3.80$c$(μmol/L)＋1.27，相关系数为 0.995。由表 3-4 可知，基于 SS-β-CD-Pd@RGO/GCE 的电化学传感平台，对黄岑苷与木犀草素的检出限都比较低。该电化学传感器具有优良的检测性能的主要原因有两点：①RGO 具有独特的结构和优异的性能（良好的电化学性能和大的表面积），能够负载大量 Pd 纳米簇和 SS-β-CD；②SS-β-CD 具有超强的超分子识别能力。

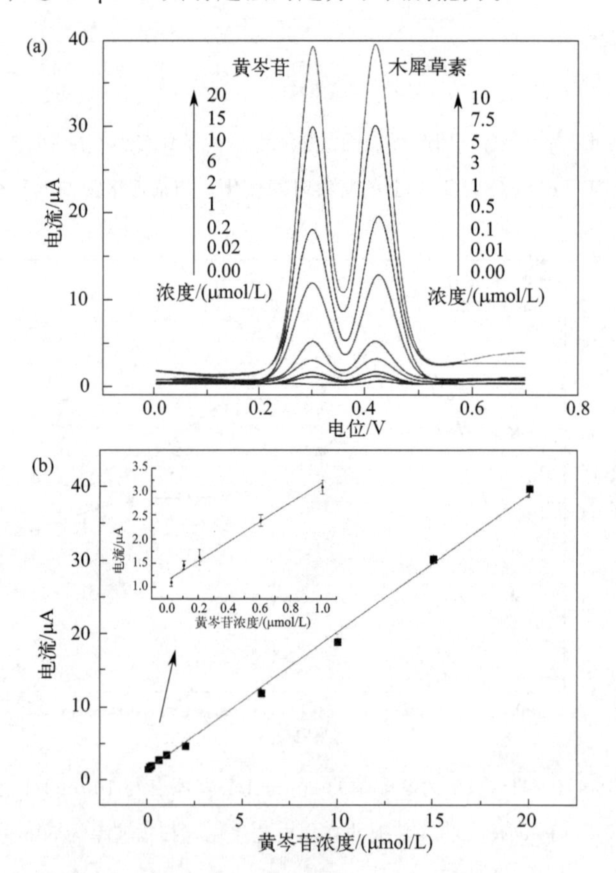

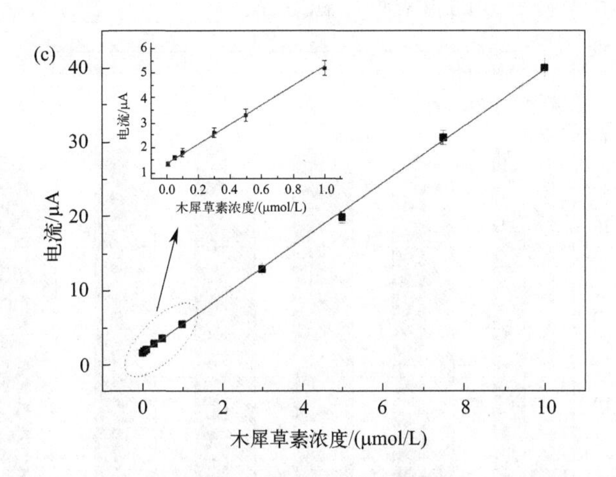


图3-28 0.1mol/L pH=3.0 PBS配制的黄岑苷及木犀草素不同浓度的溶液，在SS-β-CD-Pd@RGO/GCE上的DPV测试曲线（a）；黄岑苷（b）和木犀草素（c）的检测定量标准曲线

**表3-4 不同方法检测黄岑苷及木犀草素的参数对比**

| 样品 | 电极 | 方法 | 线性范围/(μmol/L) | 检出限/(μmol/L) | 参考文献 |
| --- | --- | --- | --- | --- | --- |
| 黄岑苷 | DM-β-CD-GNs/GCE | DPV | 0.04～3.0 | 0.01 | [13] |
| | 圆盘碳电极 | CE-ED | 1.0～1000 | 0.548 | [79] |
| | SS-β-CD-Pd@RGO/GCE | DPV | 0.02～20 | 0.007 | 本研究 |
| 木犀草素 | 圆盘碳电极 | SWV | 0.004～1.0 | 0.001 | [70] |
| | GNs/HA/GCE | DPV | 0.02～10 | 0.01 | [71] |
| | PDDA-G-CNTs/β-CD/GCE | DPV | 0.05～60 | 0.02 | [80] |
| | SS-β-CD-Pd@RGO/GCE | DPV | 0.01～10 | 0.0052 | 本研究 |

### 3.2.3.7 选择性与稳定性样品分析

对葡萄糖、草酸、柠檬酸、尿素、抗坏血酸等常规干扰物用SS-β-CD-Pd@RGO/GCE进行了干扰研究，溶液为20μmol/L黄岑苷/10μmol/L木犀草素溶液。如图3-29所示，10倍浓度的干扰物对检测物几乎零干扰。我们进行了六组重现性实验，发现相对标准偏差（RSD）为4.6%，表明具有较好的重现性。进一步地，对SS-β-CD-Pd@RGO/GCE传感器进行了50圈连续扫描，与初始的峰值电流相比只有7.5%的微小降低。另外，为验证实验结果，每间隔5天再进行测试，15天与30天后，其响应信号是初始信号的94.2%与

84.6%，说明其具有良好的重现性、稳定性。

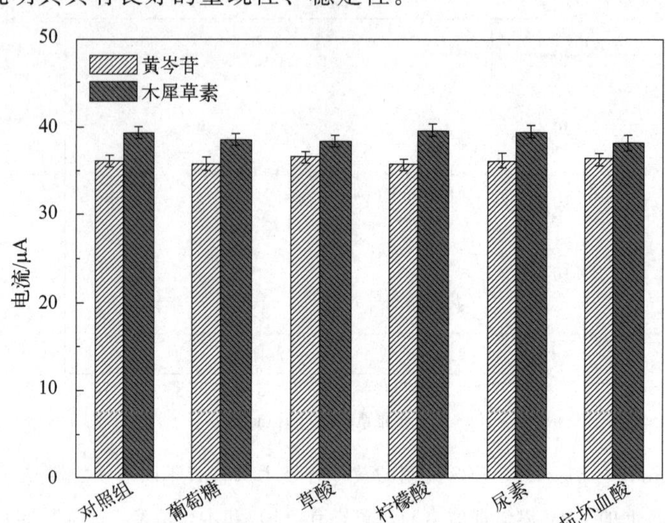


图 3-29 20μmol/L 黄芩苷溶液/10μmol/L 木犀草素溶液在 SS-β-CD-Pd@RGO/GCE 上的干扰性实验

### 3.2.3.8 实际样品检测

用 pH=3.0 PBS 将人体血清稀释 100 倍作为实际样品进行研究，其结果如表 3-5 所示，回收率在 96.6%到 106.0%之间，而相应的相对标准偏差在 2.9%和 5.6%之间。作为低聚糖分子，β-CD 在复杂情况下足够稳定，而 SS-β-CD 相比于 β-CD 具有更强的识别能力和更好的稳定性，因此，适合于实际样本的分析。所以，该传感平台有潜力应用于生物和环境领域的实际样本分析。

表 3-5 黄芩苷与木犀草素在人体血清中的样品检测

| 样品 | 加标量/(μmol/L) | | 标准量/(μmol/L) | | RSD/% | | 回收率/% | |
|---|---|---|---|---|---|---|---|---|
| | 黄芩苷 | 木犀草素 | 黄芩苷 | 木犀草素 | 黄芩苷 | 木犀草素 | 黄芩苷 | 木犀草素 |
| 1 | 1.0 | 0.5 | 1.02 | 0.53 | 4.5 | 5.6 | 102.0 | 106.0 |
| 2 | 10.0 | 5.0 | 9.84 | 4.83 | 3.9 | 4.5 | 98.4 | 96.6 |
| 3 | 15.0 | 7.5 | 15.53 | 7.41 | 3.1 | 2.9 | 103.5 | 98.8 |

## 3.2.4 小结

在本研究中，结合 Pd@RGO 及 SS-β-CD 的优势，建立了基于 SS-β-CD-

Pd@RGO的高灵敏度电化学传感器。大环超分子由于其良好的生物相容性被广泛应用于电化学器件，SS-β-CD作为大环超分子的衍生物，具有更强的识别能力，RGO作为还原剂使Pd纳米簇稳固地负载在RGO表面，因此，该传感器在黄岑苷/木犀草素的同时检测中具有稳定的响应信号。黄岑苷和木犀草素的线性响应范围分别为0.02～20μmol/L和0.01～10μmol/L，检出限分别达到了0.007μmol/L($S/N=3$) 和0.0052μmol/L($S/N=3$)，表明SS-β-CD-Pd@RGO纳米复合材料具有优异的电化学性能，在检测中具有高的电流响应信号。期望CDs衍生物功能化的RGO能够在黄酮类的分析检测中也具有良好的应用前景。

## 参考文献


[1] Uhlenheuer D A, Petkau K, Brunsveld L. Combining supramolecular chemistry with biology [J]. Chemical Society Reviews, 2010, 39 (8): 2817-2826.

[2] Guo Y, Guo S, Ren J, et al. Cyclodextrin functionalized graphene nanosheets with high supramolecular recognition capability: synthesis and host-guest inclusion for enhanced electrochemical performance [J]. ACS Nano, 2010, 4 (7): 4001-4010.

[3] Yang L, Zhao H, Li Y, et al. Electrochemical simultaneous determination of hydroquinone and p-nitrophenol based on host-guest molecular recognition capability of dual β-cyclodextrin functionalized Au@ graphene nanohybrids [J]. Sensors and Actuators B: Chemical, 2015, 207: 1-8.

[4] Zhu G, Zhang X, Gai P, et al. β-Cyclodextrin non-covalently functionalized single-walled carbon nanotubes bridged by 3, 4, 9, 10-perylene tetracarboxylic acid for ultrasensitive electrochemical sensing of 9-anthracenecarboxylic acid [J]. Nanoscale, 2012, 4 (18): 5703-5709.

[5] Zhang M, Yudasaka M, Ajima K, et al. Light-assisted oxidation of single-wall carbon nanohorns for abundant creation of oxygenated groups that enable chemicalmodifications with proteins to enhance biocompatibility [J]. ACS Nano, 2007, 1 (4): 265-272.

[6] Utsumi S, Miyawaki J, Tanaka H, et al. Openingmechanism of internal nanoporosity of single-wall carbon nanohorn [J]. The Journal of Physical Chemistry B, 2005, 109 (30): 14319-14324.

[7] Ojeda I, Garcinuño B, Moreno-Guzmán M, et al. Carbon nanohorns as a scaffold for the construction of disposable electrochemical immunosensing platforms. Application to the determination of fibrinogen in human plasma and urine [J]. Analytical Chemistry, 2014, 86 (15): 7749-7756.

[8] Yang L, Fan S, Deng G, et al. Bridged β-cyclodextrin-functionalized MWCNT with higher supramolecular recognition capability: The simultaneous electrochemical determination of three phenols [J]. Biosensors and Bioelectronics, 2015, 68: 617-625.

[9] Yao Y，Zhang L，Xu J，et al. Rapid and sensitive stripping voltammetric analysis ofmethyl parathion in vegetable samples at carboxylic acid-functionalized SWCNTs-β-cyclodextrinmodified electrode [J] . Journal of Electroanalytical Chemistry，2014，713：1-8.

[10] Lu L M，Qiu X L，Zhang X B，et al. Supramolecular assembly of enzyme on functionalized graphene for electrochemical biosensing [J] . Biosensors and Bioelectronics，2013，45：102-107.

[11] Gao Y S，Wu L P，Zhang K X，et al. Electroanalyticalmethod for determination of shikonin based on the enhancement effect of cyclodextrin functionalized carbon nanotubes [J] . Chinese Chemical Letters，2015，26 (5)：613-618.

[12] Yang F，Han J，Zhuo Y，et al. Highly sensitive impedimetric immunosensor based on single-walled carbon nanohorns as labels and bienzyme biocatalyzed precipitation as enhancer for cancer biomarker detection [J] . Biosensors and Bioelectronics，2014，55：360-365.

[13] Liu Z，Zhang A，Guo Y，et al. Electrochemical sensor for ultrasensitive determination of isoquercitrin and baicalin based on DM-β-cyclodextrin functionalized graphene nanosheets [J] . Biosensors and Bioelectronics，2014，58：242-248.

[14] Yao Y，Xie Y，Hong C，et al. Development of amyricetin/hydroxypropyl-β-cyclodextrin inclusion complex：Preparation，characterization and evaluation [J] . Carbohydrate Polymers，2014，110：329-337.

[15] Zhang K，Xu J，Zhu X，et al. Poly (3，4-ethylenedioxythiophene) nanorods grown on graphene oxide sheets as electrochemical sensing platform for rutin [J] . Journal of Electroanalytical Chemistry，2015，739：66-72.

[16] Wang J，Wang H，Han S. Ultrasensitive determination of epicatechin，rutin and quercetin by capillary electrophoresis chemiluminescence [J] . Acta Chromatographica，2012，24 (4)：679-688.

[17] Şanlı S，Lunte C. Determination of eleven flavonoids in chamomile and linden extracts by capillary electrophoresis [J] . Analytical Methods，2014，6 (11)：3858-3864.

[18] Yang D，Li H，Li Z，et al. Determination of rutin by flow injection chemiluminescencemethod using the reaction of luminol and potassium hexacyanoferrate (Ⅲ) with the aid of response surfacemethodology [J] . Luminescence，2010，25 (6)：436-444.

[19] Kumar A，Malik A K，Tewary D K. A newmethod for determination ofmyricetin and quercetin using solid phasemicroextraction-high performance liquid chromatography-ultra violet/visible system in grapes，vegetables and red wine samples [J] . Analytica Chimica Acta，2009，631 (2)：177-181.

[20] Xu H，Li Y，Tang H W，et al. Determination of rutin with UV-Vis spectrophotometric and laser-induced fluorimetric detections using a non-scanning spectrometer [J] . Analytical Letters，2010，43 (6)：893-904.

[21] Komorsky-Lovrić Š，Novak I. Abrasive stripping voltammetry ofmyricetin and dihydromyricetin [J] . Electrochimica Acta，2013，98：153-156.

[22] Hajian R, Yusof N A, Faragi T, et al. Fabrication of an electrochemical sensor based on gold nanoparticles/carbon nanotubes as nanocompositematerials: determination ofmyricetin in some drinks [J] . PLoS One, 2014, 9 (5): e96686.

[23] Yola M L, Atar N. A novel voltammetric sensor based on gold nanoparticles involved in p-aminothiophenol functionalizedmulti-walled carbon nanotubes: application to the simultaneous determination of quercetin and rutin [J] . Electrochimica Acta, 2014, 119: 24-31.

[24] Yola M L, Gupta V K, Eren T, et al. A novel electro analytical nanosensor based on graphene oxide/silver nanoparticles for simultaneous determination of quercetin andmorin [J] . Electrochimica Acta, 2014, 120: 204-211.

[25] Sun W, Dong L, Lu Y, et al. Electrochemical detection of rutin on nitrogen-doped graphenemodified carbon ionic liquid electrode [J] . Sensors and Actuators B: Chemical, 2014, 199: 36-41.

[26] Liu K, Wei J, Wang C. Sensitive detection of rutin based on β-cyclodextrin@ chemically reduced graphene/Nafion composite film [J] . Electrochimica Acta, 2011, 56 (14): 5189-5194.

[27] Yola M L, Atar N, Üstündağ Z, et al. A novel voltammetric sensor based on p-aminothiophenol functionalized graphene oxide/gold nanoparticles for determining quercetin in the presence of ascorbic acid [J] . Journal of Electroanalytical Chemistry, 2013, 698: 9-16.

[28] Wei Y, Kong L T, Yang R, et al. Electrochemical impedance determination of polychlorinated biphenyl using a pyrenecyclodextrin-decorated single-walled carbon nanotube hybrid [J] . Chemical Communications, 2011, 47 (18): 5340-5342.

[29] Yang L, Zhao H, Li C P, et al. Dual β-cyclodextrin functionalized Au@ SiC nanohybrids for the electrochemical determination of tadalafil in the presence of acetonitrile [J] . Biosensors and Bioelectronics, 2015, 64: 126-130.

[30] Chakraborty S, Basu S, Basak S. Effect of β-cyclodextrin on themolecular properties ofmyricetin upon nano-encapsulation: Insight from optical spectroscopy and quantum chemical studies [J] . Carbohydrate Polymers, 2014, 99: 116-125.

[31] Calabro M L, Tommasini S, Donato P, et al. The rutin/β-cyclodextrin interactions in fully aqueous solution: spectroscopic studies and biological assays [J] . Journal of Pharmaceutical and Biomedical Analysis, 2005, 36 (5): 1019-1027.

[32] Bard A J. Faulkner L R. Electrochemicalmethods [M] . New York: Wiley, 1980.

[33] Tesio A Y, Robledo S N, Granero A M, et al. Simultaneous electroanalytical determination of luteolin and rutin using artificial neural networks [J] . Sensors and Actuators B: Chemical, 2014, 203: 655-662.

[34] Hu S, Zhu H, Liu S, et al. Electrochemical detection of rutin with a carbon ionic liquid electrodemodified by Nafion, graphene oxide and ionic liquid composite [J] . Microchimica Acta, 2012, 178: 211-219.

[35] Zeng B, Wei S, Xiao F, et al. Voltammetric behavior and determination of rutin at a single-walled carbon nanotubesmodified gold electrode [J] . Sensors and Actuators B: Chemical, 2006, 115

(1)：240-246.

[36] Gao F，Qi X，Cai X，et al. Electrochemically reduced graphenemodified carbon ionic liquid electrode for the sensitive sensing of rutin [J] . Thin Solid Films，2012，520 (15)：5064-5069.

[37] Wang X，Cheng C，Dong R，et al. Sensitive voltammetric determination of rutin at a carbon nanotubes-ionic liquid composite electrode [J] . Journal of Solid State Electrochemistry，2012，16：2815-2821.

[38] Zhang Y M，Chen H Z，Chen Y，et al. Molecular binding behaviors of triazole-bridged bis (β-cyclodextrin) s towards cinchona alkaloids [J] . New Journal of Chemistry，2013，37 (5)：1554-1560.

[39] Zhao Y，Gu J，Yang Y C，et al. Molecular selective binding of aliphatic oligopeptides by bridged bis (β-cyclodextrin) s with aromatic diamine linkers [J] . Journal of Molecular Structure，2009，930 (1-3)：72-77.

[40] Li P，Liu Y，Wang X，et al. A new FRET nanoprobe for trypsin using a bridged β-cyclodextrin dimer-dye complex and its biological imaging applications [J] . Analyst，2011，136 (21)：4520-4525.

[41] Liu Y，Li B，You C C，et al. Molecular recognition studies on supramolecular systems. 32. 1 molecular recognition of dyes by organoselenium-bridged bis (β-cyclodextrin) s [J] . The Journal of Organic Chemistry，2001，66 (1)：225-232.

[42] Okabe Y，Yamamura H，Obe K，et al. Synthesis of a ‘head-to-tail’ type cyclodextrin dimer linked by a disulfide bridge [J] . Journal of the Chemical Society，Chemical Communications，1995 (5)：581-582.

[43] Jiang T，Sukumaran D K，Soni S D，et al. The synthesis and characterization of a pyridine-linked cyclodextrin dimer [J] . The Journal of Organic Chemistry，1994，59 (18)：5149-5155.

[44] Nelissen H F M，Feiters M C，Nolte R J M. Synthesis and self-inclusion of bipyridine-spaced cyclodextrin dimers [J] . The Journal of Organic Chemistry，2002，67 (17)：5901-5906.

[45] Hasegawa Y，Miyauchi M，Takashima Y，et al. Supramolecular polymers formed from β-cyclodextrins dimer linked by poly (ethylene glycol) and guest dimers [J] . Macromolecules，2005，38 (9)：3724-3730.

[46] Liu Y，Yang Y W，Zhao Y，et al. Molecular recognition and cooperative binding ability of fluorescent dyes by bridged bis β-cyclodextrins tethered with aromatic diamine [J] . Journal of Inclusion Phenomena and Macrocyclic Chemistry，2003，47：155-160.

[47] Ogoshi T，Hashizume M，Yamagishi T，et al. Chemically responsive supramolecular assemblies of pyrene-β-cyclodextrin dimer [J] . Langmuir，2010，26 (5)：3169-3173.

[48] Yin H，Tang H，Wang D，et al. Facile synthesis of surfactant-free Au cluster/graphene hybrids for high-performance oxygen reduction reaction [J] . Acs Nano，2012，6 (9)：8288-8297.

[49] Cong H P，Ren X C，Wang P，et al. Macroscopicmultifunctional graphene-based hydrogels and aerogels by ametal ion induced self-assembly process [J] . ACS Nano，2012，6 (3)：2693-2703.

[50] Hong W, Shang C, Wang J, et al. Bimetallic PdPt nanowire networks with enhanced electrocatalytic activity for ethylene glycol and glycerol oxidation [J]. Energy & Environmental Science, 2015, 8 (10): 2910-2915.

[51] Chen X, Wu G, Chen J, et al. Synthesis of "clean" and well-dispersive Pd nanoparticles with excellent electrocatalytic property on graphene oxide [J]. Journal of the American Chemical Society, 2011, 133 (11): 3693-3695.

[52] Qi H, Yu P, Wang Y, et al. Graphdiyne oxides as excellent substrate for electroless deposition of Pd clusters with high catalytic activity [J]. Journal of the American Chemical Society, 2015, 137 (16): 5260-5263.

[53] Liu B, Yao H, Song W, et al. Ligand-free noblemetal nanocluster catalysts on carbon supports via "soft" nitriding [J]. Journal of the American Chemical Society, 2016, 138 (14): 4718-4721.

[54] Khomyakov P A, Giovannetti G, Rusu P C, et al. First-principles study of the interaction and charge transfer between graphene andmetals [J]. Physical Review B, 2009, 79 (19): 195425.

[55] Wang Q J, Che J G. Origins of distinctly different behaviors of Pd and Pt contacts on graphene [J]. Physical Review Letters, 2009, 103 (6): 066802.

[56] Cabria I, López M J, Alonso J A. Theoretical study of the transition from planar to three-dimensional structures of palladium clusters supported on graphene [J]. Physical Review B, 2010, 81 (3): 035403.

[57] Zhang L, Ravipati A S, Koyyalamudi S R, et al. Antioxidant and anti-inflammatory activities of selectedmedicinal plants containing phenolic and flavonoid compounds [J]. Journal of Agricultural and Food Chemistry, 2011, 59 (23): 12361-12367.

[58] Okamoto M, Ohta M, Kakamu H, et al. Evaluation of phenyldimethylethoxysilane treated high-performance thin-layer chromatographic plates. Application to analysis of flavonoids in Scutellariae radix [J]. Chromatographia, 1993, 35: 281-284.

[59] Sheu S J, Lu C F. Capillary electrophoresis determination of six bioactive constituents in Sanhuang-hsieh-hsin-tang [J]. Journal of High Resolution Chromatography, 1996, 19 (7): 409-412.

[60] Liu Y M, Sheu S J. Determination of the sixmajor flavonoids in Scutellariae Radix bymicellar electrokinetic capillary electrophoresis [J]. Analytica Chimica Acta, 1994, 288 (3): 221-226.

[61] Liu C S, Song Y S, Zhang K J, et al. Gas chromatographic/mass spectrometric profiling of luteolin and itsmetabolites in rat urine and bile [J]. Journal of Pharmaceutical and Biomedical Analysis, 1995, 13 (11): 1409-1414.

[62] Lin M C, Tsai M J, Wen K C. Supercritical fluid extraction of flavonoids from Scutellariae Radix [J]. Journal of Chromatography A, 1999, 830 (2): 387-395.

[63] Chang Q, Zhu M, Zuo Z, et al. High-performance liquid chromatographicmethod for simultaneous determination of hawthorn active components in rat plasma [J]. Journal of Chromatography

B：Biomedical Sciences and Applications，2001，760（2）：227-235.

[64] Areias F M，Valentao P，Andrade P B，et al. Phenolic fingerprint of peppermint leaves [J]. Food Chemistry，2001，73（3）：307-311.

[65] Wittemer S M，Veit M. Validatedmethod for the determination of sixmetabolites derived from artichoke leaf extract in human plasma by high-performance liquid chromatography-coulometric-array detection [J]. Journal of Chromatography B，2003，793（2）：367-375.

[66] Favaro G，Clementi C，Romani A，et al. Acidichromism and ionochromism of luteolin and apigenin，themain components of the naturally occurring yellow weld：a spectrophotometric and fluorimetric study [J]. Journal of Fluorescence，2007，17：707-714.

[67] Grayer R J，Kite G C，Abou-Zaid M，et al. The application of atmospheric pressure chemical ionisation liquid chromatography-mass spectrometry in the chemotaxonomic study of flavonoids：characterisation of flavonoids from Ocimum gratissimum var. gratissimum [J]. Phytochemical Analysis：An International Journal of Plant Chemical and Biochemical Techniques，2000，11（4）：257-267.

[68] Van Elswijk D A，Schobel U P，Lansky E P，et al. Rapid dereplication of estrogenic compounds in pomegranate（Punica granatum）using on-line biochemical detection coupled tomass spectrometry [J]. Phytochemistry，2004，65（2）：233-241.

[69] Zhao D，Zhang X，Feng L，et al. Sensitive electrochemical determination of luteolin in peanut hulls usingmulti-walled carbon nanotubesmodified electrode [J]. Food Chemistry，2011，127（2）：694-698.

[70] Wu S H，Zhu B J，Huang Z X，et al. A heated pencil lead disk electrode with direct current and its preliminary application for highly sensitive detection of luteolin [J]. Electrochemistry Communications，2013，28：47-50.

[71] Pang P，Liu Y，Zhang Y，et al. Electrochemical determination of luteolin in peanut hulls using graphene and hydroxyapatite nanocompositemodified electrode [J]. Sensors and Actuators B：Chemical，2014，194：397-403.

[72] Tesio A Y，Granero A M，Vettorazzi N R，et al. Development of an electrochemical sensor for the determination of the flavonoid luteolin in peanut hull samples [J]. Microchemical Journal，2014，115：100-105.

[73] Ibrahim H，Temerk Y. Novel sensor for sensitive electrochemical determination of luteolin based on $In_2O_3$ nanoparticlesmodified glassy carbon paste electrode [J]. Sensors and Actuators B：Chemical，2015，206：744-752.

[74] Tang B，Liang H L，Xu K H，et al. An improved synthesis of disulfides linked β-cyclodextrin dimer and its analytical application for dequalinium chloride determination by spectrofluorimetry [J]. Analytica Chimica Acta，2005，554（1-2）：31-36.

[75] Fan X，Peng W，Li Y，et al. Deoxygenation of exfoliated graphite oxide under alkaline conditions：a green route to graphene preparation [J]. Advanced Materials，2008，20（23）：

4490-4493.

[76] Chen D, Chen Z, Xu K, et al. Studies on the supramolecular interaction between dimethomorph and disulfide linked β-cyclodextrin dimer by spectrofluorimetry and its analytical application [J]. Journal of Agricultural and Food Chemistry, 2011, 59 (9): 4424-4428.

[77] Choi H C, Shim M, Bangsaruntip S, et al. Spontaneous reduction ofmetal ions on the sidewalls of carbon nanotubes [J]. Journal of the American Chemical Society, 2002, 124 (31): 9058-9059.

[78] Molina J, Fernández J, García C, et al. Electrochemical characterization of electrochemically reduced graphene coatings on platinum. Electrochemical study of dye adsorption [J]. Electrochimica Acta, 2015, 166: 54-63.

[79] Chen G, Zhang H, Ye J. Determination of baicalein, baicalin and quercetin in Scutellariae Radix and its preparations by capillary electrophoresis with electrochemical detection [J]. Talanta, 2000, 53 (2): 471-479.

[80] Lu D, Lin S, Wang L, et al. Sensitive detection of luteolin based on poly (diallyldimethylammonium chloride)-functionalized graphene-carbon nanotubes hybrid/β-cyclodextrin composite film [J]. Journal of Solid State Electrochemistry, 2014, 18: 269-278.

第4章

# 碳量子点的绿色合成及其在爆炸物中的高选择性及高灵敏检测研究

## 4.1 基于水溶性柱[6]芳烃功能化的氮掺杂碳量子点构建高效的TNT电化学传感平台

### 4.1.1 引言

基于大环超分子主体构建的光/电化学传感器，具有高选择性和高灵敏度，能够对不同分析物进行快速识别[1]。目前，众多学者致力于大环超分子（如，环糊精、杯芳烃、柱芳烃等）与碳纳米复合材料（如，石墨烯、碳量子点与碳纳米管等）的制备及多种应用研究，如应用于电化学/生物传感、荧光传感、生物成像以及药物传递等。当前，CD功能化材料的研究已较为深入[2,3]。例如，Guo等人[4]合成了CD与石墨烯的复合物，检测中发现相比于未经修饰的石墨烯，CD功能化石墨烯对目标客体分子具有显著的超分子识别能力以及更强的电化学响应。Yang等人利用桥连功能化碳纳米管构建的电化学传感器用于三种酚类物质的同时检测[5]。此外，磺化杯芳烃修饰的石墨烯被证实可以用于荧光传感，并对细胞中的左旋肉碱有特异性响应[6]及电化学传感应用[7]。柱芳烃作为一种新的大环主体，具有疏水的可以供给电子的空腔[8-15]，其易合成、易衍生化且对比于传统的大环分子在水相中具有更高的分子识别能力[16-19]。关于柱芳烃的自组装、主客体化学、合成以及衍生化方面的应用已经被广泛研究[20-24]，而它在光/电化学传感方面的应用报道还很少[25]。

碳量子点（CQDs）具备独特的性质，如良好的水溶性、绿色易合成、易被功能化、良好的生物兼容性以及光致发光性质等[26-35]。CQDs 可以替代具有毒性的过渡金属量子点，在电化学/生物传感、荧光传感、生物成像以及药物传递中有潜在的应用。氮掺杂碳量子点（N-CQDs）[36]、氮掺杂石墨烯量子点[37]、氮掺杂的还原氧化石墨烯[38] 等，具有较高的电催化活性。其中，N-CQDs 已广泛应用于现阶段的研究。然而，N-CQDs 在实际应用中仍存在困难，如无法很好地识别目标分析物。针对这一问题，如果通过氢键以及 π-π 相互作用将水溶性柱芳烃功能化修饰在 N-CQDs 上，这将会得到具有良好的超分子识别能力、富集能力以及电化学催化能力的复合型材料，在电化学传感中具有潜在应用。另外，TNT，即 2,4,6-三硝基甲苯，是一种爆炸物应用于国防与军事中[36,37]，TNT 分子具有毒性、易诱发突变，存在于受污染的地下水及土壤中，急需建立一种快速灵敏的方法对其进行检测。目前，电化学传感技术由于其高选择性、易操作、低成本、低的检出限等优势，被广泛应用于 TNT 的检测[39]。电极材料如 AgNPs-石墨烯[40]、离子液体石墨烯[41]、Pt/Pd 纳米立方-石墨烯[42] 以及金属氧化物等被开发应用于 TNT 的检测[43,44]。

本研究中，结合水溶性柱 [6] 芳烃（WP6）与氮掺杂碳量子（N-CQDs）的优势，构建高灵敏度、高选择性的 WP6-N-CQDs 电化学传感平台对 TNT 进行电化学还原检测。N-CQDs 通过微波法进行合成。本章中还进一步对比了空腔大小相近的 β-CD 与 WP6，两者分别通过氢键相互作用、π-π 相互作用修饰于 N-CQDs 表面，研究表明，针对 TNT 的检测 WP6-N-CQDs 比 β-CD-N-CQDs 具有更强的响应信号。电化学传感平台的构建如图 4-1 所示，WP6[45] 的合成路线如图 4-2 所示。

### 4.1.2　实验部分

#### 4.1.2.1　实验仪器

HitachiHimac CR21G 高速离心机，CHI660E 电化学工作站（上海辰华），TAQ50 热重分析仪，紫外-可见分光光度计（上海尤尼柯），SCIENTIFIC Nicolet IS10 傅里叶变换红外光谱仪，200kV 电压下进行样品表征的 JEM 2100 透射电镜（transmission electron microscope，TEM），用能量色散对样品的成分元素进行分析的 X 射线能谱仪（EDX）。以 Cu-Kα 射线源为光源在 D8 ANCE 衍射仪上进行 XRD 检测（电压为 30kV，电流为 15mA，波长为 0.154059nm）。在 ESCALAB-MKⅡ光谱仪上，以 Al-Kα 为辐射体的高分辨 X

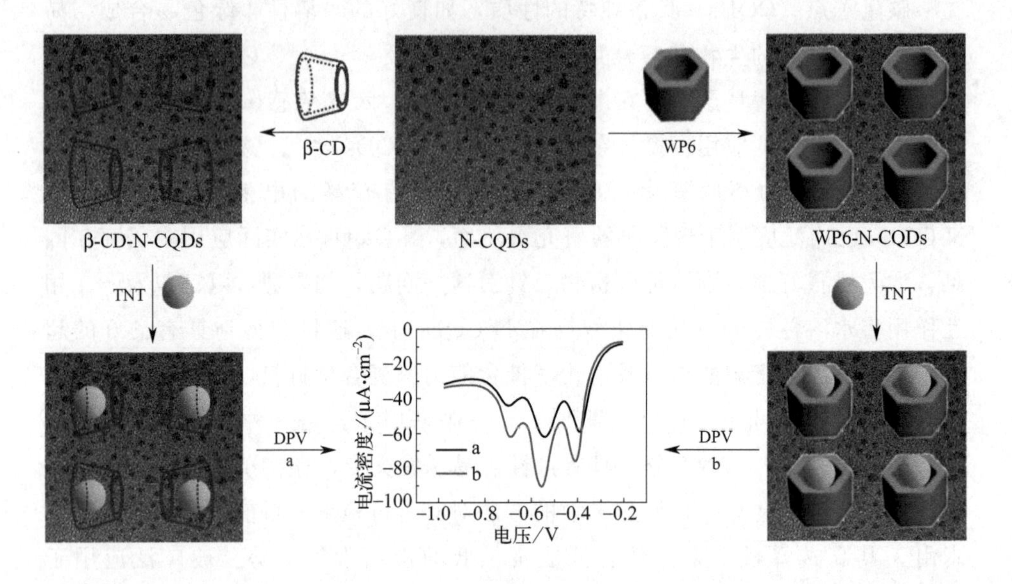


图 4-1　WP6-N-CQDs 与 β-CD-N-CQDs 电化学传感平台的构建及其对 TNT 的检测

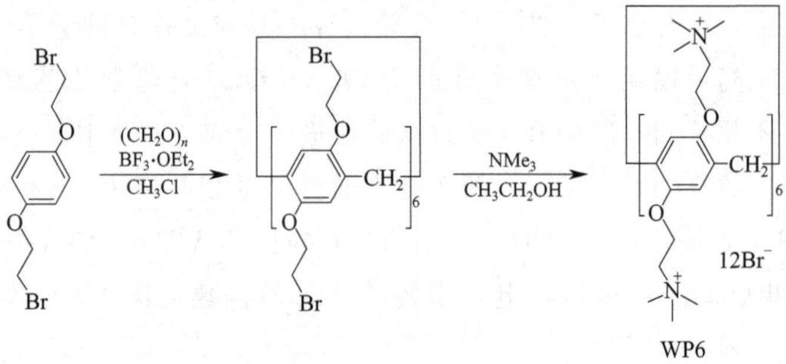

图 4-2　WP6 的合成路线

射线光电子能谱（XPS），其结合能是通过 C 1s 峰能量值 284.6eV 进行校准的。

### 4.1.2.2　试剂材料

WP6[45] 根据图 4-2 进行合成，TNT、TNP、NB、4-NT、2-NT、2,6-DNT、2,4-DNT 均来自上海 Adamas 试剂有限公司，β-CD 买自上海 Aladdin 试剂有限公司，其它所有试剂均为分析纯，不经过进一步纯化。实验用的超纯水是经 Milli-Q（电阻率≥18.25MΩ · cm）超纯水处理系统纯化的。

#### 4.1.2.3　N-CQDs 的合成

采用超声法将 3g 柠檬酸、3g 尿素混合分散于 10.0mL DW 中，再将混合溶液放入微波反应器，800W 反应 4min，从无色溶液变为棕色固体，表明已得到 N-CQDs。用 DW 离心清洗三次，并保留棕色上清液去除其沉淀。最后，冷冻干燥上层溶液得到 N-CQDs 粉末样品。

#### 4.1.2.4　β-CD-N-CQDs 与 WP6-N-CQDs 的合成

配制 50.0mL 浓度为 $1.0mg \cdot mL^{-1}$ 的 WP6 水溶液，再将 100.0mL N-CQDs 加入到上述溶液中，室温下超声 4h。用 DW 离心清洗三次去除游离的 WP6，转速为 18000r/min。最后，冷冻干燥得到 WP6-N-CQDs 复合物。β-CD-N-CQDs 的制备方法与上述相同。

#### 4.1.2.5　工作电极的修饰及构建

将玻碳电极用电极抛光布、氧化铝粉末（0.05mm 和 0.3mm）进行抛光处理，然后用 DW 和乙醇清洗 3 次，常温下晾干备用，用 DW 配制 $1.0mg \cdot mL^{-1}$ 的 WP6-N-CQDs 的均匀分散液，移取 5μL 上述分散液滴到玻碳电极上，经室温干燥待测。WP6-N-CQDs/GCE、β-CD-N-CQDs/GCE 与 N-CQDs/GCE 均按上述操作过程来制备，以供电化学测试时使用。

#### 4.1.2.6　电化学测试

本研究中用 CHI660E 电化学工作站（上海辰华）进行测试，采用三电极体系，对电极为固定在电解池中的铂电极，参比电极为甘汞电极，工作电极为复合材料修饰的 GCE。不同浓度的 TNT 溶液用 0.1mol/L pH＝7.0 PBS 配制，DPV 测试范围为－0.2～1.0V，扫描速率为 $50mV \cdot s^{-1}$。EIS 测试频率范围是 $10^{-1}$～$10^{5}$ Hz，2.0mmol/L $[Fe(CN)_6]^{3-/4-}$ 作为电解质溶液。本研究中测试均在室温下进行，所有电极电位均是相对于甘汞电极而言的。

#### 4.1.2.7　分子对接理论研究

计算中采用的参数为：Gasteiger 电荷、Powell 方法能量优化、Tripos 力场，能量的收敛标准为 0.05kcal/mol，迭代 100 次，而其余参数均是默认值。TNT 小分子与 β-CD/WP6 的晶体结构均从剑桥数据库中心（CCDC）获得。需采用 AutoDockTool 对主体分子进一步处理，加入极性 H 原子与电荷，文件保存为 pdbqt 格式（扩展 pdb 格式）。经过上述操作，分别得到了主体分子和客体小分子的结构以及 Gasteiger 电荷。采用 AutoDock4.2 软件进行分子对接作用研究，AutoDock 通过拉马克遗传算法来搜索分子间相互作用的构象，并采用半经验法计算主体与客体间的结合能，能量越低则结合能力越强。在活性位点区域使用 AutoGrid 对格点能量进行计算，格点间隔是 0.375Å，网格大小是 60×60×60，整个主体分子空腔要包含在设定活性空腔内，采用 ADT 计算次数设置遗传算法 50，设置最大迭代数为 25000000，种群数为 150，其余参数均是默认值。保存 dpf 对接文件，得到 dlg 输出文件后，再进行分子对接研究。

### 4.1.3 结果与讨论

#### 4.1.3.1 β-CD-N-CQDs 与 WP6-N-CQDs 材料的表征

通过 TEM 测试对 N-CQDs 的形貌进行表征，如图 4-3(a) 所示，可以观察到 N-CQDs 呈单分散，对 100 个量子点进行尺寸测量，发现尺寸分布为 (1.6±0.3)nm 左右（插图部分）。β-CD-N-CQDs 与 WP6-N-CQDs 的 TEM 测试结果如图 4-4 所示，相比于 N-CQDs［图 4-3(a)］，β-CD-N-CQDs 与 WP6-N-CQDs 的尺寸（2.0nm 左右）大于 N-CQDs［(1.6±0.3)nm］的尺寸。N-CQDs 的拉曼光谱测试如图 4-3(b) 所示，D 峰（$sp^3$ 杂化）出现在 $1360cm^{-1}$ 附近，而 G 峰（$sp^2$ 杂化）出现在 $1598cm^{-1}$ 附近[29]。利用 XRD 表征进一步探究了 N-CQDs 的晶体结构，数据结果如图 4-3(c) 所示，在 $2\theta=26°$ 处出现较宽的特征衍射峰，这与石墨烯的晶体结构类似，归属于高度无序结构的 C 原子，以上结果表明，N-CQDs 与石墨烯具有相似的结构，且与之前报道的结果相一致[30,46]。

对 N-CQDs、β-CD 与 β-CD-N-CQDs 进行了 FTIR 样品分析，从图 4-3(d) 中可以观察到，N-CQDs 的特征吸收峰在 $3500\sim3100cm^{-1}$ 处，这是 N—H 与 O—H 的伸缩振动峰。$1460\sim1350cm^{-1}$ 处是 $CH_2$ 的伸缩振动峰，而 $1710\sim1610cm^{-1}$ 处的特征峰是 C═O 的弯曲振动峰[29]。β-CD-N-CQDs 的红外谱图中显示出 CD 的特征吸收，C—O/C—C 的伸缩振动峰/O—H 的弯曲振动峰位置在 $1029cm^{-1}$，C—O—C 的伸缩振动峰/O—H 的弯曲振动耦合峰在 $1152cm^{-1}$ 处，C—H/O—H 的弯曲振动峰在 $1410cm^{-1}$ 处，$CH_2$ 的伸缩振动峰在 $2925cm^{-1}$ 处，表明 β-CD 已成功修饰于 N-CQDs 表面[4,5]。N-CQDs、WP6 与 WP6-N-CQDs 的 FTIR 测试如图 4-3(e) 所示，WP6-N-CQDs 在

$1490cm^{-1}$、$2950cm^{-1}$ 与 $3013cm^{-1}$ 处均有特征吸收峰出现，分别是芳香骨架的伸缩振动峰，$CH_3$ 与 C—H 的峰[15]，结果表明 WP6 已成功修饰于 N-CQDs 表面。

根据β-CD与WP6的分子结构推测它们的自组装作用力来源于氢键作用力以及π-π相互作用。β-CD与N-CQDs的表面含有大量的—OH官能团，因此二者之间会出现较强的氢键作用。同时，带有苯环的柱芳烃与N-CQDs之间存在π-π相互作用[15]。为探究β-CD与WP6在N-CQDs表面的负载量，我们对其进行了TGA，如图4-3(f)所示，N-CQDs在200℃左右时出现明显的重量损失，这是由于含氧官能团的热解，当温度达到600℃时重量损失约58.0%。而β-CD-N-CQDs在260℃时出现了明显的重量损失，这是由于β-CD的分解[3,47]，当达到600℃时，重量损失达到了75.0%。初步估算，β-CD在N-CQDs表面的负载量约为17.0%。WP6-N-CQDs在300℃时重量出现断崖式下降，这是由于WP6的分解[15]，直到600℃时WP6-N-CQDs的重量损失达到了80.0%。根据测试结果，得出WP6在N-CQDs表面的负载量约为22.0%。

进一步地，我们对N-CQDs、WP6-N-CQDs与β-CD-N-CQDs样品做了XPS样品分析，测试结果如图4-3(g)所示，284.6eV、399.9eV及530.7eV处分别为C 1s、N 1s及O 1s的相关信号峰。通过XPS测试得出N-CQDs中的C、O及N原子分数分别为51.53%、24.58%及23.89%；β-CD-N-CQDs中的C、O及N原子分数分别为56.57%、34.90%及8.53%；WP6-N-CQDs中的C、O及N原子分数分别为52.45%、26.49%及21.06%。如图4-5(a)所示，N-CQDs的C 1s谱图出现四种结合方式，O—C═O在288.60eV处，C═O在287.80eV处，C—N在285.40eV处，C—C在284.60eV处[28,32,35]。N 1s谱峰［图(b)］出现在400.70eV、399.90eV及399.30eV处，分别为氮原子的N—H、吡咯型N、吡啶型N的谱峰[31,33,34]。O 1s的谱峰［图(c)］出现在533.40eV、532.00eV、531.40eV、530.60eV处，分别证明O═C—O*、C—O、*O═C—O及—OH的存在[31]。β-CD-N-CQDs的C 1s谱峰［图(d)］分裂为五组峰，即284.60eV、285.40eV、286.50eV、287.80eV、288.80eV处，分别为C—C、C—N、C—O、C═O、O—C═O的谱峰。β-CD-N-CQDs的N 1s谱峰［图(e)］出现在399.30eV、400.00eV、400.70eV处，分别为吡啶型N、吡咯型N及N—H的谱峰。O 1s谱峰［图(f)］分别出现在530.80eV、531.50eV、532.50eV及533.40eV处，分别为—OH、*O═C—O、C—O及

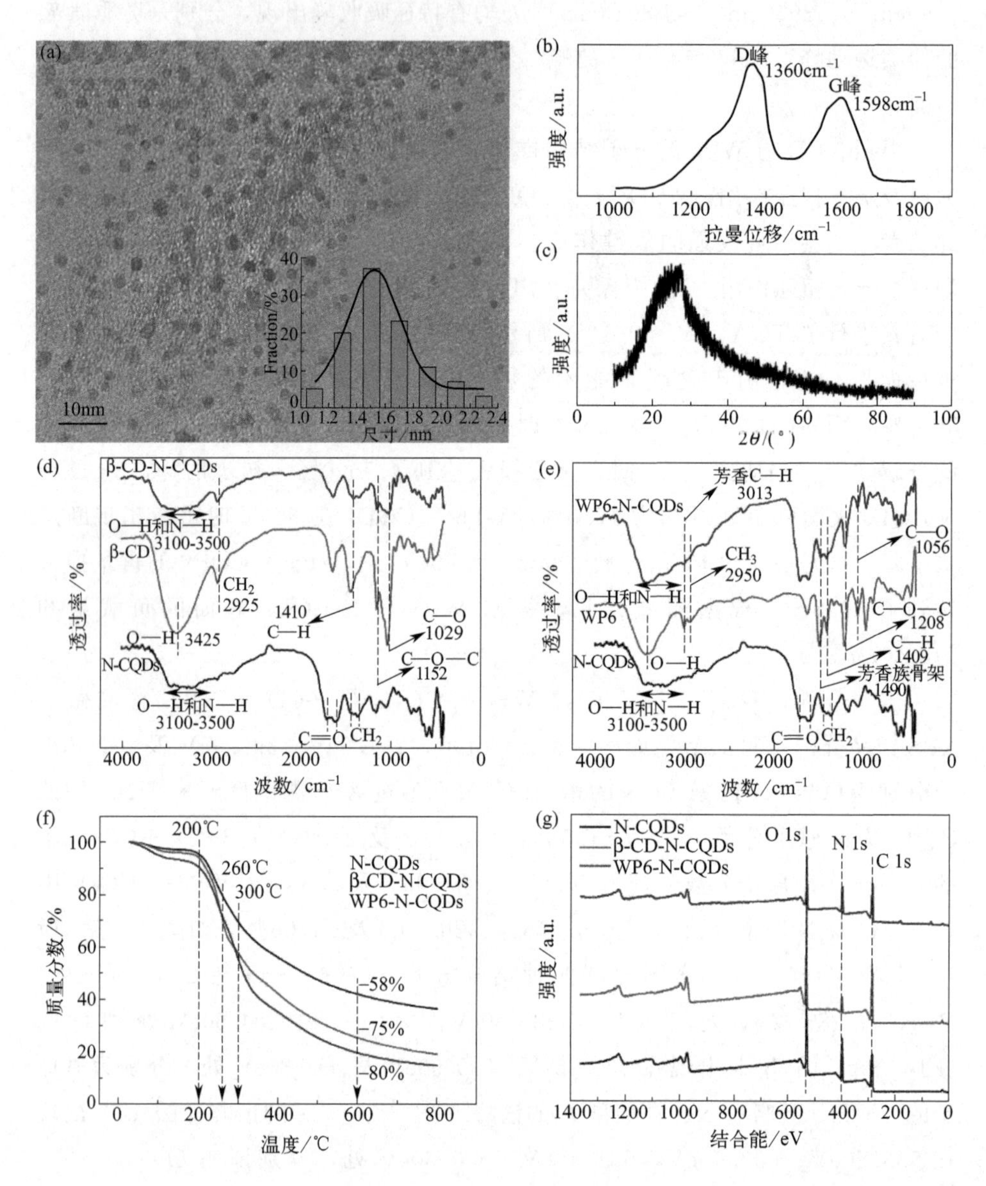


图 4-3 N-CQDs 的 TEM 图（a），插图部分为尺寸分布图；N-CQDs 的拉曼光谱测试图（b）；N-CQDs 的 XRD 测试图（c）；N-CQDs、β-CD、β-CD-N-CQDs 的红外光谱图（d）；N-CQDs、WP6、WP6-N-CQDs 的红外光谱图（e）；N-CQDs、β-CD-N-CQDs、WP6-N-CQDs 的 TGA 测试图（f）；N-CQDs、β-CD-N-CQDs、WP6-N-CQDs 的 XPS 谱图（g）

O ═C—O* 的谱峰。WP6-N-CQDs 的 C 1s 谱峰［图(g)］分别出现在 284.60eV、285.40eV、286.30eV、287.90eV、288.7eV 处，分别为 C—C、C—N、C—O、C ═O 及 O—C ═O 的谱峰，N 1s 的谱峰［图(h)］出现在 399.40eV、400.00eV 及 400.60eV 处，分别为吡啶型 N、吡咯型 N 及 N—H

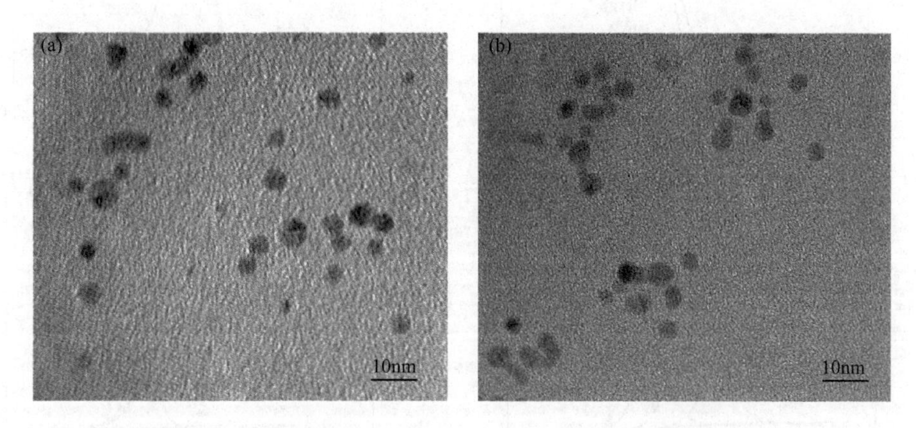


图 4-4　β-CD-N-CQDs（a）与 WP6-N-CQDs（b）的 TEM 测试

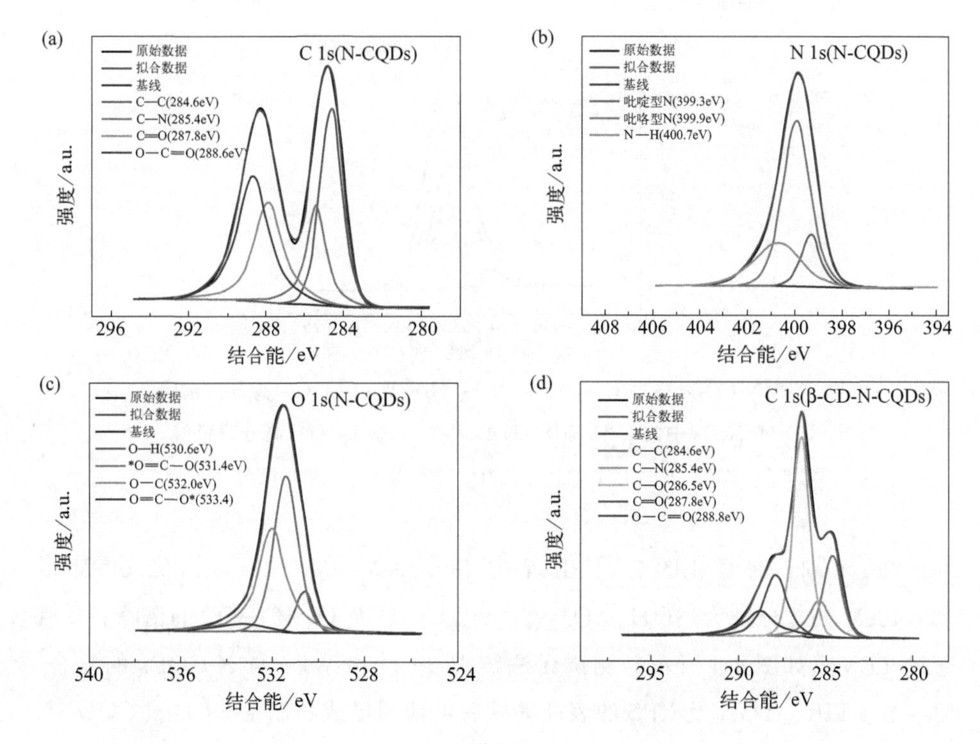


图 4-5

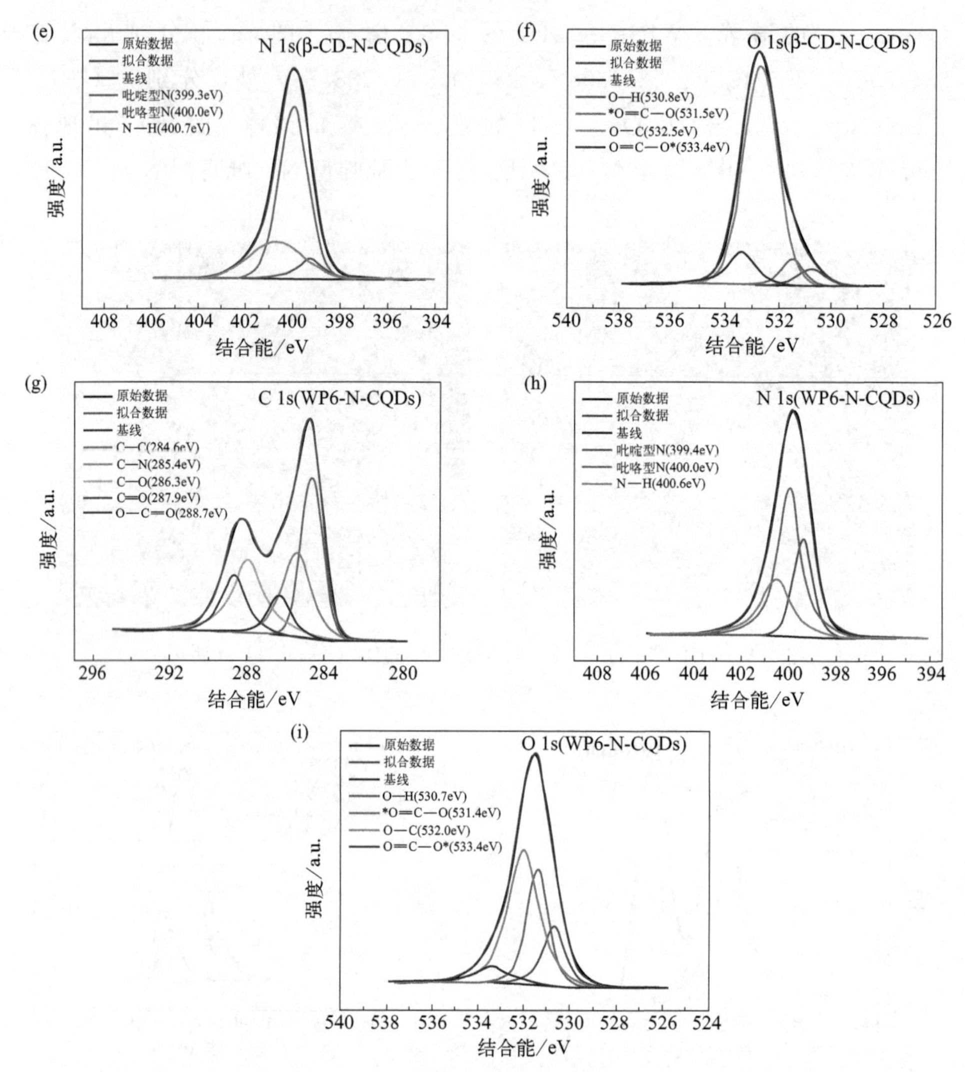


图 4-5 N-CQDs 中的 C 1s（a）、N 1s（b）及 O 1s（c）高分辨谱峰；
β-CD-N-CQDs 中的 C 1s（d）、N 1s（e）及 O 1s（f）高分辨谱峰；
WP6-N-CQDs 中的 C 1s（g）、N 1s（h）及 O 1s（i）高分辨谱峰

的谱峰。O 1s 谱峰［图（i）］出现在 530.70eV、531.40eV、532.00eV 及 533.40eV 处，分别为—OH、*O═C—O、C—O 及 O═C—O* 的谱峰。尽管通过 TEM（如图 4-4 所示）测试无法辨别 β-CD 和 WP6 与 N-CQDs 的复合，但经过 FTIR、TGA 及 XPS 的表征测试后可证明已成功制备 β-CD-N-CQDs 与 WP6-N-CQDs 复合物。

#### 4.1.3.2 主客体分子对接模式分析

通过分子对接实验来解析β-CD/TNT与WP6/TNT包合物的结合方式[48]，用DOCK6程序对主客体结合模式进行预测，结合构象如图4-6所示。通过对接打分得到β-CD/TNT的最低能量的结合构象，如图(a)、(b)所示，TNT客体从窄口进入β-CD主体空腔，β-CD与TNT形成了很强的疏水作用，范德瓦尔斯力的贡献约－15.97kcal·$mol^{-1}$，TNT客体分子上—$NO_2$基团的O1、O2、O4与主体分子β-CD上的—OH基团形成了氢键作用力，键长分别为3.2Å、3.1Å、3.3Å，静电作用力贡献约为－1.92kcal·$mol^{-1}$。WP6/TNT包合物的最低能量构象如图(c)、(d)所示，TNT客体分子进入WP6主体空腔，TNT的苯环与WP6的苯环形成面对面型π-π堆积作用及T型π-π堆积作用。静电相互作用贡献约为－5.85kcal·$mol^{-1}$，由于疏水作用形成的范德瓦尔斯力贡献约为－14.16kcal·mol。β-CD/TNT与WP6/TNT的对接打

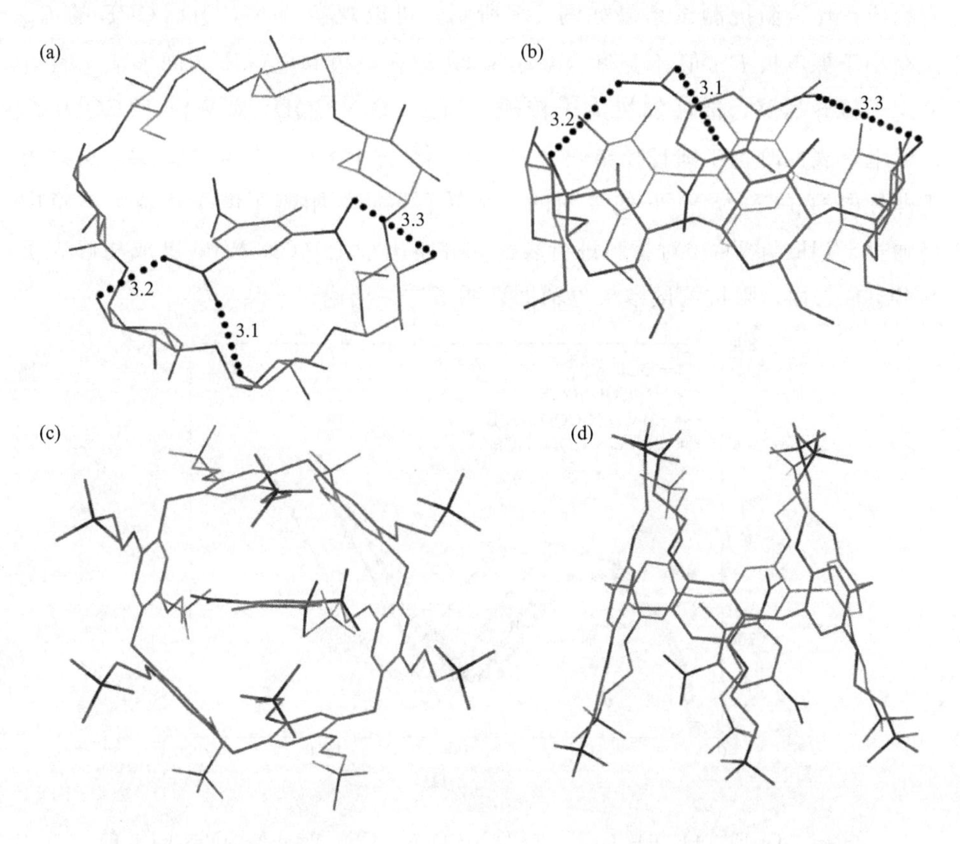


图4-6 TNT客体与β-CD(a)、(b)和WP6(c)、(d)主体的结合构象

分如表 4-1 所示，发现 WP6/TNT 的最低能量对接打分要低于 β-CD/TNT，表明 WP6/TNT 包合物相比于 β-CD/TNT 更稳定。

表 4-1 β-CD/TNT 与 WP6/TNT 包合物的对接打分

| 包合物 | 对接打分/($kcal \cdot mol^{-1}$) | 范德瓦尔斯力/($kcal \cdot mol^{-1}$) | 静电作用力/($kcal \cdot mol^{-1}$) |
|---|---|---|---|
| β-CD/TNT | −17.9026 | −15.9757 | −1.9269 |
| WP6/TNT | −20.0602 | −14.1061 | −5.9541 |

#### 4.1.3.3 电极修饰及电化学阻抗谱解析

通过 EIS 测试对 GCE、N-CQDs/GCE、β-CD-N-CQDs/GCE 及 WP6-N-CQDs/GCE 电极性质进行研究，频率范围为 $10^{-1}$ ～ $10^{5}$ Hz，电压固定在 0.1V，2.0mmol/L $[Fe(CN)_6]^{3-/4-}$ 作为电解质溶液。$R_{ct}$ 大小与谱图中半圆直径成正比。阻抗测试结果如图 4-7 所示，可以观察到 N-CQDs/GCE 的 $R_{ct}$ 值略小于裸电极 $R_{ct}$ 值，表明 N-CQDs/GCE 在电极和电解质之间形成了良好的电子传导通路，能够加快电子传输。当 β-CD-N-CQDs 及 WP6-N-CQDs 修饰于电极表面时，半圆直径略微增大，$R_{ct}$ 值分别为 1000Ω 与 1150Ω，这是由于非导电的 β-CD 及 WP6 使界面的电荷转移困难，阻碍了电子传输。本章中已通过 FTIR 与 TGA 对材料进行表征，并得出结论 β-CD/WP6 已成功修饰于 N-CQDs 表面，阻抗测试结果也辅助证明了这一结论[49-51]。

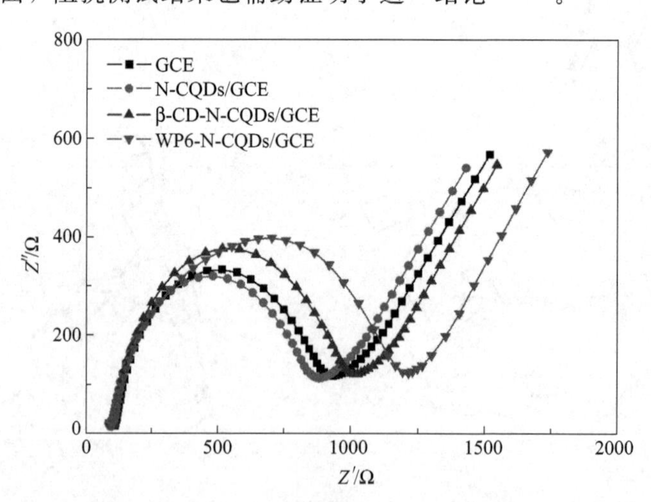


图 4-7 GCE、N-CQDs/GCE、β-CD-N-CQDs/GCE、WP6-N-CQDs/GCE 的 EIS 测试，以 2.0mmol/L $[Fe(CN)_6]^{3-/4-}$ 作为电解质溶液

#### 4.1.3.4 修饰电极上TNT的电化学行为测试

不同种类的碳材料如石墨烯纳米片、碳纳米管、碳纳米角等都具有优良的电化学性能，可作为理想的电极材料。N-CQDs作为一种新的碳基纳米材料在电化学应用中具有更多优势，但还没被广泛开发利用。通过将N-CQDs与大环超分子进行结合，建立了基于N-CQDs、β-CD-N-CQDs、WP6-N-CQDs的电化学传感平台用于TNT的电化学检测。以上材料的DPV测试是在0.1mol/L pH 7.0 PBS配制的20.0μmol/L TNT溶液中进行的，如图4-8(A)所示，三组还原峰出现在−0.40V、−0.55V、−0.70V处，这是由于TNT中的—$NO_2$基团逐渐被还原为羟胺、胺[52-54]。然而，当WP6-N-CQDs/GCE的DPV测试中去除TNT成分后，则无明显的还原峰出现，表明三组还原峰是由于TNT中的-$NO_2$被还原导致的。直观地，N-CQDs/GCE的峰电流明显大于GCE，说明N-CQDs具有优异的电化学催化活性[36]。N-CQDs具有极小的尺寸和较高的电化学催化活性，氮掺杂可使N-CQDs的HOMO-LUMO（H-L gap）降低，从而增强电子的传输，增加TNT的还原速率[37]。我们用柠檬酸热解的方法[26,27]制备了无掺杂的CQDs，并对其进行了DPV测试，如图4-9所示，CQDs显示出了微弱的测试信号，表明对于TNT的还原，氮掺杂能够有效提高材料的电化学催化活性。显著地，β-CD-N-CQDs/GCE相比于N-CQDs/GCE，还原峰电流增大，这是由于β-CD具有较强的超分子识别能力，能够包合TNT形成复合物，从而使大量的TNT分子附着于电极表面。有趣的是，WP6-N-CQDs/GCE的还原峰电流高于β-CD-N-CQDs/GCE，这表明在TNT检测中，WP6比β-CD具有更强的超分子识别能力。从分子对接结果中发现WP6/TNT的对接最低能量要低于β-CD/TNT，表明WP6/TNT包合物相比于β-CD/TNT要稳定，WP6-N-CQDs/GCE比β-CD-N-CQDs/GCE具有更强的电化学响应信号。

#### 4.1.3.5 电化学传感平台的性能分析

溶液的pH值与富集时间会影响TNT在WP6-N-CQDs/GCE上的传感性能。如图4-10所示，不同富集时间对TNT还原峰电流会产生影响，随富集时间的增加，电流不断增大，当富集时间达到200s时，电流达到最大值，随后趋于稳定，说明此时电流达到饱和状态。因此，最优富集条件为150s。如图4-8(B)所示，在pH=5.0～9.0范围内，pH值接近7.0时电流达到最大值，因此pH=7.0为最佳条件。根据硝基还原反应的电化学机理（图4-11），

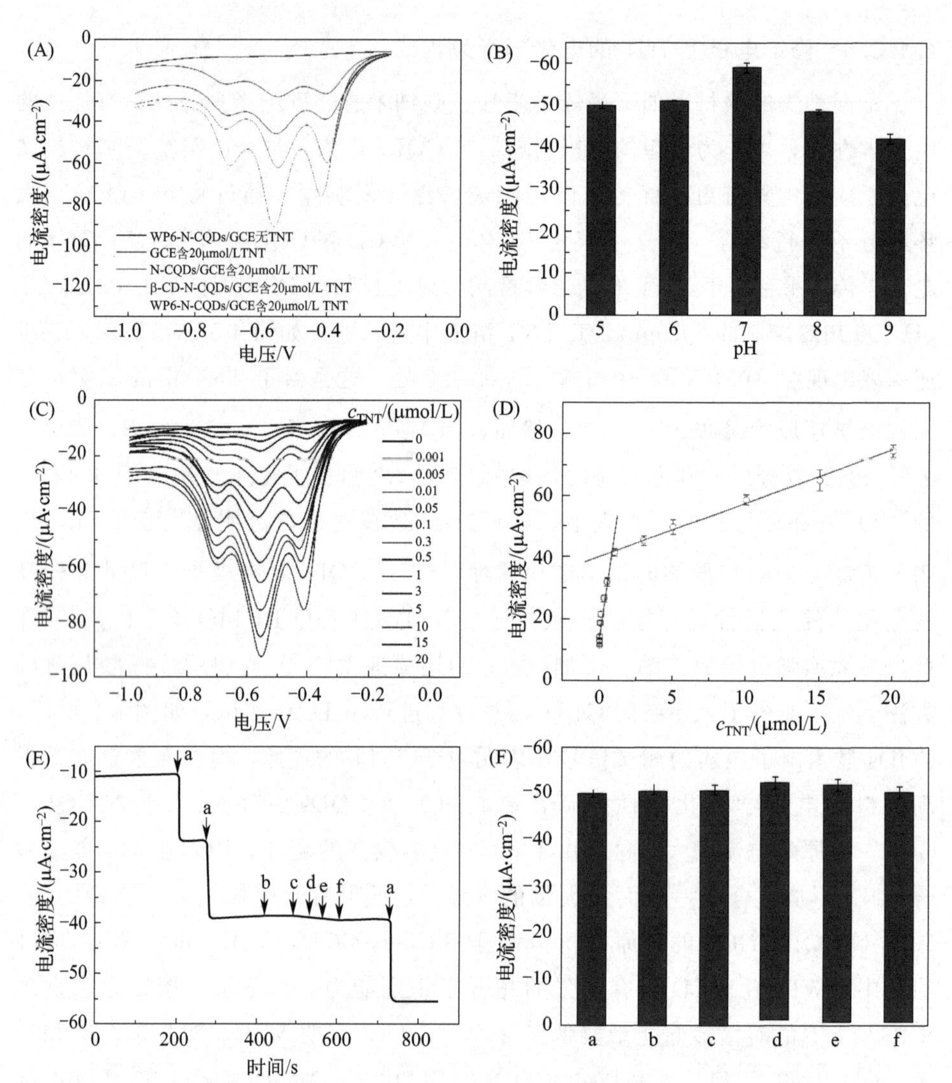


图 4-8 用 0.1mol/L PBS（pH=7.0）配制 20μmol/L TNT，GCE、N-CQDs/GCE、β-CD-N-CQDs/GCE、WP6-N-CQDs/GCE 的 DPV 测试曲线（A）；0.1mol/L PBS 配制 10μmol/L TNT 在 WP6-N-CQDs/GCE 上的 pH 值优化（B）；0.1mol/L pH=7.0 PBS 配制不同浓度的 TNT 在 WP6-N-CQDs/GCE 上的 DPV 曲线，检测浓度为 0.0、0.001μmol/L、0.005μmol/L、0.01μmol/L、0.05μmol/L、0.1μmol/L、0.3μmol/L、0.5μmol/L、1.0μmol/L、3.0μmol/L、5.0μmol/L、10.0μmol/L、15.0μmol/L、20.0μmol/L（C）；电位为−0.40V 时，电流与 TNT 浓度的线性关系（D）；在−0.40V 电位下，加入 5μmol/L TNT(a)、NB(b)、2-NT(c)、4-NT(d)、2,4-DNT(e)、2,6-DNT(f) 的计时电流曲线（E）；在−0.40V 电位下，WP6-N-CQDs/GCE 上的 5μmol/L TNT(a) 及 5μmol/L TNT 中分别加入 5μmol/L NB(b)、5μmol/L 2-NT(c)、5μmol/L 4-NT(d)、5μmol/L 2,4-DNT(e)、5μmol/L 2,6-DNT(f) 的 DPV 响应（F）

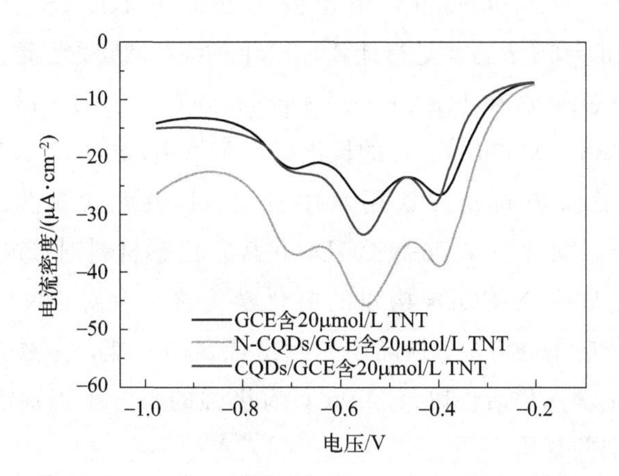


图 4-9　用 $N_2$ 除氧的 0.1mol/L PBS（pH＝7.0）配制 20μmol/L TNT，在 GCE、N-CQDs/GCE、CQDs/GCE 上的 DPV 测试

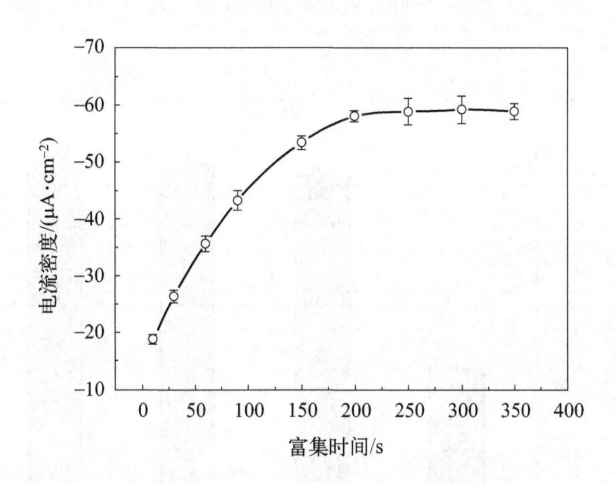


图 4-10　用 $N_2$ 除氧的 0.1mol/L PBS（pH＝7.0）配制 10μmol/L TNT，在 WP6-N-CQDs/GCE 上的富集时间优化

弱酸条件对反应是有利的。WP6-N-CQDs 的浓度会对电化学信号产生影响，以 pH＝7.0 PBS 配制 5.0μmol/L TNT，从图 4-12 中可以看到，当 WP6-N-CQDs 浓度高于 1.0mg・$mL^{-1}$ 后，信号不再显著增加。因此，1.0mg・$mL^{-1}$ WP6-N-CQDs 被筛选出来。最优条件下，在 WP6-N-CQDs/GCE 上对不同浓度的 TNT 溶液进行 DPV 定量测试，如图 4-8(C) 所示，随着 TNT 溶液浓度的增加，其 DPV 还原峰电流不断增大，选择－0.40V 处的还原峰来进一步探讨电流信号强度与浓度的关系，如图 4-8(D) 得到定量标准曲线，TNT 浓度范围为 0.001～

1.0μmol/L 和 1.0～20.0μmol/L，检出限为 0.95nmol/L（$S/N=3$），检出限（LOD）根据 LOD=$3S/b$ 方程进行计算。TNT 的线性回归方程是 $J(\mu A\cdot cm^{-1})=1.740c(\mu mol/L)+40.00$ 和 $J(\mu A\cdot cm^{-1})=33.20c(\mu mol/L)+13.65$，相关性系数是 0.996 和 0.966。0.95nmol/L 的检出限对于饮用水中的 TNT 检测来说是非常低的，而环境保护局允许饮用水中的 TNT 最大含量为 2ppb（1ppb≈4.4nmol/L）[55]。对比了 WP6-N-CQDs 和其它传感材料对 TNT 检测的性能，如表 4-2 所示，WP6-N-CQDs 构建的电化学传感平台对 TNT 的检出限比较低，该电化学传感器在 TNT 检测中显示出优良的性能，主要是由于 N-CQDs 具有优异的电化学催化活性以及 WP6 具有极强的超分子识别能力，能够与客体分子进行识别并富集。

$$R{-}NO_2 \xrightarrow[2H^+]{2e^-} R{-}NO \underset{2H^+}{\overset{2e^-}{\rightleftharpoons}} R{-}NHOH \xrightarrow{-H_2O} R{=}NH \underset{2H^+}{\overset{2e^-}{\rightleftharpoons}} R{-}NH_2$$

图 4-11　硝基的还原反应机理

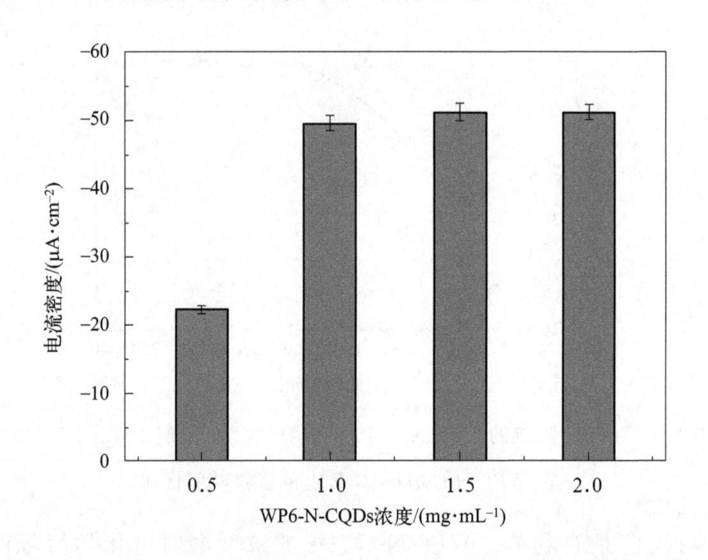


图 4-12　不同浓度 WP6-N-CQDs 材料对电流信号的影响

**表 4-2　TNT 电化学传感平台不同材料的性能比较**

| 材料 | 线性范围/(μmol/L) | LOD/(nmol/L) | 参考文献 |
| --- | --- | --- | --- |
| 离子液体石墨烯 | 0.13～6.6 | 17.6 | [41] |
| 掺硼金刚石 | 0.088～1.76 | 44 | [56] |

续表

| 材料 | 线性范围/(μmol/L) | LOD/(nmol/L) | 参考文献 |
|---|---|---|---|
| 有序介孔碳 | — | 0.88 | [57] |
| 掺氮石墨烯 | 0.53～8.8 | 129.9 | [58] |
| 沉积石墨烯 | 0.0044～0.88 | 0.88 | [59] |
| 富氮碳纳米点 | 5nmol/L～30μmol/L | 1 | [36] |
| PtPd-rGONRs | 0.044～13.2 | 3.5 | [42] |
| 二氧化钒 | 0.44～4.4 | 4.4 | [60] |
| 掺氮石墨烯纳米点 | 0.0044～1.76 | 0.88 | [37] |
| WP6-N-CQDs | 0.001～1;1～20 | 0.95 | 本研究 |

### 4.1.3.6 选择性、稳定性与实际样品分析

我们对一系列硝基芳香化合物 NB、4-NT、2-NT、2,6-DNT 及 2,4-DNT 进行了干扰测试。首先，采用计时电流法，以 WP6-N-CQDs 为电极材料，以 −0.40V 处的还原峰作为参考对象。如图 4-8(E) 所示，可以观察到干扰物的存在基本不会对 TNT 检测产生影响。进一步地，又进行了 DPV 选择性测试，如图 4-13 与图 4-8(F) 所示，5μmol/L NB、5μmol/L 2-NT、5μmol/L 4-NT、5μmol/L 2,4-DNT 及 5μmol/L 2,6-DNT 均不会对 5μmol/L TNT 的检测产生

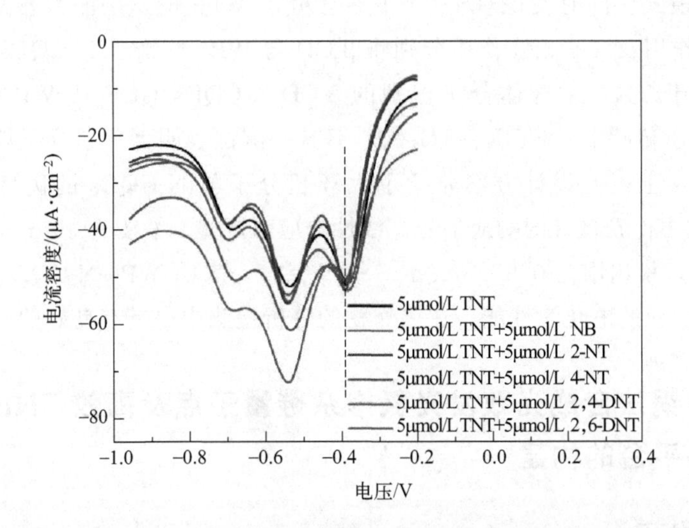


图 4-13　5μmol/L TNT 在 WP6-N-CQDs/GCE 上的干扰性实验，干扰物分别为 5μmol/L NB、5μmol/L 2-NT、5μmol/L 4-NT、5μmol/L 2，4-DNT 及 5μmol/L 2,6-DNT

干扰。为评估 WP6-N-CQDs/GCE 在实际样品中的可行性，用自来水和湖水取代超纯水来配制缓冲液进行测试，如表 4-3 所示，回收率为 92.5%～104.0%，表明基于 WP6-N-CQDs 的传感平台有潜力用于实际样品的分析。此外，对传感平台进行了六组重现性实验，发现其 RSD 为 4.2%，表明具有较好的重现性。进一步地，为验证实验结果，对 WP6-N-CQDs/GCE 传感器每间隔 5 天进行测试，分别在 5 天与 10 天后，其响应信号是初始信号的 94.3% 与 88.2%，说明其具有良好的稳定性。

**表 4-3 TNT 在自来水/湖水中的实际样品检测（$n=6$）**

| 样品 | 加标量/(μmol/L) | 标准量/(μmol/L) | RSD/% | 回收率/% |
|---|---|---|---|---|
| tap-1 | 0.8 | 0.74±0.06 | 8.1 | 92.5 |
| tap-2 | 2.0 | 1.96±0.08 | 4.0 | 98.0 |
| lake-1 | 0.8 | 0.75±0.05 | 6.7 | 93.8 |
| lake-2 | 2.0 | 2.08±0.13 | 6.2 | 104.0 |

### 4.1.4 小结

通过主客体分子对接研究，我们得出了 β-CD/TNT 与 WP6/TNT 的最稳定的包合模式，同时发现对于 TNT 客体分子 WP6 的识别能力要强于 β-CD。通过静电作用及 π-π 相互作用分别将 β-CD 与 WP6 修饰于 N-CQDs 上，分别得到了基于 TNT 主客体分子识别的 β-CD-N-CQDs/GCE 及 WP6-N-CQDs/GCE 电化学传感器。FTIR、TGA 及 XPS 等测试表明大环超分子被成功修饰于 N-CQDs 上，此设计方案兼具了大环超分子与 N-CQDs 的优良性能，在 TNT 测试中得到良好的响应信号。线性响应范围是 0.001～1.0μmol/L 和 1～20μmol/L，检出限为 0.95nmol/L（$S/N=3$），表明 WP6-N-CQDs 纳米复合材料具有优异的电化学性能，在爆炸物的分析检测中也具有良好的应用前景。

## 4.2 一锅法合成光致发光氮掺杂碳量子点及高效 TNP 荧光传感平台的构建

### 4.2.1 引言

多种类型的荧光材料如共轭聚合物[61]、金属有机骨架[62,63] 及 CQDs 等已被广泛应用于爆炸物的分析检测。CQDs 具有良好的水溶性、绿色易合成、易被功能化、良好的生物兼容性及光致发光性质等[26-35]，CQDs 可以替代具有毒性的过渡金属量子点，在电化学/生物传感、荧光传感、生物成像以及药物传递中有潜在的应用。量子产率（QY）高是 N-CQDs 的一个关键性质，选取适当的功能化官能团对碳量子点表面进行钝化修饰能够有效提高量子产率并改善其性质[64]。然而钝化过程大多复杂且耗时。相反地，氮掺杂能够有效提高 CQDs 的 QY，因为氮原子有五个价电子可以与碳原子结合成键[31]。此外，N-CQDs[36]、氮掺杂石墨烯量子点[37]、氮掺杂的还原氧化石墨烯[38] 等，具有较高的电催化活性，因此，N-CQDs 已广泛应用于现阶段的研究。一般地，CQDs 与 N-CQDs 可通过“自下而上”或“自上而下”法制备。“自下而上”法主要有微波法、水热法、湿化学法，这些方法具有操作简单、成本低、环保等优势，而且水热法是易于扩大规模的一种方法[65]。

2,4,6-三硝基苯酚（TNP）在国防与公共安全中是至关重要的[36,37]，TNP 分子具有毒性，通常存在于受污染的地下水及土壤中，对人类健康造成危害。因此，急需建立一种快速灵敏度的方法对其进行实时检测。由于 TNP 与其它硝基芳香化合物结构类似，所以其高灵敏度的传感检测还面临着挑战。荧光传感器具有更广的检测范围，且它的灵敏度高、易操作、易获得响应信号[35,66]，能够对不同分析物进行快速检测。

本研究中，采用绿色、温和的一步水热合成法，首次以烯丙胺为单一前驱体合成出了 N-CQDs。其制备过程非常简便，烯丙胺同时提供氮源与碳源。制备得到的 N-CQDs 氮含量为 10.7%，QY 为 15%，具有很强的荧光性质。进一步地，对 N-CQDs 的形成机制进行了推测。我们构建了荧光传感对 TNP 进行定量检测，实验过程中发现，N-CQDs 还具有很多的潜在应用，如荧光墨水等。N-CQDs 的合成路线及作为荧光探针对 TNP 特异性检测的应用如图 4-14 所示。

### 4.2.2 实验部分

#### 4.2.2.1 实验仪器

Hitachi F-4500 荧光分光光度计（日本，东京），TAQ50 热重分析仪，紫外-可见分光光度计（上海尤尼柯），SCIENTIFIC Nicolet IS10 傅里叶变换红外光谱仪，在 ESCALAB-MKⅡ光谱仪上，以 Al-Kα 为辐射体的高分辨 X 射线光电子能谱（XPS），其结合能是通过 C 1s 峰能量值 284.6eV 进行校准的。其它仪器请参考 4.1.2.1。

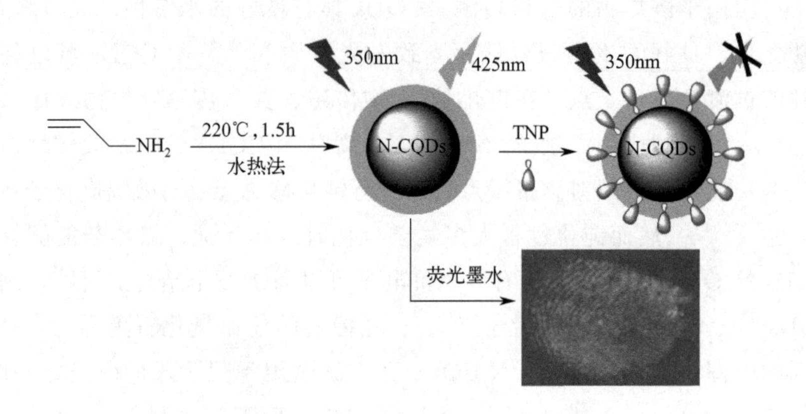


图 4-14　TNP 检测中 N-CQDs 荧光传感平台的构建

#### 4.2.2.2　试剂材料

TNT、TNP、NB、4-NT、2-NT、2,6-DNT、2,4-DNT、烯丙胺等均来自上海 Adamas 试剂有限公司，其它所有试剂均为分析纯，不经过进一步纯化。实验用的超纯水是经 Milli-Q（电阻率≥18.25MΩ・cm）超纯水处理系统纯化的。

#### 4.2.2.3　N-CQDs 的合成

N-CQDs 的一步水热合成法如下：首先，配制 0.5mol/L 烯丙胺盐酸盐溶液。取 20mL 溶液加入到 25mL 高压反应釜中，于恒温烘箱中 220℃加热反应 1.5h，待水热反应完成，将其自然冷却到室温。最后，经过透析得到浅黄色透明溶液，即 N-CQDs 溶液。另外，其它反应条件的 N-CQDs 均以相同步骤进行制备。

#### 4.2.2.4　QY 测试

用硫酸奎宁荧光发色团（0.1mol/L $H_2SO_4$ 为溶剂，QY=0.54）作为参考，根据方程：$\varphi_x=\varphi_s(I_x/I_s)(\eta_x^2/\eta_s^2)(A_s/A_x)$ 计算 N-CQDs 的 QY，其中，$\varphi$ 是 QY，$I$ 是荧光强度，$\eta$ 是溶剂折射率，$A$ 是吸光度，下角“s”表示标准品，而“x”表示样品。

#### 4.2.2.5　TNP 的检测

TNP 的荧光传感检测如下：通过荧光分光光度计进行检测，记录随着目标分子 TNP 的加入，N-CQDs 荧光的淬灭程度。将 2mL N-CQDs 溶液放置在荧光比色皿中，不断加入 TNP 溶液，每次操作均平行测试三次。激发波长为 350nm，在 360～650nm 范围内进行测试。

## 4.2.3 结果与讨论

### 4.2.3.1 N-CQDs 材料的表征

N-CQDs 的 TEM 形貌表征如图 4-15 所示，从图 4-15(a) 中可以观察到 N-CQDs 颗粒呈现均匀单分散状态，尺寸大约为 (2.88±0.4)nm，图 (a) 中的插图部分即 N-CQDs 的粒径分布图。进一步地，对样品进行了高分辨 TEM 测试，如图 4-15(b) 所示，多数颗粒无明显晶格出现，属于无定形碳量子点，少数颗粒出现明显的晶格条纹。N-CQDs 的 XRD 测试结果如图 4-15(c) 所示，在 25°(0.34nm) 处出现宽峰，证明存在无序结构的碳原子[30]。

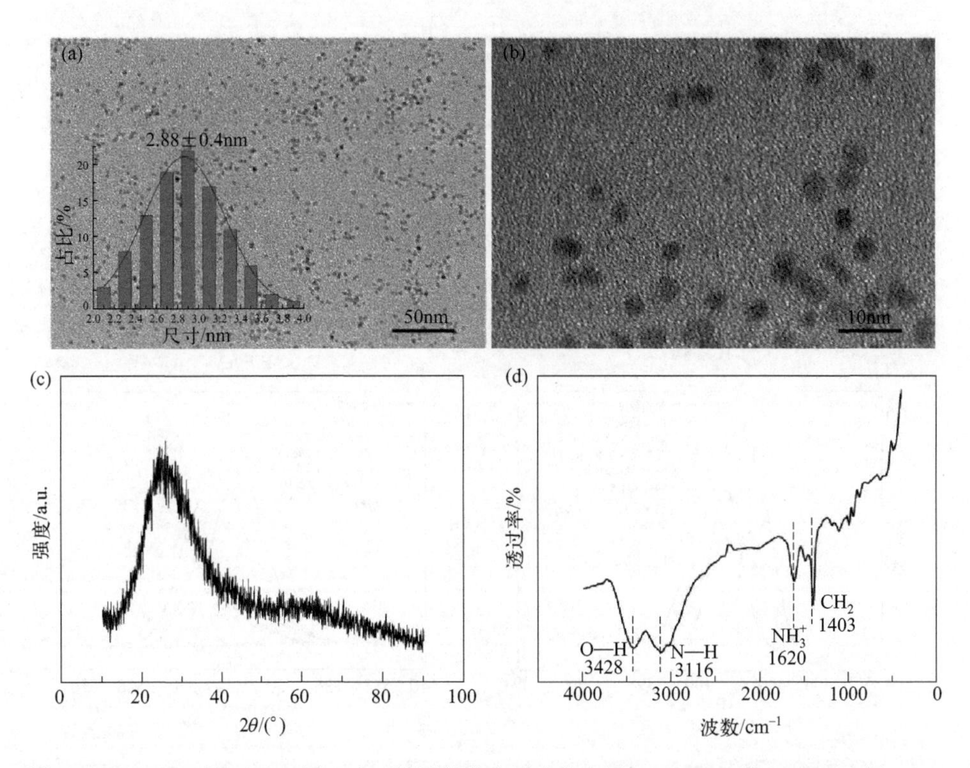


图 4-15 N-CQDs 的 TEM 图 (a)，插图部分为尺寸分布图；N-CQDs 的 HRTEM 图 (b)；N-CQDs 的 XRD 图谱 (c)；N-CQDs 的 FTIR 光谱 (d)

图(d) 是 N-CQDs 的红外光谱，—OH 的伸缩振动峰在 $3428cm^{-1}$ 位置处，N—H 在 $3116cm^{-1}$ 位置处，$NH_3^+$ 的不对称弯曲振动峰在 $1620cm^{-1}$ 处，$CH_2$ 的弯曲振动峰在 $1403cm^{-1}$ 处[30,55]。为明确复合物的结构，又进行了 XPS 分析，检测深度为 2～10nm。测试结果如图 4-16 所示，从图 4-16(a) 中可以观察到 N-CQDs 主要有 C、N、O 几种元素存在。如图 4-16(b) 所示，从 C 1s 的高分辨光谱中可以看到 C 1s 谱峰分裂为四组峰：284.64eV、285.11eV、286.11eV、288.80eV，分别为 C—C、C—N、C—O、O—C ═O 的谱峰。N 1s 的高分辨光谱如图 4-16(c) 所示，N 1s 谱峰分裂为吡啶型 N (398.32eV)、吡咯型 N (399.43eV)、N—H (400.82eV)、$NH_3^+$ (401.51eV)、$C_3$—N (石墨型 N，402.10eV) 谱峰[35,38,31]。O 1s 的 XPS 光谱如图 (d) 所示，O 1s 谱峰分裂为 530.20eV、531.29eV、532.97eV、533.14eV 几组峰，且分别对应 O—H、*O ═C—O、O—C、O ═C—O*[31]。

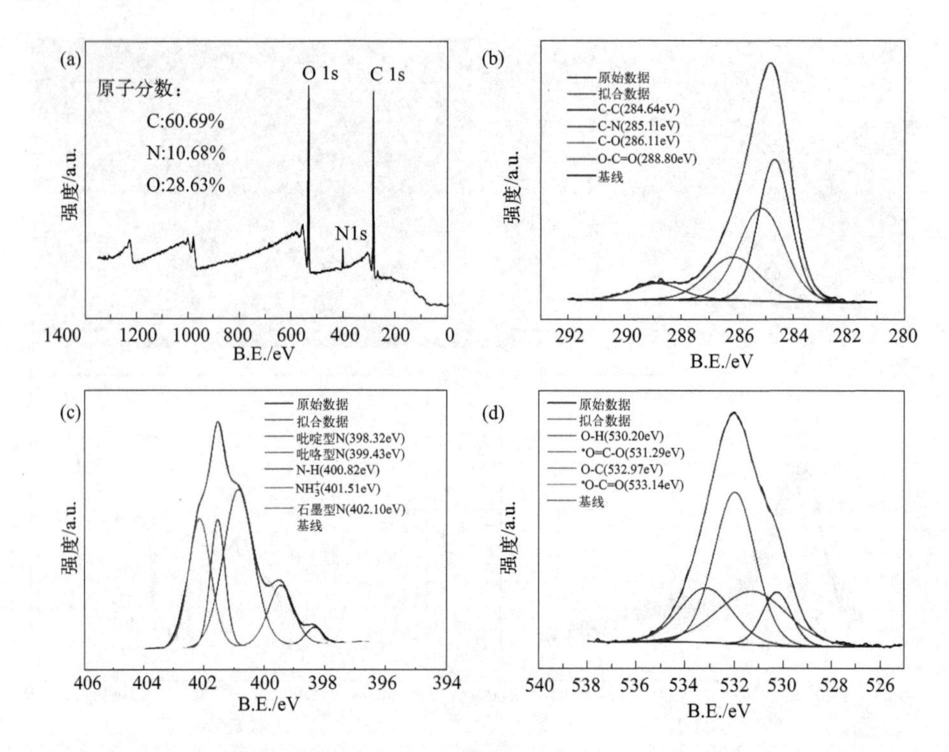


图 4-16 N-CQDs 的 XPS 测试：XPS 的全程扫描 (a)；C 1s 的高分辨光谱 (b)；N 1s 的高分辨光谱 (c)；O 1s 的高分辨光谱 (d)

#### 4.2.3.2　N-CQDs 的形成机理

由于 N-CQDs 的制备过程需要经历复杂的碳化过程，因此其反应机理大多通过推测得到[30,31]。对于本实验中烯丙胺反应生成 N-CQDs，我们对其形成机理进行了推测，如图 4-17 所示，首先，根据马氏加成烯丙胺与水先进行了加成反应，继续经过脱水、脱氨反应自组装聚合形成了聚合物，最终碳化形成 N-CQDs。

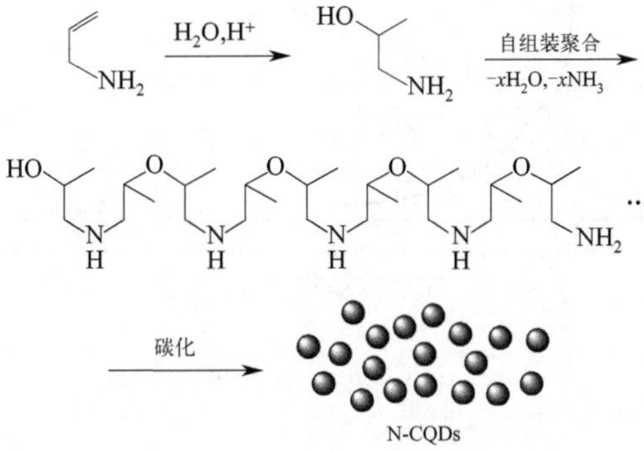

图 4-17　N-CQDs 的反应机理

#### 4.2.3.3　N-CQDs 的光学性能测试

如图 4-18 所示，首先进行了紫外可见光谱测试，220℃、1.5h 条件下的 N-CQDs 的吸收峰出现在 350nm 处。激发谱峰与发射谱峰如图 4-19(a) 所示，N-CQDs 的最大荧光强度的谱峰出现在 425nm 处，激发谱峰在 350nm 处。从图 4-19(a) 的插图部分可以观察到，制备的 N-CQDs 溶液在 365nm 激发光的照射下，呈现较强的蓝色荧光，而用肉眼观察无明显的荧光。N-CQDs 的 QY 在 350nm 的激发波长下进行测试的，量子产率在 15%左右。如图 4-19(b) 所示，继续对 220℃、1.5h 条件下的 N-CQDs 进行不同激发波长下的测试，发现随着激发波长的增大发射谱峰出现红移现象。最大强度的光致发光（PL）发射谱峰出现在 350nm 处，之后随着激发波长的增大，PL 发射谱峰强度开始逐渐降低[67]。发射谱峰会随着激发波长而发生变化，表明 N-CQDs 的颗粒尺寸不同，同时 N-CQDs 表面存在缺陷[68]。如图 4-20～图 4-22 所示，对 220℃、3.0h、220℃、4.5h、220℃、6.0h 几种不同条件下制备的 N-CQDs 进行不同激发波长下的测试，测试波长范围是 300～480nm，发现在 350nm 激发波长下，最大荧光发射谱峰也出现在 425nm 处。

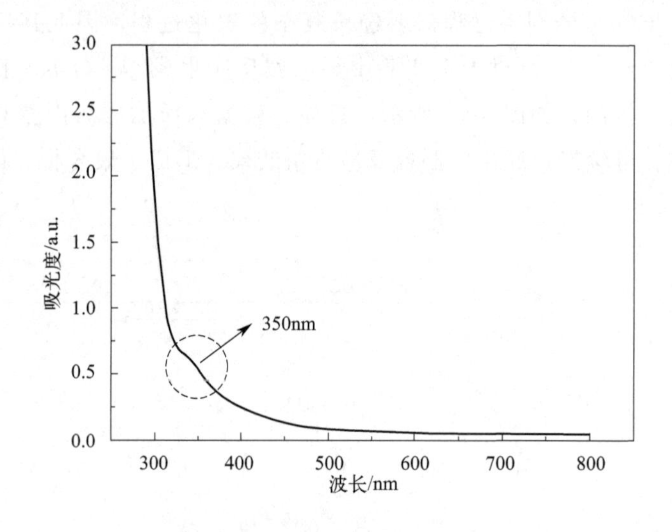


图 4-18 N-CQDs 的紫外可见光谱

进一步地，我们对烯丙胺盐酸盐进行了 TGA，结果如图 4-23 所示，烯丙胺在 200℃时开始分解，因此，本实验中选取了 200℃、220℃、240℃三组反应温度，对烯丙胺的水热合成反应进行研究。如图 4-19(c) 所示，N-CQDs 在 220℃时的发射谱峰强度要高于 200℃，而 220℃与 240℃时的发射谱峰强度基本相近，因此，选取 220℃为合成条件。插图部分是 N-CQDs 溶液（由 200℃、1.5h，220℃、1.5h，240℃、1.5h 几种不同条件制备）在 365nm 激发光照射下的照片。此外，继续探究了 220℃的温度下，不同反应时间如 0.5h、1.0h、1.5h、3.0h、4.5h、6.0h 对 N-CQDs 荧光强度的影响，如图 4-19(d) 所示，N-CQDs 的 PL 发射谱峰强度在 1.5h 之前不断上升，在 1.5～4.5h 范围内达到平衡，6.0h 开始减小。插图部分是 365nm 激发光照射下的 N-CQDs 图片。

#### 4.2.3.4 TNP 荧光传感平台的构建及 N-CQDs 的荧光墨水的应用

将 N-CQDs 溶解于不同 pH 值的缓冲溶液中进行 PL 发射谱峰测试，pH 值的范围是 2～12，如图 4-24 所示，在 pH＝3～11 范围内，N-CQDs 的荧光强度几乎不受影响，因此，制备得到的 N-CQDs 在较宽的 pH 值范围内均具有较高的稳定性，期望被用于 TNP 的传感检测。CQDs 由于其良好的水溶性，已广泛应用于电化学/生物传感[66]。加入 N-CQDs 对不同浓度的 TNP 进行 PL 发射谱测试，如图 4-25(a) 所示，当 TNP 的浓度从 0.0 增大到 50.0μmol/L 时，

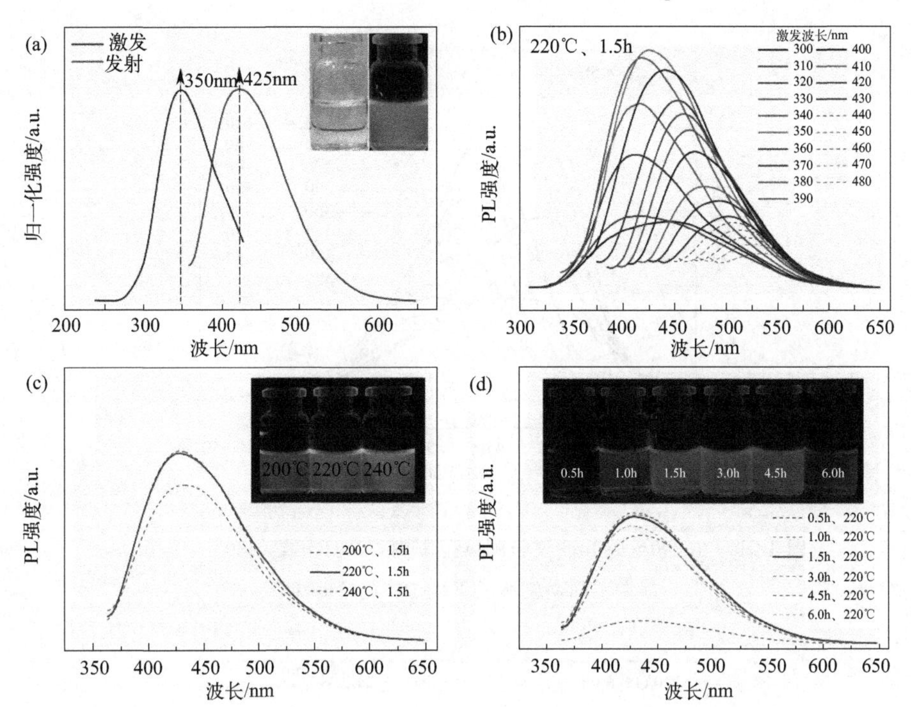


图 4-19　N-CQDs 的激发谱峰与 PL 发射谱峰（a），插图为 N-CQDs 溶液在肉眼及 365nm 激发光照射下的图片；在 300～480nm 波长测试范围内，N-CQDs 在不同激发波长下的 PL 发射谱峰（b）；反应温度对 N-CQDs 溶液发射谱峰强度的影响（c），插图部分为不同条件（200℃、1.5h，220℃、1.5h，240℃、1.5h）下制备的 N-CQDs 溶液，365nm 激发光照射下的图片；220℃的温度下，不同反应时间如 0.5h、1.0h、1.5h、3.0h、4.5h、6.0h 对 N-CQDs 的荧光强度的影响（d），插图部分为 365nm 激发光照射下的图片

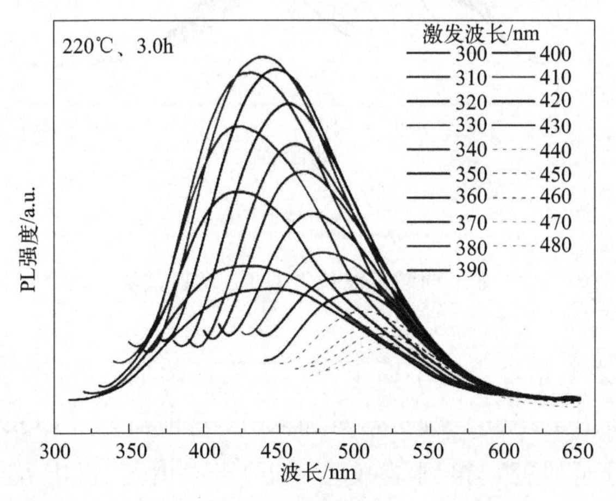


图 4-20　在 300～480nm 波长测试范围内，N-CQDs（220℃、3.0h）在不同激发波长下的 PL 发射谱峰

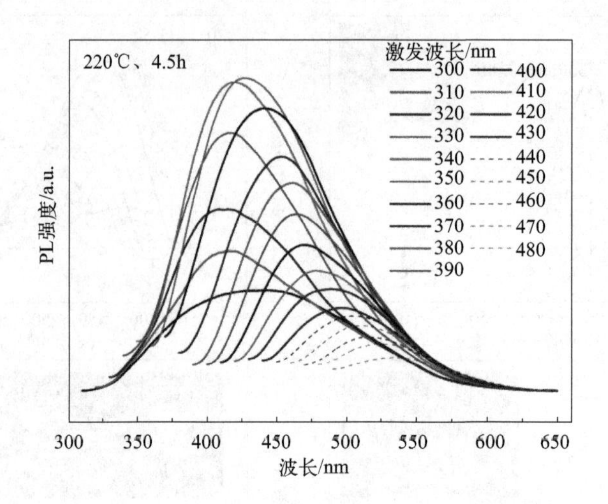


图 4-21　在 300～480nm 波长测试范围内，N-CQDs（220℃、4.5h）在不同激发波长下的 PL 发射谱峰

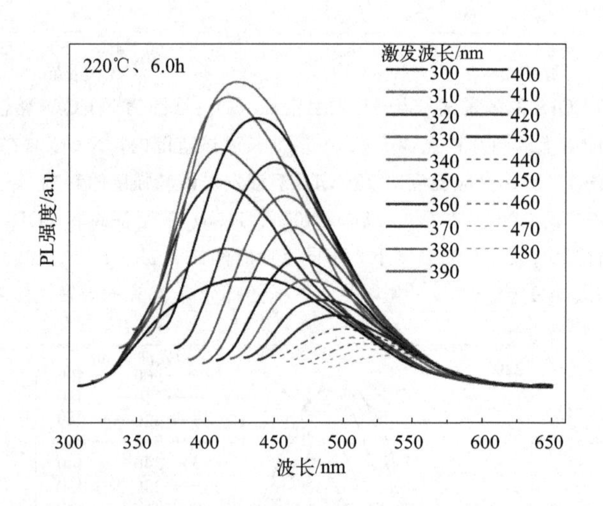


图 4-22　在 300～480nm 波长测试范围内，N-CQDs（220℃、6.0h）在不同激发波长下的 PL 发射谱峰

N-CQDs 的 PL 发射谱峰强度不断下降，表明连续加入 TNP 会使 N-CQDs 发生荧光猝灭。如图 4-25(b) 所示，对加入 TNP 前后，N-CQDs 的 PL 发射谱峰强度变化进行了研究，得到了 $(F_0-F)/F_0$ 值与 TNP 浓度之间的关系，其中，$F$ 表示有 TNP 存在时的 PL 发射谱峰强度，$F_0$ 表示无 TNP 时的 PL 发

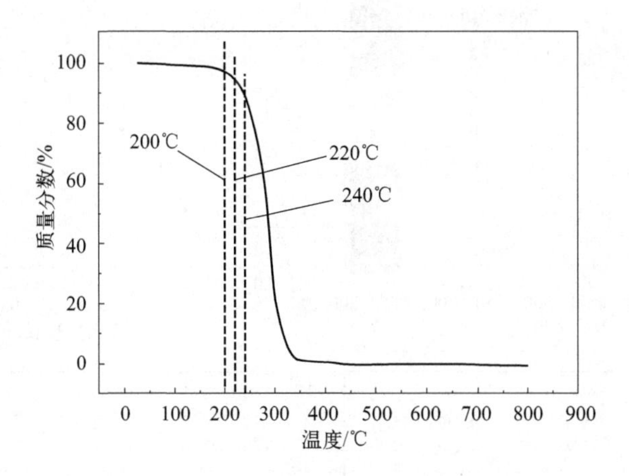


图 4-23　烯丙胺盐酸盐的热重分析

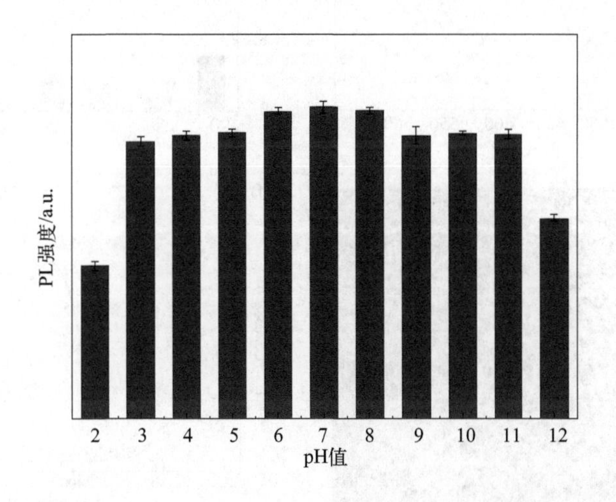


图 4-24　缓冲溶液的 pH 值对 N-CQDs（220℃，1.5h）的荧光强度的影响

射谱峰强度，测试均在 350nm 激发波长下进行。如图 4-25(b) 插图部分所示，在 1.0～10.0μmol/L 的浓度范围内，$(F_0-F)/F_0$ 值随着 TNP 浓度的增加而增大，呈现出良好的线性关系，相关性系数为 0.998。估算的检出限（LOD）为 0.2μmol/L（$S/N=3$）。

进一步地，对 N-CQDs 的荧光传感平台，在 TNP 检测中的选择性进行了研究，用 TNP、TNT、2-NT、4-NT、2,4-NT、2,6-NT、NB 几种芳香化合物对其进行了荧光猝灭研究，测试是在 350nm 激发波长下进行的，测试浓度

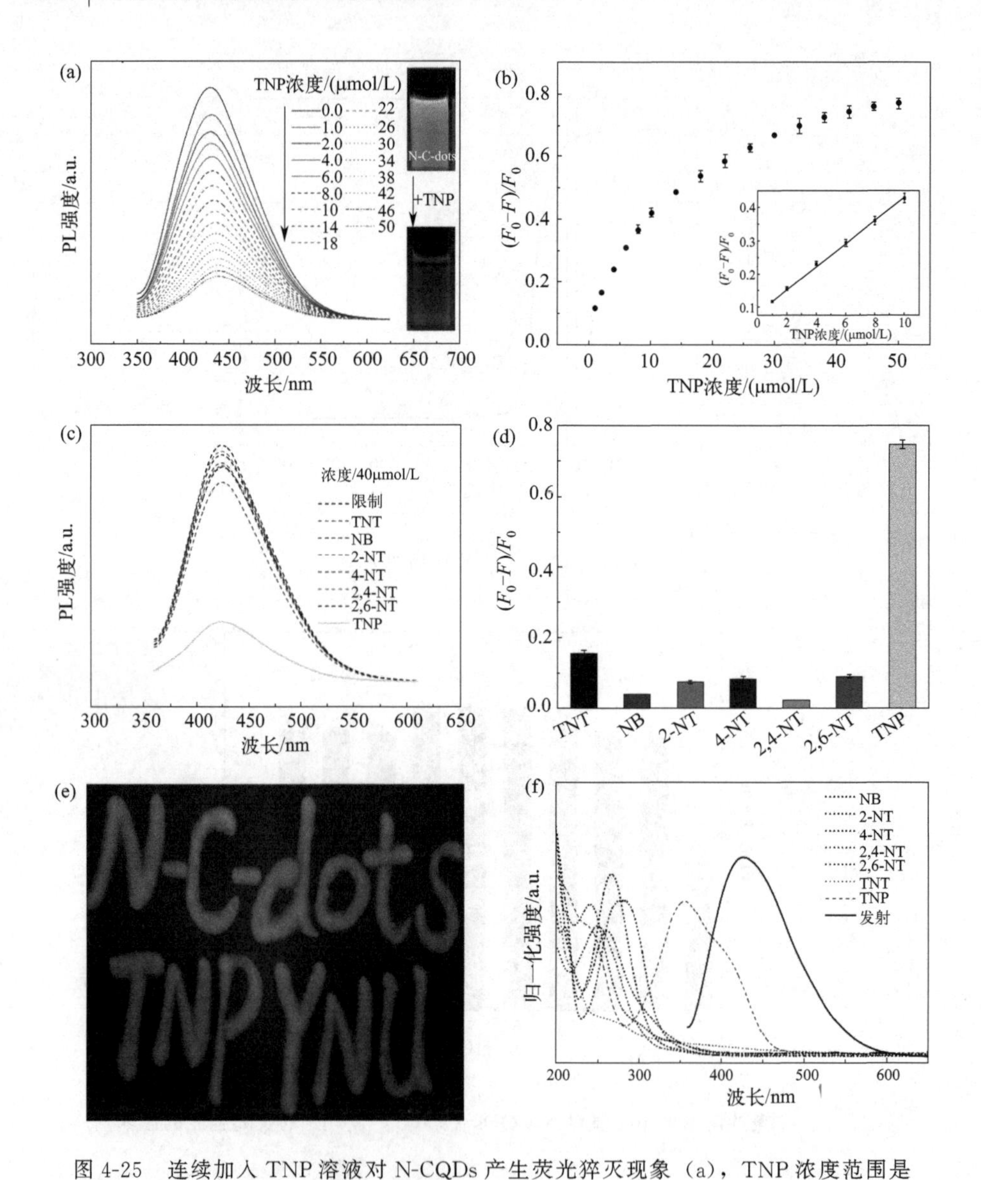


图 4-25 连续加入 TNP 溶液对 N-CQDs 产生荧光猝灭现象（a），TNP 浓度范围是 0.0～50.0μmol/L，插图部分是 40μmol/L TNP 加入前后的荧光强度对比；$(F_0-F)/F_0$ 值与 TNP 浓度的关系曲线（b），TNP 的浓度范围是 0～50μmol/L，插图部分是 $(F_0-F)/F_0$ 值与 TNP 的线性相关曲线；几种硝基芳香化合物对 TNP 的荧光猝灭对比（c），测试浓度均为 40μmol/L；40μmol/L 不同硝基芳香化合物对 N-CQDs 的荧光猝灭对比（d），用 $(F_0-F)/F_0$ 表示；在 365nm 激发波长下，紫外灯照射的荧光字样（e）；几种硝基芳香化合物的紫外光谱测试及 N-CQDs 的发射光谱（f）

为40μmol/L，结果如图4-25(c）所示，发现相比于其它几种硝基芳香化合物，TNP对荧光的猝灭效果最明显。图4-25(d）是含40μmol/L不同芳香化合物的（$F_0-F$)/$F_0$的柱状图，结果显示TNP的（$F_0-F$)/$F_0$值最高，表明TNP对N-CQDs具有最强的猝灭能力。制备得到的N-CQDs的荧光探针对TNP具有较宽的检测范围，在TNP的选择性灵敏检测中展现出良好的特异性。由于N-CQDs具有良好的水溶性和荧光性能，已被广泛用于荧光墨水等应用[30,31]。如图4-25(e）所示，365nm激发下，可清晰地看到滤纸上的荧光字样。荧光指纹也可清晰地得到，如图4-14所示。在日光灯照射下显示无色，在紫外灯照射下显示出明亮的蓝色，因此，制备得到的N-CQDs有潜力被用于荧光探测方面。

#### 4.2.3.5 TNP的荧光传感机制

我们对TNP传感平台的荧光猝灭机理进行了深入研究。据报道，光诱导电子转移会导致TNP对荧光的猝灭[69,70]。激发态的荧光基团作为电子供体会与TNP的基态发生电子转移，导致荧光猝灭[35]，而电子转移是由供体的LUMO和受体的LUMO之间的能量差导致的[35,64,71]。富电子的N-CQDs比缺电子的硝基芳香化合物的LUMO具有更高的能量，能够允许激发态的电子从导电带传输到硝基芳香化合物的LUMO上，导致荧光猝灭。通过计算发现，最大发射谱峰的猝灭是由于TNP具有最低能量的LUMO，如图4-26所示。然而，实验中观察到荧光猝灭的响应机制（TNP＞TNT＞2,6-NT＞4-NT＞2-NT＞NB＞2,4-NT）不与计算得到的缺电子的顺序（TNP＞TNT＞2,4-NT＞2,6-NT＞NB＞4-NT＞2-NT）完全保持一致。这说明电子转移不是发生荧光猝灭的唯一原因，另一个可能的因素是过程中发生了荧光共振能量转移[62]。能量转移程度依赖于芳香硝基化合物的吸附带与N-CQDs发射光谱间的光谱重叠[71,72]。光谱重叠的程度越大，能量转移程度就越大。图4-25(f）是2.0μmol/L的TNP、TNT、NB、2-NT、4-NT、2,4-NT、2,6-NT几种物质的紫外-可见吸收光谱与N-CQDs的PL发射光谱，TNP与N-CQDs具有最强的光谱重叠。然而其它硝基芳香化合物与N-CQDs的发射光谱几乎无光谱重叠现象。另外，N-CQDs的氨基部分可能会与TNP分子的羟基形成较强的氢键，这也可能是导致荧光猝灭的原因[35,62]。其它硝基芳香化合物中均无羟基存在，因此不会产生荧光猝灭。综上所述，TNP对N-CQDs荧光的猝灭原因应该是光诱导电子转移、荧光共振能量转移及氢键作用的综合作用。

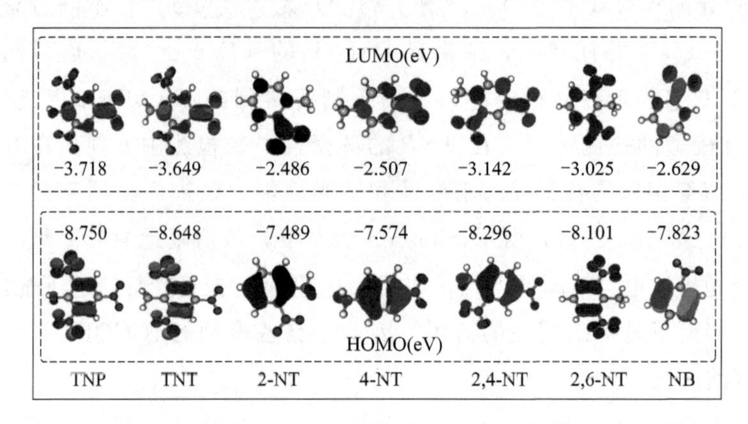


图 4-26 几种硝基芳香化合物的 HOMO 与 LUMO 能量值，计算中采用 Gaussian 09 程序中的 DFT 法，基组为 B3LYP/6-311G**

### 4.2.4 小结

本章中，首次以烯丙胺为单一前驱体用水热合成法成功制备了 N-CQDs。其合成过程简便、低耗，烯丙胺同时提供氮源与碳源。制备得到的 N-CQDs 尺寸分布在（2.88±0.4）nm 范围内，具有良好的水溶性，无需任何钝化处理具有很强且稳定的荧光性质，其氮含量为 10.7%，QY 为 15%。对于其形成机理进行了仔细探究，发现形成过程中主要发生了聚合与碳化反应。基于以上几点，我们构建了荧光传感平台对 TNP 进行定量检测。实验过程中发现，N-CQDs 对 TNP 具有高灵敏度及高选择性，进一步对此现象进行了探究，发现 TNP 可使 N-CQDs 发生荧光猝灭主要是由于发生了电子转移、荧光共振能量转移、氢键作用等。此外，N-CQDs 还具有很多的潜在应用，如荧光墨水等。

## 参考文献

[1] Biedermann F，Uzunova V D，Scherman O A，et al. Release of high-energy water as an essential driving force for the high-affinity binding of cucurbit [n] urils [J]. Journal of the American Chemical Society，2012，134 (37)：15318-15323.

[2] Zhu G，Yi Y，Chen J. Recent advances for cyclodextrin-based materials in electrochemical sensing

[J]. TrAC Trends in Analytical Chemistry, 2016, 80: 232-241.

[3] Zhu G, Zhang X, Gai P, et al. β-Cyclodextrin non-covalently functionalized single-walled carbon nanotubes bridged by 3, 4, 9, 10-perylene tetracarboxylic acid for ultrasensitive electrochemical sensing of 9-anthracenecarboxylic acid [J]. Nanoscale, 2012, 4 (18): 5703-5709.

[4] Guo Y, Guo S, Ren J, et al. Cyclodextrin functionalized graphene nanosheets with high supramolecular recognition capability: synthesis and host- guest inclusion for enhanced electrochemical performance [J]. ACS Nano, 2010, 4 (7): 4001-4010.

[5] Yang L, Fan S, Deng G, et al. Bridged β-cyclodextrin-functionalized MWCNT with higher supramolecular recognition capability: The simultaneous electrochemical determination of three phenols [J]. Biosensors and Bioelectronics, 2015, 68: 617-625.

[6] Mao X, Tian D, Li H. p-Sulfonated calix [6] arene modified graphene as a 'turn on' fluorescent probe for L-carnitine in living cells [J]. Chemical Communications, 2012, 48 (40): 4851-4853.

[7] Zhou J, Chen M, Diao G. Calix [4, 6, 8] arenesulfonates functionalized reduced graphene oxide with high supramolecular recognition capability: fabrication and application for enhanced host-guest electrochemical recognition [J]. ACS Applied Materials & Interfaces, 2013, 5 (3): 828-836.

[8] Ogoshi T, Kanai S, Fujinami S, et al. para-Bridged symmetrical pillar [5] arenes: their Lewis acid catalyzed synthesis and host-guest property [J]. Journal of the American Chemical Society, 2008, 130 (15): 5022-5023.

[9] Cao D, Kou Y, Liang J, et al. A facile and efficient preparation of pillararenes and a pillarquinone [J]. Angewandte Chemie International Edition, 2009, 48 (51): 9721-9723.

[10] Ogoshi T, Hashizume M, Yamagishi T, et al. Synthesis, conformational and host-guest properties of water-soluble pillar [5] arene [J]. Chemical Communications, 2010, 46 (21): 3708-3710.

[11] Han C, Yu G, Zheng B, et al. Complexation between pillar [5] arenes and a secondary ammonium salt [J]. Organic Letters, 2012, 14 (7): 1712-1715.

[12] Yao Y, Xue M, Chen J, et al. An amphiphilic pillar [5] arene: synthesis, controllable self-assembly in water, and application in calcein release and TNT adsorption [J]. Journal of the American Chemical Society, 2012, 134 (38): 15712-15715.

[13] Yao Y, Xue M, Chi X, et al. A new water-soluble pillar [5] arene: synthesis and application in the preparation of gold nanoparticles [J]. Chemical Communications, 2012, 48 (52): 6505-6507.

[14] Yu G, Han C, Zhang Z, et al. Pillar [6] arene-based photoresponsive host-guest complexation [J]. Journal of the American Chemical Society, 2012, 134 (20): 8711-8717.

[15] Zhou J, Chen M, Xie J, et al. Synergistically enhanced electrochemical response of host-guest recognition based on ternary nanocomposites: reduced graphene oxide-amphiphilic pillar [5] arene-gold nanoparticles [J]. ACS Applied Materials & Interfaces, 2013, 5 (21): 11218-11224.

[16] Zhang Z, Yu G, Han C, et al. Formation of a cyclic dimer containing two mirror image mono-

mers in the solid state controlled by van der Waals forces [J]. Organic Letters, 2011, 13 (18): 4818-4821.

[17] Yu G, Xue M, Zhang Z, et al. A water-soluble pillar [6] arene: synthesis, host-guest chemistry, and its application in dispersion of multiwalled carbon nanotubes in water [J]. Journal of the American Chemical Society, 2012, 134 (32): 13248-13251.

[18] Yao Y, Xue M, Zhang Z, et al. Gold nanoparticles stabilized by an amphiphilic pillar [5] arene: preparation, self-assembly into composite microtubes in water and application in green catalysis [J]. Chemical Science, 2013, 4 (9): 3667-3672.

[19] Yu G, Zhou X, Zhang Z, et al. Pillar [6] arene/paraquat molecular recognition in water: high binding strength, pH-responsiveness, and application in controllable self-assembly, controlled release, and treatment of paraquat poisoning [J]. Journal of the American Chemical Society, 2012, 134 (47): 19489-19497.

[20] Zhang Z, Luo Y, Chen J, et al. Formation of linear supramolecular polymers that is driven by C—H···π interactions in solution and in the solid state [J]. Angewandte Chemie International Edition, 2011, 50 (6): 1397-1401.

[21] Si W, Chen L, Hu X B, et al. Selective artificial transmembrane channels for protons by formation of water wires [J]. Angewandte Chemie International Edition, 2011, 50 (52): 12564-12568.

[22] Ma Y, Chi X, Yan X, et al. Per-hydroxylated pillar [6] arene: synthesis, X-ray crystal structure, and host-guest complexation [J]. Organic Letters, 2012, 14 (6): 1532-1535.

[23] Xue M I N, Yang Y, Chi X, et al. Pillararenes, a new class of macrocycles for supramolecular chemistry [J]. Accounts of Chemical Research, 2012, 45 (8): 1294-1308.

[24] Yu G, Ma Y, Han C, et al. A sugar-functionalized amphiphilic pillar [5] arene: synthesis, self-assembly in water, and application in bacterial cell agglutination [J]. Journal of the American Chemical Society, 2013, 135 (28): 10310-10313.

[25] Mao X, Liu T, Bi J, et al. The synthesis of pillar [5] arene functionalized graphene as a fluorescent probe for paraquat in living cells and mice [J]. Chemical Communications, 2016, 52 (23): 4385-4388.

[26] Dong Y, Shao J, Chen C, et al. Blue luminescent graphene quantum dots and graphene oxide prepared by tuning the carbonization degree of citric acid [J]. Carbon, 2012, 50 (12): 4738-4743.

[27] Dong Y, Li G, Zhou N, et al. Graphene quantum dot as a green and facile sensor for free chlorine in drinking water [J]. Analytical Chemistry, 2012, 84 (19): 8378-8382.

[28] Dong Y, Pang H, Yang H B, et al. Carbon-based dots co-doped with nitrogen and sulfur for high quantum yield and excitation-independent emission [J]. Angewandte Chemie, 2013, 125 (30): 7954-7958.

[29] Qu S, Wang X, Lu Q, et al. A biocompatible fluorescent ink based on water-soluble luminescent

carbon nanodots [J]. Angewandte Chemie International Edition, 2012, 51 (49): 12215-12218.

[30] Zhu S, Meng Q, Wang L, et al. Highly photoluminescent carbon dots for multicolor patterning, sensors, and bioimaging [J]. Angewandte Chemie International Edition, 2013, 52 (14): 3953-3957.

[31] Chen X, Jin Q, Wu L, et al. Synthesis and unique photoluminescence properties of nitrogen-rich quantum dots and their applications [J]. Angewandte Chemie, 2014, 126 (46): 12750-12755.

[32] Yuan H, Li D, Liu Y, et al. Nitrogen-doped carbon dots from plant cytoplasm as selective and sensitive fluorescent probes for detecting p-nitroaniline in both aqueous and soil systems [J]. Analyst, 2015, 140 (5): 1428-1431.

[33] Lan M, Zhang J, Chui Y S, et al. A recyclable carbon nanoparticle-based fluorescent probe for highly selective and sensitive detection of mercapto biomolecules [J]. Journal of Materials Chemistry B, 2015, 3 (1): 127-134.

[34] Ruan Y, Wu L, Jiang X. Self-assembly of nitrogen-doped carbon nanoparticles: a new ratiometric UV-vis optical sensor for the highly sensitive and selective detection of $Hg^{2+}$ in aqueous solution [J]. Analyst, 2016, 141 (11): 3313-3318.

[35] Sun X, He J, Meng Y, et al. Microwave-assisted ultrafast and facile synthesis of fluorescent carbon nanoparticles from a single precursor: preparation, characterization and their application for the highly selective detection of explosive picric acid [J]. Journal of Materials Chemistry A, 2016, 4 (11): 4161-4171.

[36] Zhang L, Han Y, Zhu J, et al. Simple and sensitive fluorescent and electrochemical trinitrotoluene sensors based on aqueous carbon dots [J]. Analytical Chemistry, 2015, 87 (4): 2033-2036.

[37] Cai Z W, Li F M, Wu P, et al. Synthesis of nitrogen-doped graphene quantum dots at low temperature for electrochemical sensing trinitrotoluene [J]. Anal. Chem., 2015, 87: 11803-11811.

[38] Du D, Li P, Ouyang J. Nitrogen-doped reduced graphene oxide prepared by simultaneous thermal reduction and nitrogen doping of graphene oxide in air and its application as an electrocatalyst [J]. ACS Applied Materials & Interfaces, 2015, 7 (48): 26952-26958.

[39] Ayoub K, Van Hullebusch E D, Cassir M, et al. Application of advanced oxidation processes for TNT removal: a review [J]. Journal of Hazardous Materials, 2010, 178 (1-3): 10-28.

[40] Lu X, Qi H, Zhang X, et al. Highly dispersive Ag nanoparticles on functionalized graphene for an excellent electrochemical sensor of nitroaromatic compounds [J]. Chemical Communications, 2011, 47 (46): 12494-12496.

[41] Guo S, Wen D, Zhai Y, et al. Ionic liquid-graphene hybrid nanosheets as an enhanced material for electrochemical determination of trinitrotoluene [J]. Biosensors and Bioelectronics, 2011, 26 (8): 3475-3481.

[42] Zhang R, Sun C L, Lu Y J, et al. Graphene nanoribbon-supported PtPd concave nanocubes for electrochemical detection of TNT with high sensitivity and selectivity [J]. Analytical Chemistry, 2015, 87 (24): 12262-12269.

[43] Filanovsky B, Markovsky B, Bourenko T, et al. Carbon electrodes modified with $TiO_2$/metal nanoparticles and their application for the detection of trinitrotoluene [J]. Advanced Functional Materials, 2007, 17 (9): 1487-1492.

[44] Toh H S, Ambrosi A, Pumera M. Electrocatalytic effect of ZnO nanoparticles on reduction of nitroaromatic compounds [J]. Catalysis Science & Technology, 2013, 3 (1): 123-127.

[45] Yu G, Zhou J, Shen J, et al. Cationic pillar [6] arene/ATP host-guest recognition: selectivity, inhibition of ATP hydrolysis, and application in multidrug resistance treatment [J]. Chemical Science, 2016, 7 (7): 4073-4078.

[46] Peng H, Travas-Sejdic J. Simple aqueous solution route to luminescent carbogenic dots from carbohydrates [J]. Chemistry of Materials, 2009, 21 (23): 5563-5565.

[47] Yang L, Zhao H, Li Y C, et al. Insights into the recognition of dimethomorph by disulfide bridged β-cyclodextrin and its high selective fluorescence sensing based on indicator displacement assay [J]. Biosens. Bioelectron., 2017, 87: 737-744.

[48] Zhao H, Yang L, Li Y, et al. A comparison study of macrocyclic hosts functionalized reduced graphene oxide for electrochemical recognition of tadalafil [J]. Biosensors and Bioelectronics, 2017, 89: 361-369.

[49] Wei Y, Kong L, Yang R, et al. Electrochemical impedance determination of polychlorinated biphenyl using a pyrenecyclodextrin-decorated single-walled carbon nanotube hybrid [J]. Chem. Commun., 2011, 47: 5340-5342.

[50] Zhu G, Wu L, Zhang X, et al. A new dual-signalling electrochemical sensing strategy based on competitive host-guest interaction of a β-cyclodextrin/poly (N-acetylaniline)/graphene-modified electrode: sensitive electrochemical determination of organic pollutants [J]. Chemistry-A European Journal, 2013, 19 (20): 6368-6373.

[51] Yang L, Ran X, Cai L, et al. Calix [8] arene functionalized single-walled carbon nanohorns for dual-signalling electrochemical sensing of aconitine based on competitive host-guest recognition [J]. Biosensors and Bioelectronics, 2016, 83: 347-352.

[52] Riskin M, Tel-Vered R, Bourenko T, et al. Imprinting of molecular recognition sites through electropolymerization of functionalized Au nanoparticles: development of an electrochemical TNT sensor based on π-donor-acceptor interactions [J]. J. Am. Chem. Soc., 2008, 130: 9726-9733.

[53] Ho M Y, D'Souza N, Migliorato P. Electrochemical aptamer-based sandwich assays for the detection of explosives [J]. Analytical Chemistry, 2012, 84 (10): 4245-4247.

[54] Yu Y, Cao Q, Zhou M, et al. A novel homogeneous label-free aptasensor for 2, 4, 6-trinitrotoluene detection based on an assembly strategy of electrochemiluminescent graphene oxide with gold nanoparticles and aptamer [J]. Biosensors and Bioelectronics, 2013, 43: 137-142.

[55] Zhai X, Zhang P, Liu C, et al. Highly luminescent carbon nanodots by microwave-assisted pyrolysis [J]. Chemical Communications, 2012, 48 (64): 7955-7957.

[56] De Sanoit J, Vanhove E, Mailley P, et al. Electrochemical diamond sensors for TNT detection in

water [J]. Electrochimica Acta, 2009, 54 (24): 5688-5693.

[57] Zang J, Guo C X, Hu F, et al. Electrochemical detection of ultratrace nitroaromatic explosives using ordered mesoporous carbon [J]. Analytica Chimica Acta, 2011, 683 (2): 187-191.

[58] Chen T W, Xu J Y, Sheng Z H, et al. Enhanced electrocatalytic activity of nitrogen-doped graphene for the reduction of nitro explosives [J]. Electrochemistry Communications, 2012, 16 (1): 30-33.

[59] Tang L, Feng H, Cheng J, et al. Uniform and rich-wrinkled electrophoretic deposited graphene film: a robust electrochemical platform for TNT sensing [J]. Chemical Communications, 2010, 46 (32): 5882-5884.

[60] Casey M C, Cliffel D E. Surface adsorption and electrochemical reduction of 2, 4, 6-trinitrotoluene on vanadium dioxide [J]. Analytical Chemistry, 2015, 87 (1): 334-337.

[61] Gopalakrishnan D, Dichtel W R. Direct detection of RDX vapor using a conjugated polymer network [J]. Journal of the American Chemical Society, 2013, 135 (22): 8357-8362.

[62] Xing S, Bing Q, Qi H, et al. Rational design and functionalization of a zinc metal-organic framework for highly selective detection of 2, 4, 6-trinitrophenol [J]. ACS Applied Materials & Interfaces, 2017, 9 (28): 23828-23835.

[63] Chen D M, Zhang N N, Liu C S, et al. Dual-emitting Dye@ MOF composite as a self-calibrating sensor for 2, 4, 6-trinitrophenol [J]. ACS Applied Materials & Interfaces, 2017, 9 (29): 24671-24677.

[64] Atchudan R, Edison T N J I, Aseer K R, et al. Highly fluorescent nitrogen-doped carbon dots derived from Phyllanthus acidus utilized as a fluorescent probe for label-free selective detection of $Fe^{3+}$ ions, live cell imaging and fluorescent ink [J]. Biosensors and Bioelectronics, 2018, 99: 303-311.

[65] Wang F, Chen P, Feng Y, et al. Facile synthesis of N-doped carbon dots/g-$C_3N_4$ photocatalyst with enhanced visible-light photocatalytic activity for the degradation of indomethacin [J]. Applied Catalysis B: Environmental, 2017, 207: 103-113.

[66] Sun X, Wang Y, Lei Y. Fluorescence based explosive detection: from mechanisms to sensory materials [J]. Chemical Society Reviews, 2015, 44 (22): 8019-8061.

[67] Jiang J, He Y, Li S, et al. Amino acids as the source for producing carbon nanodots: microwave assisted one-step synthesis, intrinsic photoluminescence property and intense chemiluminescence enhancement [J]. Chemical Communications, 2012, 48 (77): 9634-9636.

[68] Li H R, Li F, Wang G P, et al. One-step synthesis of fluorescent carbon nanoparticles for degradation of naphthol green under visible light [J]. J. Lumin. , 2014, 156: 36-40.

[69] Yang J S, Swager T M. Porous shape persistent fluorescent polymer films: an approach to TNT sensory materials [J]. Journal of the American Chemical Society, 1998, 120 (21): 5321-5322.

[70] Nagarkar S S, Joarder B, Chaudhari A K, et al. Highly selective detection of nitro explosives by a luminescent metal-organic framework [J]. Angewandte Chemie, 2013, 125 (10): 2953-2957.

[71] Hu Y, Ding M, Liu X Q, et al. Rational synthesis of an exceptionally stable Zn(Ⅱ) metal-organic framework for the highly selective and sensitive detection of picric acid [J]. Chemical Communications, 2016, 52 (33): 5734-5737.

[72] Wang B, Chen Y, Wu Y, et al. Aptamer induced assembly of fluorescent nitrogen-doped carbon dots on gold nanoparticles for sensitive detection of AFB1 [J]. Biosensors and Bioelectronics, 2016, 78: 23-30.